# Wissenschaft als allgemeine Arbeit

H. Laitko

Akademie-Verlag
Berlin

H. Laitko

Wissenschaft als allgemeine Arbeit

# WISSENSCHAFT UND GESELLSCHAFT

Herausgegeben
vom Institut
für Theorie, Geschichte
und Organisation
der Wissenschaft
der
Akademie der Wissenschaften
der DDR
durch
Günter Kröber

---

Band 17

HUBERT LAITKO

# Wissenschaft als allgemeine Arbeit

## Zur begrifflichen Grundlegung der Wissenschaftswissenschaft

AKADEMIE-VERLAG · BERLIN
1979

Erschienen im Akademie-Verlag, DDR-108 Berlin, Leipziger Str. 3—4

Lizenznummer: 202 · 100/052/79
Umschlag: Rolf Kunze
Gesamtherstellung: VEB Druckerei „Thomas Müntzer", 582 Bad Langensalza
Bestellnummer: 753 077 0 (2162/17) · LSV 0305
Printed in GDR
DDR 14,— M

# Inhaltsverzeichnis

# Einleitung

Die Wissenschaftswissenschaft, bereits in den 20er Jahren von Boričevskij, Kotarbiński und anderen prognostiziert, in den 30er Jahren auf dem II. Internationalen Kongreß für Wissenschaftsgeschichte in London von Gessen mit einer eindrucksvollen Fallstudie in ihrer Durchführbarkeit belegt, von Ossowska und Ossowski als systematisches Forschungsprogramm konzipiert und von Bernal am Vorabend des zweiten Weltkrieges erstmals monographisch dargestellt, hat sich in den 50er und 60er Jahren international als selbständiges Forschungsgebiet institutionalisiert.[1] Diese Entwicklung war durch das Einsetzen der wissenschaftlich-technischen Revolution stimuliert worden. Die Fülle neuartiger wissenschaftspolitischer und wissenschaftsorganisatorischer Aufgaben, die innerhalb weniger Jahre akut wurden, rief eine sich überstürzende Vielzahl von Untersuchungen hervor, die von den Forderungen des Tages geprägt waren und nahezu alle methodischen Mittel, die im Arsenal der Wissenschaft verfügbar waren und für diesen Zweck geeignet schienen, auf die Analyse der Wissenschaft selbst anzuwenden versuchten. Obwohl besonders Bernal mit seinem Werk „Die Wissenschaft in der Geschichte"[2] eine Brücke von der Vorkriegsentwicklung zum Aufschwung der Wissenschaftswissenschaft zu Beginn der zweiten Jahrhunderthälfte schlug, waren die Dynamik und Heterogenität der Diskussionen um das neue Gebiet zu groß, als daß seine theoretische Ordnung und ganzheitliche Beherrschung zunächst möglich war; die Tendenzen des divergierenden Abtastens des neuen Forschungsraumes mit einer Vielzahl von Ansätzen eilten den Tendenzen zur Ordnung der

[1] Vgl. I. Boričevskij, Naukovedenie kak točnaja nauka, in: Vestnik znanija, Leningrad 12/1926; T. Kotarbinski, The Elements of the Knowledge, of Formal Logic, and of the Methodology of the Sciences, Lwów 1927; B. Hessen, The Social and Economic Roots of Newton's „Principia", in: Science at the Cross Roads, London 1931, S. 151–212; M. Ossowska/St. Ossowski, The Science of Science, in: Organon 1936, S. 1–12; J. D. Bernal, The Social Function of Science, London 1939; S. R. Mikulinskij, Naukovedenie: problemy i issledovanija 70-ch godov, in: Voprosy filosofii, 7/1975, S. 40–52.
Einen Einblick in die Frühgeschichte des Gebietes gibt: H. Steiner, Die Herausbildung neuer Wissenschaftsgebiete. Eine Untersuchung am Beispiel der Wissenschaft von der Wissenschaft, in: Deutsche Zeitschrift für Philosophie (im folgenden DZfPh), 4/1973, S. 454–461.

[2] J. D. Bernal, Die Wissenschaft in der Geschichte, Berlin 1961.

Befunde, zur Normierung der Methodiken und zur Synthese der Konzeptionen weit voraus. In dieser Situation konnte das Erbe Bernals (und speziell für die Verhältnisse der DDR kann man hinzufügen: das Erbe G. Harigs[3], dessen Konzeption der Wissenschaft interessante Bezüge zu der Bernals und zugleich deutliche Eigenständigkeit aufweist) nicht in gebührender Weise angetreten werden. Die Periode divergierender Ansätze war und ist für den Erkenntnisfortschritt notwendig. Die Zeit einer neuen konzeptualen Synthese in der Wissenschaftsforschung scheint noch nicht gekommen zu sein. Dennoch gibt es Anzeichen dafür, daß sie allmählich heranreift.

Das Bedürfnis danach läßt sich an verschiedenen Erscheinungen ablesen und beginnt mit ganz pragmatischen Fragen: Wie soll Wissenschaftswissenschaft gelehrt werden, da ihre Institutionalisierung und teilweise Professionalisierung einen systematischen Lehrbetrieb notwendig machen?[4] Welches „Porträt" bietet die Wissenschaftswissenschaft im Ensemble der Disziplinen, und welche Erkenntnisaufgaben kann sie und nur sie übernehmen? Die Fragenkette reicht weiter bis zu Problemen, die die Substanz des neuen Gebietes betreffen: Was ist überhaupt der eigentümliche Erkenntnisgegenstand der Wissenschaftswissenschaft, und welches methodische Vorgehen legitimiert eine Untersuchung als eine wissenschaftswissenschaftliche? Eine Untersuchung in dem Objektbereich, der mit dem Terminus „Wissenschaft" bezeichnet wird, ist nicht schon deshalb eine wissenschaftswissenschaftliche, weil sie in diesem Objektbereich vorgenommen wird; das Bezugssystem, in dem sie erfolgen muß, um diese Eigenschaft anzunehmen, bedarf näherer Bestimmung. Und selbst dann, wenn man weiß, daß ein bestimmtes Vorgehen wissenschaftswissenschaftlich ist, ist es noch keineswegs klar, ob die entsprechende Untersuchung heuristischen Wert zu haben verspricht, der ihren Aufwand rechtfertigt. Daten über die Wissenschaft lassen sich auf die verschiedenste Weise erheben; in den meisten Fällen genügt es nicht mehr, überhaupt ein datenfündiges Feld zu haben — auch seine Relevanz für die Wissenschaftswissenschaft selbst muß plausibel gemacht werden.

Alle diese Forderungen sind *Ansprüche an die Entwicklung des theoretischen Systems der Wissenschaftswissenschaft.* Kann es ein solches theoretisches System überhaupt geben, oder ist die Wissenschaftswissenschaft nur ein — und dann im Grunde zeitweiliger — Zusammenschluß verschiedener Disziplinen, wobei der theoretische Fortschritt innerhalb jeder dieser Disziplinen für sich erfolgt? Kopnin hat seinerzeit für die zuletzt genannte Alternative votiert,[5] und obwohl verschiedene sowjetische Autoren diesem Standpunkt mit guten Gründen entgegengetreten sind,[6] steht heute doch noch Argument gegen Argument, und die Frage

[3] Vgl. G. Harig, Aspekte der Geschichte der Naturwissenschaft, in: NTM, 7/1966, S. 32—46.

[4] Es erschienen bereits Publikationen mit Lehrbuchcharakter, beispielsweise: P. A. Račkov, Naukovedenie. Problemy, struktura, elementy, Moskva 1974.

[5] Vgl. P. V. Kopnin, Logičeskie osnovy nauki, Kiev 1968, S. 1—15.

[6] Vgl. S. R. Mikulinskij/N. I. Rodnyj, Istorija nauki i naukovedenie, in: Očerki istorii i teorii razvitija nauk, Moskva 1969, S. 62—65.

nach der theoretischen Selbständigkeit der Wissenschaftswissenschaft ist durch die Schaffung ihrer selbständigen Theorie noch nicht positiv entschieden.

Die letzten 25 Jahre haben nach meiner Auffassung zwei ganz wesentliche Resultate gezeitigt, die für das Schicksal der wissenschaftswissenschaftlichen Fragestellungen von gravierender Bedeutung sind.

Das erste dieser Resultate ist, negativ ausgedrückt, der endgültige Abschied von der Illusion, die Wissenschaftswissenschaft (deutlich vor allem in ihrer englischsprachigen Bezeichnung „science of science") sei ein Mittel zur Selbstfotografie und Selbstanalyse der Naturwissenschaft mit ihren eigenen methodischen Mitteln. Zumindest für sozialistische Verhältnisse ist es undenkbar, die Wissenschaftsforschung schon im konzeptionellen Anspruch auf die Naturwissenschaft und Mathematik (unter Einschluß ihrer Anwendungen) zu beschränken, weil damit ein Wesenszug der Wissenschaft im Sozialismus, die sich entwickelnde Einheit von Natur- und Gesellschaftswissenschaften, aus dem Blickfeld geriete. Selbst dann, wenn man sich nur mit der Untersuchung des Wissens beschäftigt, läßt sich mit dem Einschluß der Gesellschaftswissenschaften in das Untersuchungsfeld die Frage nach der Abhängigkeit des Erkenntnishorizonts von der Klassenposition — selbst eine spezifisch gesellschaftswissenschaftliche Frage — nicht mehr umgehen. Zum Verständnis dessen hat Kuczynski vieles beigetragen.[7] Dennoch dominieren faktisch immer noch die Naturwissenschaften einseitig im Untersuchungsfeld der Wissenschaftsforschung. Weiter läßt sich der Gedanke, das naturwissenschaftliche Wissen und Erkennen falle im wesentlichen in den methodischen Kompetenzbereich der Naturwissenschaft selbst, nur um den Preis extremer Abstraktionen aufrechterhalten. Über diese Abstraktionen führen aber gerade die praktischen Aufgaben hinaus, die die Expansion wissenschaftswissenschaftlicher Arbeiten angeregt haben: Sie zwingen zur Auffassung der Wissenschaft als menschliche, d. h. gesellschaftliche Tätigkeit. Die gesellschaftlichen Zusammenhänge dieser Tätigkeit sind aber ebenso gegensätzlich wie die sozialökonomischen Verhältnisse von Sozialismus und Kapitalismus überhaupt. In der Wissenschaftswissenschaft muß daher auf gesellschaftswissenschaftliche Weise vorgegangen werden, und das bedeutet, daß sich der Klassenkampf auf theoretischem Gebiet auch innerhalb der Wissenschaftswissenschaft als Auseinandersetzung zwischen bürgerlichen und marxistischen Strömungen entfaltet. Die Auffassung der Wissenschaft als Tätigkeit, als Art der gesellschaftlichen Produktion führt dort, wo sie aus marxistischen Ansätzen erwächst, folgerichtig zu einer neuen Stufe der Rezeption des Werkes von Marx, Engels und Lenin für die Wissenschaftsforschung.[8] Bei der Untersuchung philosophischer Probleme einzelner Wissenschaftsdisziplinen waren die dominanten Anknüpfungspunkte die erkenntnistheoretischen und methodologischen Positionen des Marxismus-Leninismus. In der Sicht der Wissenschafts-

[7] Siehe J. Kuczynski, Studien zur Wissenschaft von den Gesellschaftswissenschaften, Berlin 1972.

[8] Vgl. u. a. V. Ž. Kelle, Metodologičeskie problemy kompleksnogo issledovanija naučnogo truda, in: Voprosy filosofii, 5/1977, S. 100—110.

wissenschaft wird das ökonomische Werk der Klassiker für die Erforschung der Wissenschaft in höchstem Grade relevant und nach und nach dafür erschlossen. Man bemerkt, daß viele der so neuartig erscheinenden wissenschaftswissenschaftlichen Fragestellungen bei Marx und Engels bereits tiefgehend präformiert sind, und von Lenins geistigem Einfluß führt ein direkter Weg zu den frühen wissenschaftswissenschaftlichen Versuchen in der UdSSR. Die Aufnahme des ökonomischen Gedankengutes der Klassiker in die Wissenschaftswissenschaft kann jedoch nur dann wirklich fruchtbar sein, wenn ausreichende Klarheit über die Eigenart der wissenschaftlichen Produktion als Widerspiegelungsleistung besteht. Deshalb ist der Gehalt der wissenschaftswissenschaftlichen Fragestellungen entscheidend abhängig davon, inwieweit sie sich auf einen Vorlauf erkenntnistheoretisch-methodologischer Analysen der wissenschaftlichen Widerspiegelungsleistung und ihrer historischen Entwicklung stützen können — eine Arbeit, um die sich in der DDR insbesondere H. Ley und die von ihm begründete Schule verdient gemacht haben[9] und die in neuerer Zeit auch von H. Hörz und Mitarbeitern und anderen Forschern betrieben wird.[10]

Die Feststellung einer steigenden Vielzahl von Verbindungen zwischen der wissenschaftswissenschaftlichen Problematik und den Arbeiten von Marx, Engels und Lenin verschärft natürlich die Frage, ob sich diese Problematik nicht theoretisch im Prinzip ohne Rest auf die bereits früher etablierten gesellschaftswissenschaftlichen Disziplinen aufteilen läßt und die Selbständigkeit der Wissenschaftswissenschaft nicht vielleicht ein bloßer Schein ist, hervorgerufen durch die theoretisch noch nicht assimilierte Flut von praktischen Aufgaben und empirischen Befunden. Diese Möglichkeit ist noch nicht grundsätzlich ausgeschlossen. Der Autor der vorliegenden Arbeit hält sie jedoch für unwahrscheinlich und möchte Argumente zu ihrem Ausschluß beisteuern — allerdings Argumente, die nur durch die positive Entwicklung des wissenschaftswissenschaftlichen Programms erhärtet werden können.

In diesem Zusammenhang ist ein zweites wesentliches Ergebnis der letzten Jahrzehnte von größtem Interesse. Die Intention der „science of science", die Wissenschaft als Erkenntnisgegenstand möglichst nach dem methodischen Vorbild der Naturwissenschaft zu untersuchen, hat ganze Richtungen inspiriert, die darauf ausgingen, im Bereich der wissenschaftlichen Tätigkeit abzuzählen und zu messen, was sich nur abzählen und messen ließ, und nach stabilen quantitativen Zusammenhängen zwischen den analysierten Größen zu suchen. Das Werk von Price hat dabei unzweifelhaft eine Pionierrolle gespielt,[11] und in der UdSSR hat

[9] Vgl. u. a. H. Ley/R. Löther (Hrsg.), Mikrokosmos — Makrokosmos. Bd. I und II, Berlin 1967; H. Ley, Über die Schwierigkeiten des Einzelwissenschaftlers, Berlin 1973.

[10] Vgl. u. a. H. Hörz, Materiestruktur. Dialektischer Materialismus und Elementarteilchenphysik, Berlin 1971; ders., Marxistische Philosophie und Naturwissenschaften, Berlin 1974.

[11] D. J. de Solla Price, Science Since Babylon, Enlarged Edition, New Haven—London 1975; ders., Little Science, Big Science, New York—London 1963; ders. Kvoty citrovanija v točnych i netočnych naukach, technike i ne-nauke, in: Voprosy filosofii, 3/1971, S. 149—155.

sich — vor allem um Dobrov in Kiew — eine ganze Strömung herausgebildet, der „informacionnyj podchod" bei der Analyse der Wissenschaft, der der Informatik Anregungen für quantitative Datenerhebung und strukturelle Modellierung von Erscheinungen im Bereich der Wissenschaft entnimmt.[12] Diese Arbeiten haben es vermocht, einen stark vereinfachenden und deshalb überschaubaren Zugang zur Erforschung der Wissenschaft als eines extrem komplizierten Objekts zu finden. Diese Vereinfachungen erlaubten die Aufdeckung statistischer Regelmäßigkeiten von erstaunlicher Stabilität — statistischer Trends, die über lange Zeiträume hinweg wirksam waren und sich selbst nach so tiefgreifenden Erschütterungen der Normalbedingungen wissenschaftlicher Tätigkeit wie den beiden Weltkriegen schnell regenerierten. Die populärsten dieser Ergebnisse sind unter — wenig adäquaten — Bezeichnungen wie „Exponentialgesetz der Wissenschaftsentwicklung" über Fachkreise hinaus allgemein bekannt geworden. Die Methodik der Ermittlung solcher Trends oder auch statistischer Verteilungen in Publikationsmassiven, Wissenschaftlerpopulationen usw. ist selbstverständlich nicht gegen jede Kritik immun. Die Tatsache, daß ein so stark vereinfachendes Vorgehen stabile und dabei wissenschaftsspezifische, objektiv registrierbare Regelmäßigkeiten an den Tag bringt, ist jedoch unbedingt ernstzunehmen. Mit diesen Regelmäßigkeiten ist eine Gruppe empirischer Befunde gegeben, an denen sich erweisen könnte, ob als Erklärungsgrundlage ein neues — eben wissenschaftswissenschaftliches — theoretisches System notwendig ist. Allen diesen Befunden ist nämlich ihr phänomenologischer, deskriptiver Charakter gemeinsam. Sie haben bislang noch keine wirklich überzeugende Erklärung aus dem Mechanismus der wissenschaftlichen Tätigkeit gefunden und stehen daher verschiedenen Interpretationsversuchen offen. Jene Interpretation, die darauf hinausläuft, die Beschreibung dieser Regelmäßigkeiten selbst als die theoretische Basis der Wissenschaftswissenschaft anzusehen, ist ganz und gar unbefriedigend.

Wir sehen uns damit auf die gesellschaftlichen Mechanismen der wissenschaftlichen Tätigkeit selbst verwiesen, die hinter jenen phänomenologischen Befunden stehen. Die praktische wie theoretische Nötigung, sich diesem Mechanismus zuzuwenden, ist stark genug; ungenügend entwickelt ist jedoch der theoretische Ansatz, der die empirischen Analysen orientiert und ihnen heuristische Kraft verleiht. Die Forderungen an diesen Ansatz sind besonders hoch in einer Situation, in der nicht nur die Existenz langfristig stabiler Trends erklärt werden muß, sondern die Bedingungen eines tiefgreifenden Trendwandels zu erkunden sind. Einerseits ist die Extrapolation des bisher beobachteten Wachstums der relativen Aufwandsgrößen wie Wissenschaftler/arbeitsfähige Bevölkerung oder Wissen-

[12] Vgl. V. V. Nalimov/Z. M. Mul'čenko, Naukometrija, Moskva 1969; S. E. Zločevskij/A. V. Kozenko/V. V. Kosolapov/A. N. Polovinčik, Informacija v naučnych issledovanijach, Kiev 1969; V. V. Kosolapov/ A. N. Ščerban, Optimizacija naučno-issledovatel'skoj dejatel'nosti, Kiev 1971; G. M. Idlis, Matematičeskaja teorija naučnoj organizacii truda i optimal'noj struktury naučno-issledovatel'skich institutov, Alma-Ata 1970; E. V. Brujackij/L. P. Smirnov, Matematičeskie metody v zadačach upravlenija naukoj, Kiev 1973.

schaftsaufwand/gesellschaftliches Gesamtprodukt in die Zukunft nicht möglich. Andererseits ist eine Abschwächung der Erkenntnis- und Innovationsdynamik für eine zum Kommunismus voranschreitende Gesellschaft völlig unakzeptabel. Diese beiden Behauptungen bilden nur dann einen unauflöslichen Widerspruch, wenn man den gesellschaftlichen Mechanismus der Erkenntnisproduktion für unveränderlich, die Beziehung zwischen Aufwendungen und Erkenntnisresultaten (wir sehen hier ab vom Fehlen einer allgemeingültigen quantitativen Vergleichsbasis), also für ein für allemal gegeben erachtet. Und umgekehrt: der Nachweis der progressiven Veränderbarkeit des Mechanismus bedeutet die Auflösung jenes Widerspruchs.

Die Annahme, die Produktivität des Erkennens sei schicksalhaft unveränderlich oder gar fallend, ist schon vor ihrer inhaltlichen Kritik als metaphysisches Postulat erkennbar. Die permanente Zunahme der Produktivkraft der Arbeit in der Produktion materieller Güter, nicht zuletzt dank der sukzessiv wachsenden Verwertung wissenschaftlicher Erkenntnis in dieser Sphäre, ist ein historisches Faktum. Wie sollte da für die geistige Produktion, die geschichtlich aus der materiellen erwachsen ist und niemals ihre Abhängigkeit von dieser verliert,[13] das umgekehrte ökonomische Bewegungsgesetz gelten? Es ist also aussichtsreich zu fragen, in welchen Richtungen und auf welche Weise der gesellschaftliche Mechanismus der Erkenntnisproduktion progressiv veränderbar ist. Mit dieser Aufgabe ist die Wissenschaft im entwickelten Sozialismus durch die von der Partei der Arbeiterklasse beschlossene Forderung konfrontiert, maßgeblich zur Intensivierung der gesellschaftlichen Produktion beizutragen und die Intensivierung auf die Sphäre der Wissenschaft selbst auszudehnen.[14]

Diesem Ziel ist die Forschung über die Wissenschaft im Sozialismus untergeordnet. „Phänomenologische" Theorien, die allenfalls das Gegebene zu verstehen gestatten, können ihr also nicht genügen. Sie braucht Erkenntnismittel mit größerer Tiefenwirkung, die die Veränderbarkeit des vorhandenen Mechanismus der

[13] „Es war nicht nur für die Ökonomie, es war für alle historischen Wissenschaften (und alle Wissenschaften sind historisch, welche nicht Naturwissenschaften sind) eine revolutionierende Entdeckung, dieser Satz, 'daß die Produktionsweise des materiellen Lebens den sozialen, politischen und geistigen Lebensprozeß überhaupt bedingt' . . ." (F. Engels/K. Marx, Zur Kritik der Politischen Ökonomie, in: K. Marx/F. Engels, Werke (im folgenden MEW), Bd. 13, Berlin 1961, S. 470).

[14] Im Bericht des Zentralkomitees an den IX. Parteitag der SED bemerkte E. Honecker: „Die planmäßige und konzentrierte Förderung von Wissenschaft und Technik war und ist die vom Gewicht her entscheidende Voraussetzung, um die Arbeitsproduktivität zu steigern . . . Man kann sagen, daß hohe wissenschaftlich-technische Leistungen ein grundlegendes gesellschaftliches Bedürfnis unserer gesamten Vorwärtsentwicklung verkörpern." (IX. Parteitag der SED. Bericht des Zentralkomitees. Berichterstatter: E. Honecker, Berlin 1976, S. 73).
Die vom Parteitag beschlossene Fünfjahrplandirektive fordert, „die Forschung selbst stärker zu intensivieren". (IX. Parteitag der SED. Direktive des IX. Parteitages zum Fünfjahrplan für die Entwicklung der Volkswirtschaft der DDR in den Jahren 1976—1980. Berichterstatter: H. Sindermann, Berlin 1976, S. 39).

Wissensproduktion erschließen. Entsprechend hoch muß das Maß theoretischer Investition in die empirischen Analysen und praktischen Entwürfe sein. Die „Bausteine" aber, aus denen sich theoretische Systeme noch so hypothetischen Charakters zusammenfügen, sind Begriffe. Besonders jene Begriffe, die kategorialen Status haben, sind in ihrer Geltung nicht auf ein einziges theoretisches System beschränkt. Sie resümieren eine lange Geschichte der Erkenntnisentwicklung und figurieren in bestimmten theoretischen Systemen, ohne in ihnen aufzugehen.

Daher ist es möglich, daß in gewissem Umfang nicht nur das theoretische System seiner empirischen Bestätigung, sondern auch der Begriff der Entfaltung des ihn einschließenden theoretischen Systems vorauseilen kann; es gibt also nicht nur theoretischen, sondern auch kategorialen (oder konzeptualen) Vorlauf, und zwar ebenso normal wie die umgekehrten Verhältnisse des Zurückbleibens, in denen theoretisch ungedeutete empirische Befunde vorliegen bzw. in Theorien uninterpretierte, nur syntaktisch bestimmte Begriffe auftreten. Die vorauseilende Arbeit am Begriff kann so ein Mittel sein, theoretischen Vorlauf zu produzieren. Sie kann aber auch ein Weg sein, der in die unfruchtbare Spekulation führt. Dagegen gibt es keine Apriori-Versicherung, und keine Demarkationslinie zeigt mit Sicherheit an, wo man sich noch auf dem fruchtbaren Terrain hypothetischer Konstruktion und wo schon im Ödland des Spekulierens befindet. Hier liegt ein Risiko vor, das aus der Dialektik des Erkenntnisprozesses selbst entspringt und dem man nicht entgehen kann, wenn man Erkenntnis will. Man kann es nur auf ein vernünftiges Maß reduzieren, wenn begriffliche, theoretische, empirische und praktisch-entwerfende Tätigkeiten bei aller relativen Selbständigkeit jedes dieser Glieder in gesunder Proportion und in enger Wechselbeziehung verlaufen, so daß sich im Prozeß korrigieren läßt, was nicht a priori ausgeschlossen werden kann.

Die vorliegende Arbeit ist ein Beitrag zu den begrifflichen Grundlagen der Wissenschaftswissenschaft. Obwohl sie in ihrer unmittelbaren Durchführung in der Sphäre begrifflicher Analyse und Konstruktion verbleibt, versteht sie sich als ein Moment eines übergreifenden Systems wissenschaftswissenschaftlicher Tätigkeit, das theoretische, empirische und praktisch-entwerfende Leistung einschließt, und sie hat letztlich nur insoweit Sinn, als sie sich in dieses System einfügen läßt. Ihr unmittelbares Objekt ist der Begriff der Wissenschaft, so wie er sich aus bisherigen Erfahrungen und Forderungen der wissenschaftswissenschaftlichen Forschung entwickeln läßt.[15] Die Eigenart dieses Begriffes für die Wissenschaftswissenschaft besteht darin, daß er nicht irgendeine Seite oder einen Teil ihres Gegenstandes abbildet, sondern ihren Gegenstand als Ganzheit. Wohlgemerkt: er widerspiegelt nicht ihren Gegenstand insgesamt — sein Denotat ist die Relation (bzw. das Netz von Relationen), die den Objektbereich der Wissenschaftswissenschaft zu einem Ganzen verbindet. Wenn man auf diesem Wege vorgeht, so werden in

[15] Eine Übersicht über Diskussionen zu diesem Begriff ist enthalten in: P. A. Račkov, Naukovedenie. Problemy, struktura, elementy, a. a. O., S. 24 ff.

zwei Richtungen Argumente gesammelt: einmal Argumente, mittels deren die Resultate philosophischer und einzelwissenschaftlicher Reflexionen über den Wissenschaftsbegriff für die Entwicklung der Wissenschaftswissenschaft aktiviert werden, und das bedeutet festere Integration dieses Gebietes in den Gesamtkomplex der marxistisch-leninistischen Gesellschaftswissenschaften von den Grundlagen her; zum anderen Argumente zur Prüfung der Frage, ob die Wissenschaftswissenschaft potentielle theoretische Eigenständigkeit besitzt und worin diese besteht.

Uns geht es dabei nicht um eine neue oder präzisierte definitorische Kurzformel für den Wissenschaftsbegriff. Mit den in den letzten Jahrzehnten eingeführten Formulierungen läßt sich nach wie vor arbeiten.[16] Eindeutig bestimmt ist eine definitorische Formulierung ohnehin nur, wenn sie in einem konsistenten theoretischen System aufgestellt wird, und über ein solches System verfügt die Wissenschaftswissenschaft bisher nicht. Anstelle der straffen Definition bleibt der Weg der entfalteten Reflexion; sollte sich in der weiteren Verfolgung dieses Weges herausstellen, daß der reflektierte Begriffsinhalt beispielsweise durch eine Definition mit rein philosophischen Mitteln hinreichend erfaßt werden kann, so wäre das ein beachtenswertes Ergebnis. So weit ist die konzeptuale Entwicklung jedoch noch nicht vorangeschritten. Vorläufig muß man sich wohl mit dem Versuch begnügen, das konzeptuale Fazit aus den Erfahrungen und Aufgaben der Wissenschaftswissenschaft so gut wie möglich zu ziehen und die Frage einer eventuellen Reduzierbarkeit ihres Wissenschaftsbegriffs auf den der Philosophie (oder einer speziellen Gesellschaftswissenschaft) unentschieden zu lassen. Der Verfasser ist sich wohl bewußt, daß er sich mit der Argumentation für die konzeptuale Selbständigkeit der Wissenschaftswissenschaft auf hypothetischem Boden bewegt (obwohl dies im weiteren Text nicht fortlaufend betont wird), und er möchte das Ergebnis dieser Arbeit in erster Linie als ein wissenschaftswissenschaftliches Forschungsprogramm verstanden wissen, dessen Verfolgung die genannte Frage der Entscheidung näherbringen kann.

Der damit ausgesprochene Verzicht ist situationsgebunden. Selbstverständlich ist Wissenschaft als ein einheitliches Phänomen auch einheitlich abzubilden — aber dies geschieht auf komplizierten Wegen, über Divergenzen und Synthesen von Begriffen und theoretischen Systemen.[17] Es wird keine Pluralität beziehungslos koexistierender Wissenschaftsbegriffe (der Philosphie, der Ökonomie usw.) behauptet; der *eine* marxistisch-leninistische Wissenschaftsbegriff stellt sich aber im Prozeß des Erkenntnisfortschritts dar als ein Netz von Beziehungen zwischen verschiedenen theoretischen Systemen, innerhalb derer die wissenschaftliche Realität erforscht wird, und die Ungeklärtheit und vielleicht auch noch mangelnde Ausgeformtheit eines Teils dieser Beziehungen verhindert zeitweilig die Dar-

[16] So etwa die Formulierung in: G. Kröber/H. Laitko, Sozialismus und Wissenschaft, Berlin 1972, S. 61.

[17] Hier ist es angezeigt, sich an Lenins Bemerkung zu erinnern: „Die Bewegung der Erkenntnis *zum* Objekt kann stets nur dialektisch vor sich gehen: zurückgehen, um sicherer zu treffen . . .“ (W. I. Lenin, Philosophische Hefte, in: Werke, Bd. 38, Berlin 1964, S. 267).

stellung dieses Begriffes in einer einheitlichen und erschöpfenden Kurzformel, die über die Relationen der in ihr enthaltenen Termini zu anderen innerhalb ausgeformter theoretischer Systeme und zwischen ihnen die Gesamtheit des zeitgenössischen Wissens über die Wissenschaft synthetisiert.

Die Grundlagen des marxistisch-leninistischen Wissenschaftsbegriffs werden in der Philosophie des dialektischen und historischen Materialismus formuliert. Ohne Beziehung auf den genuinen Wissenschaftsbegriff der Philosophie bleibt das Konzept der Wissenschaftswissenschaft an der Oberfläche.[18] Nach Ansicht des Autors muß letzteres schließlich als eine Konkretisierung des Wissenschaftsbegriffs der Philosophie für einen spezialisierten Bereich von Erkenntnisaufgaben faßbar werden. Es ist allerdings kaum zu erwarten, daß sich der Charakter dieser Konkretisierung schon heute angeben läßt: einmal deshalb, weil die Suche nach einer bündigen, stabilen Formulierung des Wissenschaftsbegriffs der marxistisch-leninistischen Philosophie selbst unabgeschlossen ist und recht unterschiedliche Varianten vorgeschlagen werden; zum anderen deshalb, weil diese Konkretisierung wohl kaum in der Zufügung weiterer Merkmale zu einer wie auch immer gearteten philosophischen Begriffsbestimmung, sondern weit eher in der Entwicklung des ganzen *einzelwissenschaftlichen* theoretischen Systems der Wissenschaftswissenschaft auf der *philosophischen* Grundlage des Wissenschaftsverständnisses im dialektischen und historischen Materialismus erfolgen wird. Deshalb hält es der Verfasser für legitim, gegenwärtig in gewissem Maße eigenständig — zwar mit dem Blick auf die Wissenschaftsauffassung der marxistisch-leninistischen Philosophie, aber ohne strenge Bindung an eine bestimmte unter ihren vorgeschlagenen systematischen Explikationen — die begrifflichen Grundlagen der Wissenschaftswissenschaft zu entwickeln. Allein aus diesem Grund verzichtet die Darstellung darauf, eine theoretische Auseinandersetzung mit der von Ruben vorgenommenen bemerkenswerten philosophischen Interpretation der Kategorie „allgemeine Arbeit" zu führen.[19]

Es ist nicht zu verkennen, daß die Deutung der verschiedenen Marx-Stellen, in denen die Begriffe „Wissenschaft" und „allgemeine Arbeit" in Zusammenhang gebracht werden, bei Ruben und in der vorliegenden Arbeit unterschiedlich ist. Beide Interpretationen[20] sind, so nimmt der Verfasser an, zulässig, und zugleich sind sie so verschieden, daß ein elementarer Ausgleich zwischen ihnen nicht möglich ist. Der gemeinsame Ausgangspunkt ist die Überzeugung, daß das wissenschaftliche Erkenntnisvermögen im praktischen Arbeitsprozeß entspringt. Bei Ruben jedoch

18 Die Ansichten des Verfassers zu dieser Frage sind dargestellt in: H. Laitko, Science Research and Philosophy. Remarks on the Present Stage of the Problem, in: Problems of the Science of Science, Warszawa 1977, S. 95—108.

19 Die vollständigste und aktuellste Darstellung ist enthalten in: P. Ruben, Wissenschaft als allgemeine Arbeit, in: SOPO, 2/1976, S. 7—39.

20 Ruben bemerkt seinerseits: „Ich bin mir natürlich dessen bewußt, daß die hier gelieferte Interpretation des Marxschen Textes — eine *Interpretation* ist, d. h. philologisch sicher nicht unumstritten sein wird" (P. Ruben, Wissenschaft als allgemeine Arbeit, a. a. O., S. 12).

*ist* die Wissenschaft allgemeine Arbeit als spezifische Aktivität zum Unterschied von anderen Arbeitsarten. In der hier vertretenen Interpretation *wird* die Wissenschaft im historischen Prozeß zur allgemeinen Arbeit — und sie kann nicht anders zu Arbeit überhaupt werden, als daß sie zu allgemeiner Arbeit wird, und die Gesamtarbeit der Gesellschaft kann ihre Produktivkraft nicht über ein bestimmtes Maß hinaus entwickeln, wenn sie nicht Wissenschaft als funktionelles Glied notwendig einschließt. Für Ruben hat die Formulierung „Wissenschaft ist allgemeine Arbeit" definitorischen Charakter[21]; in unserer Auffassung ist „allgemeine Arbeit" eine Qualität, die die Wissenschaft wie andere Arten konkreter Tätigkeit annehmen kann, wenn sie als funktionell notwendiges Glied in den arbeitsteiligen Organismus der gesellschaftlichen Gesamtarbeit eintritt.

Der Verfasser bekennt als Schwäche seiner Position sein vorläufiges Unvermögen, das Verhältnis zwischen beiden Deutungen klar zu bestimmen oder auch nur zu behaupten, daß zwischen ihnen zu wählen ist. Der Grund dafür besteht im Unterschied der Bezugssysteme, in denen sie vorgenommen werden: Ruben urteilt im Bezugssystem der Philosophie; die vorliegende Untersuchung urteilt im Bezugssystem der Wissenschaftswissenschaft, die sich — sofern sie dauerhafte Eigenständigkeit gewinnt — als eine Einzelwissenschaft konstituiert. Ohne das Verhältnis dieser Bezugssysteme weiter elaboriert zu haben, ist es wenig sinnvoll, sich mit herausgegriffenen Einzelpassagen zu konfrontieren, zumal das Konzept Rubens an eine sehr eigenständige und diskutable Auffassung der fundamentalen philosophischen Kategorien — etwa der Kategorie „Bewußtsein"[22] — gebunden ist. Wir beschränken uns daher auf den Versuch, das Bezugssystem, in dem wissenschaftswissenschaftliche Fragen gestellt und bearbeitet werden, näher auszuleuchten — auch als eine Voraussetzung für künftige tiefergehende methodologische Diskussionen um den Status des Gebietes.

Als Resultat von einigem Interesse betrachten wir die in dieser Arbeit entwickelte Annahme, daß der Wissenschaftsbegriff, mit dem die Wissenschaftswissenschaft arbeitet, eine Schichtenarchitektur aufweist. Die gelegentlich geäußerte Ansicht, diese Forschungsrichtung fasse die Wissenschaft *nicht* als Wissen, *sondern* als Tätigkeit, oder sie betrachte sie *nicht* als Tätigkeit, *sondern* als (allgemeine) Arbeit, ist als sprachlicher Ausdruck der Distanzierung von zu stark vereinfachenden Ansätzen psychologisch verständlich, aber wörtlich genommen keinesfalls zutreffend. Die Auffassungen der Wissenschaft als Wissen, als Tätigkeit und als Arbeit schließen einander nicht aus; bei geeigneter, aber zulässiger Verfügung über die Bedeutung dieser drei allgemeinen Begriffe sind sie Stufen des Aufsteigens vom Abstrakten zum Konkreten, deren jeweils nachfolgende Stufe in der genannten Reihenfolge die vorhergehende(n) voraussetzt und einschließt. Der Wissenschaftsbegriff bildet so eine dreistufige Hierarchie von Bestimmungen. Der Übergang von einer Stufe zur nächsthöheren wird durch den Übergang von einer Klasse

21 Ebenda, S. 16.
22 Ebenda, S. 25—26.

von Erkenntnisaufgaben zu einer anderen, komplizierteren erzwungen, wobei bestimmten Aufgabentypen der Wissenschaftserkenntnis Typen von Aufgaben gesellschaftlicher Leitung der Wissenschaft entsprechen.

Die Arbeit beschränkt sich darauf, diese Stufenfolge zu entwickeln. Von hier aus bietet sich der Übergang zu zwei Untersuchungsrichtungen an, der im vorliegenden Text nicht ausgeführt wird.

Die erste Richtung betrifft die Ausarbeitung methodologischer Konsequenzen für die wissenschaftshistorische Forschung. Untersucht man in der erörterten Stufenfolge eine konkrete Stufe, so erweitern sich zugleich die Erkenntnisanforderungen an die vorausgehende abstraktere. Der Übergang vom Aspekt des Wissens zum Aspekt der Tätigkeit beispielsweise erzwingt in der Analyse des Wissens selbst den Übergang von der Statik zur Dynamik. Der Übergang vom Aspekt der Tätigkeit zum Aspekt der Arbeit verlangt, wissenschaftliche Tätigkeit nicht nur als Wissensproduktion, sondern zugleich als Rezeption von der gesellschaftlichen Gesamtarbeit erzeugter Erkenntnisbedürfnisse und als Übergang von der Wahrheit zur Anleitung zum Handeln zu verstehen. Auf dem Niveau ihrer Auffassung als Arbeit enthüllen sich die Beziehungen der modernen Wissenschaft zum sozialhistorischen Gesamtprozeß am vollständigsten. Eine neue Produktionsweise des materiellen Lebens der Gesellschaft erzeugt nicht nur ein neues Verhältnis der Wissenschaft zur gesellschaftlichen Gesamtarbeit; diesem Verhältnis liegt ein neuer Typ wissenschaftlicher Tätigkeit zugrunde, der die Möglichkeit eines neuen Erkenntnisniveaus — eines neuen Rationalitätstyps der Erkenntnis nach einem treffenden Ausdruck von Zelený[23] — realisiert. Die hierarchische Darstellung des Wissenschaftsbegriffs ermöglicht eben über diese Schichtenarchitektur eine konsistente, von soziologisierender Vereinseitigung freie Behandlung jener epochalen Wandlungen, die die Wissenschaft mit dem Übergang von einer Gesellschaftsordnung zur nächsthöheren im Geschichtsprozeß durchmacht.

Die zweite Richtung betrifft die Beziehungen der Wissenschaftswissenschaft zur Theorie der Produktivkräfte und zur politischen Ökonomie. Wissenschaft ist

[23] „Wir beziehen den Begriff des Rationalitätstyps auf die Charakteristik der gesamten menschlichen theoretisch-praktischen Einstellung zur Welt und zu sich selbst. Der Rationalitätstyp kann in erster Linie durch folgende drei Momente charakterisiert werden:
a) dadurch, wie er begreift, *daß etwas* ist und *wie* und *warum* etwas ist; also, mit anderen Worten, durch die grundlegende kategoriale und methodologische Ausstattung in Abhängigkeit von der Lösung der philosophischen Grundfrage über die Beziehung von Denken und Sein;
b) dadurch, wie er die Beziehung zwischen Theorie und Praxis erfaßt und realisiert . . .;
c) dadurch, wie er die Beziehung zwischen Deskriptiv- und Werturteilen erfaßt." J. Zelený, Veränderungen in der gnoseologischen Grundlegung der gegenwärtigen Wissenschaft, in: J. Zelený, Studien über Dialektik, Praha 1975, S. 97—98; siehe auch J. Zelený, Možno li govorit' ob izmenenijach v osnovanii sovremennoj nauki?, in: Voprosy filosofii, 4/1971, S. 74—83; ders. Marksistskij i fenomenologičeskij vzgljad na tak nazyvaemyj krizis nauki, in: Voprosy filosofii, 1/1973, S. 38—47; ders. Scientific Revolutions and Changes in Foundations of Scientific Thought, in: Proc. XVth World Congress of Philosophy, Bd. 2, Sofia 1973, S. 141—146.

innovativ, und sofern sie als Arbeit fungiert, verändert sie irreversibel die technologischen Beziehungen im gesamten Produktivkräftesystem der Gesellschaft. Das geschieht zwar in einer durch die bestehende gesellschaftliche Produktionsweise bestimmten Form, aber zugleich ist das Ergebnis dieser Veränderung entscheidende Triebkraft für die Entwicklung der gesellschaftlichen Produktionsweise selbst. Die grundsätzliche Einsicht, daß die produktiven Wirkungen der Wissenschaft im Kapitalismus den Grundwiderspruch dieser Ordnung verschärfen und neue Notwendigkeiten für die sozialistische Umgestaltung der Gesellschaft erzeugen, ist ebenso gesichert wie die Position, daß die Produktionsverhältnisse der kommunistischen Formation gegenüber wissenschaftsinduzierten Veränderungen in der Produktivkraft der gesellschaftlichen Arbeit unbegrenzt entwicklungsfähig sind. Auf diesem Hintergrund ist aber das konkrete Problem der Abhängigkeiten, die das System der ökonomischen Gesetze des Sozialismus mit dem wissenschaftlich-technischen Fortschritt in der Produktivkräftesphäre verbinden und die allmähliche Veränderung dieses Systems in Richtung auf die ökonomischen Verhältnisse des reifen Kommunismus bestimmen, noch weitgehend zu lösen. Das ist ein ausgesprochenes Übergangsproblem: einmal betrifft es die Grundlagen der politischen Ökonomie des Sozialismus, denn es kann nicht rationell formuliert werden, wenn man, wie es in wissenschaftsökonomischen Arbeiten nicht selten geschieht, ein gegebenes System ökonomischer Gesetze einfach als unveränderliche Voraussetzung unterstellt und sich darauf beschränkt, die wissenschaftliche Tätigkeit diesen Gesetzen zu subsumieren; andererseits betrifft es die Wissenschaftswissenschaft, denn die wissenschaftliche Arbeit reproduziert sich vermittels der gesellschaftlichen Gesamtarbeit, und ohne das Verständnis dieses Reproduktionszusammenhangs kann die Auffassung der Wissenschaft als allgemeine Arbeit keinen relativen Abschluß erreichen. Die Ausarbeitung der technologischen Eigenarten der wissenschaftlichen Tätigkeit und ihres technologisch-sozialökonomischen Doppelcharakters, auf dessen Bedeutung neuerdings Rilling in einer profunden Analyse verwiesen hat,[24] führt zu der Notwendigkeit, die inneren Zusammenhänge von Wissenschaftswissenschaft und politischer Ökonomie auf eine anspruchsvollere Weise zu analysieren, als es mit einer reduktionistischen Methodologie möglich ist.

Der Stil der Arbeit, nicht jedoch ihr Gegenstand, ist philosophisch-argumentierend und konstruktiv. Sie will so als Anwendung philosophischer Denkweisen nicht auf die Interpretation einer relativ fertigen, sondern auf die Herausbildung einer entstehenden Einzelwissenschaft verstanden werden — also auf eine Situation mit vielen Unbekannten und beträchtlicher Unbestimmtheit. Der bibliographische Apparat des laufenden Textes ist auf das unbedingt notwendige Minimum beschränkt. Einen vollständigen Überblick über die verwendete Literatur vermittelt das alphabetische Verzeichnis im Anhang. Eine Quelle, die zu nennen unerläßlich ist, konnte jedoch im Literaturverzeichnis keinen Platz finden: es ist die kollektive

[24] Vgl. R. Rilling, Theorie und Soziologie der Wissenschaft, Frankfurt a. M. 1975.

Erfahrung der Tätigkeit des Instituts für Theorie, Geschichte und Organisation der Wissenschaft an der AdW der DDR, die seit seiner Gründung im lebendigen Prozeß gesammelt wurde. Der Wunsch des Verfassers ist es in erster Linie, ein gewisses Fazit dieser kollektiv akkumulierten Erfahrung zu ziehen, soweit es mitten im Prozeß der Herausbildung eines neuen Forschungsgebietes möglich ist.

Persönlicher Dank gebührt meinem Lehrer, Prof. Dr. H. Ley, unter dessen verständnisvoller Leitung ich die ersten Schritte marxistisch-leninistischer Wissenschaftsforschung gehen lernte, Prof. Dr. H. Hörz, der wesentliche Züge der von H. Ley in der DDR begründeten Tradition systematisierte und weiterentwickelte, Prof. Dr. J. Zelený, dessen philosophisch-wissenschaftstheoretischer Stil in der Analyse komplizierter Probleme der Erkenntnisentwicklung für mich außerordentlich anregend war und ist, und Prof. Dr. G. Kröber, dem ich nicht nur für seine verständnisvolle Förderung meiner Arbeiten, sondern zugleich für die beim Abfassen gemeinsamer Manuskripte und bei anderen Gelegenheiten vermittelten Ideen verpflichtet bin.

# 1. Die allgemeine gesellschaftliche Aufgabe der Wissenschaftswissenschaft und das Problem ihrer konzeptualen Formulierung

## 1.1. Das System gesellschaftlicher Formen der Wissenschaftsreflexion

Die Wissenschaftswissenschaft bewegt sich auf einem empirischen Terrain, das — natürlich in historisch wechselnden Formen — schon während des ganzen geschichtlichen Zeitraumes, in dem Wissenschaft betrieben wird, auf mindestens dreierlei Art reflektiert worden ist: in der praktisch-geistigen Aneignung der Gegebenheiten der Wissenschaft durch jene, die in ihr tätig sind; in der Wertung der Wissenschaft in der öffentlichen Meinung, in der Ideologie der verschiedenen Gesellschaftsklassen, die das wirkliche oder vermeintliche Verhältnis der Wissenschaft zu ihren Interessen ausdrückt; in der systematischen Bearbeitung wissenschaftstheoretischer Themen im Rahmen der Philosophie. Mindestens für die letzten hundert Jahre kommt als eine vierte Form der Reflexion die Abbildung verschiedener Aspekte der Wissenschaft im Bezugssystem einzelwissenschaftlicher Disziplinen hinzu.

Alle diese traditionellen Formen der Wissenschaftsreflexion sind in der sozialistischen Gesellschaft weiterhin in Funktion. Keine von ihnen hat sich überlebt, und jede von ihnen ist gesellschaftlich unentbehrlich. Zugleich haben sie ihre Inhalte verändert und bestimmende Charakteristika von Wissenschaftlichkeit und ideologischer Einheitlichkeit ausgebildet. Die philosophische Bearbeitung wissenschaftstheoretischer Gegenstände erfolgt im Rahmen des dialektischen und historischen Materialismus; auf dieser Grundlage treten die Fachdisziplinen der marxistisch-leninistischen Gesellschaftswissenschaften auch dem Objekt Wissenschaft selbst wissenschaftlich gegenüber, und zugleich erfolgt die gesellschaftliche Wertung der Wissenschaft in der Ideologie der Arbeiterklasse und ihrer Bündnispartner einheitlich: Wissenschaft erscheint als ein sozialer Wert hohen Ranges, ohne den das Fortschreiten der Gesellschaft zum Kommunismus und im Kommunismus nicht möglich wäre, und die Wissenschaftler reflektieren ihre eigene Tätigkeit und deren Bedingungen bewußt vom Standpunkt ihrer Verantwortung für die Stärkung und Höherentwicklung der sozialistischen Gesellschaft.[1]

[1] Siehe dazu G. Kröber/H. Laitko (Hrsg.), Wissenschaft. Stellung, Funktion und Organisation in der entwickelten sozialistischen Gesellschaft, Berlin 1975, S. 138—175; G. Kröber, Die Wissenschaft und ihre Erforschung im Sozialismus: Prozesse, Probleme, Prinzipien, in: G. Kröber (Hrsg.), Wissenschaft im Sozialismus, Berlin 1973, S. 11—24.

Wir können somit voraussetzen, daß die Reflexion der Wissenschaft im reifen Sozialismus ein geordnetes System erkennender, wertender und entwerfender Aktivitäten bildet, das durch einheitliche, gesamtgesellschaftlich akzeptierte Erkenntnis- und Wertungsprinzipien zu einem Ganzen integriert ist. Diese Feststellung basiert auf zwei hauptsächlichen Gründen: Erstens werden die gesellschaftlichen Verhältnisse der Wissenschaft im Sozialismus vom Standpunkt der strategischen Interessen der Arbeiterklasse gestaltet, mit denen die grundlegenden Interessen der wissenschaftlichen Intelligenz wie der ganzen werktätigen Bevölkerung zusammenfallen. Die höchsten Ideale der wissenschaftlichen Tätigkeit, von denen ausgehend ihre vorhandenen Formen bewertet und ihre künftigen Formen projektiert werden, sind sozial einheitlich und mit der marxistisch-leninistischen Ideologie in ihrer für die jeweilige historische Situation konkretisierten Gestalt gegeben. Zweitens bietet die Philosophie des dialektischen und historischen Materialismus das einheitliche Erkenntnisfundament für alle Formen der Wissenschaftsreflexion im Sozialismus.[2] Auf dieser Grundlage beurteilt die marxistisch-leninistische Partei das in der Wissenschaftsentwicklung der Gesellschaft Erreichte und fixiert die von der Wissenschaft zu lösenden Zukunftsaufgaben, formt sich das Bild der Wissenschaft in der öffentlichen Meinung und urteilen schließlich die Wissenschaftler selbst — deren überwiegende Mehrheit in den sozialistischen Ländern heute unabhängig vom Unterschied der Fachrichtungen Grundlagen der marxistisch-leninistischen Philosophie systematisch studiert hat und in gewissem Maße aktiv beherrscht — über die gesellschaftlichen Verhältnisse und Inhalte ihres eigenen Tuns.[3] Gerade der letztgenannte Umstand ist für das Verständnis des Platzes der Wissenschaftswissenschaft im Sozialismus sehr wichtig: der Gegensatz von wissenschaftlicher und nichtwissenschaftlicher Reflexion der Wissenschaft ist, sowie der dialektische und historische Materialismus als Basis der Reflexion akzeptiert wird, aufgehoben und auf einen Niveauunterschied der Abbildung reduziert. Dieser Unterschied liegt *innerhalb* des Rahmens, den die weltanschauliche Grundvoraussetzung für die wissenschaftliche Abbildung gesellschaftlicher Erscheinungen vorgibt. Es ist nicht denkbar, daß ein Wissenschaftler, der konsequent auf den Positionen der marxistisch-leninistischen Weltanschauung steht, wissenschaftliches Verhalten zu seinem Forschungsgegenstand mit unwissenschaftlichem Verhalten zum gesellschaftlichen Wesen seiner eigenen Tätigkeit verbindet (dabei bedeutet der Ausschluß unwissenschaftlichen Verhaltens auf keinen Fall, daß auch der wissenschaftliche Irrtum ausgeschlossen ist). Die Einheitlichkeit der Erkenntnisbasis erstreckt sich auch auf die Abbildung von Aspekten der Wissenschaft in einzelwissenschaftlichen Disziplinen: handelt es sich um gesellschaftswissenschaftliche Disziplinen, so bilden ihre fundamentalen Kategorien

2 Siehe L. Nowak, Zasady marksistowskiej filosofii nauki, Warszawa 1974.

3 Einen systematischen Überblick über die Funktionen der marxistisch-leninistischen Philosophie gegenüber der Wissenschaft (speziell auf die Naturwissenschaft bezogen) findet man bei H. Hörz, Marxistische Philosophie und Naturwissenschaften, Berlin 1974, Kap. 3, S. 92—207.

eine auf den spezifischen sozialen Teilgegenstand bezogene Projektion des historischen Materialismus; handelt es sich um mathematische oder um sogenannte querschnittswissenschaftliche Disziplinen (beispielsweise die Informationstheorie, die Regelungstheorie usw.), dann finden sie ihre adäquate philosophische Interpretation im Marxismus-Leninismus und werden über diese Interpretation mit eigentlich gesellschaftswissenschaftlichen Disziplinen zur Abbildung gesellschaftlicher Gegenstände vereinigt.

Das alles gilt für die Verhältnisse des entwickelten Sozialismus unabhängig davon, ob sich Wissenschaftswissenschaft als spezielles Untersuchungsgebiet konstituiert oder nicht. Sobald es gelingt (und in dem Maße, wie es gelingt), die marxistisch-leninistische Philosophie jeglichem reflektierenden und gestaltenden Verhalten zur Wissenschaft zugrunde zu legen, ist eine im strengen Sinn des Wortes vorwissenschaftliche Haltung zum gesellschaftlichen Phänomen Wissenschaft nicht mehr möglich, ungeachtet dessen, daß viele Seiten dieses Phänomens noch der systematisch-empirischen Erschließung harren. Mit dieser Position nehmen wir Abstand von jener in der Entstehungsphase der Wissenschaftswissenschaft verbreiteten Ansicht, bislang hätte es nur ein heterogenes, multidisziplinäres Konglomerat von Wissensbausteinen über die Wissenschaft bar jeder Synthese gegeben, und die Wissenschaftswissenschaft sei nunmehr berufen, die ausstehende Synthese zu leisten und die vorhandenen Kenntnisse, gegebenenfalls nach weitgehender Veränderung, in ein System zu ordnen. Die bisherigen Überlegungen zwingen uns, auf verschwommene Universalitätsansprüche bei der Begründung des Platzes und der Notwendigkeit wissenschaftswissenschaftlicher Arbeiten zu verzichten und statt dessen genauer zu bestimmen, *wie* die Wissenschaftswissenschaft ihren Gegenstand sieht, *was* an dieser Sicht neu ist und von den bisherigen Formen der Wissenschaftsreflexion nicht geleistet werden konnte und *warum* schließlich ein solches neues Element in das System der Formen der Wissenschaftsreflexion eintreten mußte.

Damit erscheint uns zugleich die Geschichte der Wissenschaftswissenschaft in einem sozial differenzierten Raster. Die wesentliche Verschiedenheit der Funktionen, die die Wissenschaftswissenschaft im Kapitalismus und im Sozialismus ausübt, und der Gegensatz der theoretischen Grundprinzipien marxistischer und bürgerlicher Wissenschaftswissenschaft[4] werden von marxistisch-leninistisch orientierten Autoren allgemein anerkannt. Es besteht jedoch auch ein grundsätzlicher Unterschied im Verhältnis der Wissenschaftswissenschaft zu den bereits ausgebildeten Formen der Wissenschaftsreflexion. Im Sozialismus wird die entstehende Wissenschaftswissenschaft in ein schon vor ihr vorhandenes, in ideologischer und weltanschaulich-gnoseologischer Hinsicht einheitliches System

[4] In unserer Auffassung bezeichnet der Terminus „bürgerliche Wissenschaftswissenschaft" die bürgerliche Klassenposition und nicht etwa das bevorzugte Untersuchungsobjekt; wissenschaftswissenschaftliche Richtungen, die in kapitalistischen Ländern von marxistischen oder zumindest zum Marxismus tendierenden Autoren am empirischen Material des kapitalistischen Wissenschaftsbetriebes entwickelt werden, zählen keinesfalls zum bürgerlichen Typ.

von gesellschaftlichen Formen der Wissenschaftsreflexion „einbeschrieben" und bewirkt, einmal entstanden, möglicherweise einen Qualitätssprung des ganzen Systems. Wesentlich komplizierter gestaltet sich der Erkenntnishintergrund für die sich herausbildende Wissenschaftswissenschaft im Kapitalismus. Die bestehende Gesamtheit von gesellschaftlichen Formen der Wissenschaftsreflexion ist von prinzipiellen, sozial bedingten Antagonismen zerspalten. Zwischen ihnen ist eine Synthese ebensowenig möglich wie zwischen den Grundinteressen der Bourgeoisie und der Arbeiterklasse überhaupt. Die konzeptionelle Pluralität der bürgerlichen Wissenschaftsauffassungen überdeckt diese Antagonismen äußerlich, besonders in solchen imperialistischen Ländern, in denen die organisierte Arbeiterklasse noch zu schwach ist, um ihren Standpunkt zum gesellschaftlichen Wesen der Wissenschaft öffentlich gegen den Druck der bürgerlichen Meinungsmanipulation zu behaupten und einen nennenswerten Teil der Wissenschaftler zur Einsicht in den grundlegenden Gegensatz ihrer Lebensinteressen zu denen der Bourgeoisie zu führen. Indes läßt sich dieser prinzipielle Gegensatz in den Interessenlagen und damit auch in den Erkenntnisintentionen bezüglich des gesellschaftlichen Phänomens Wissenschaft wohl zeitweilig überspielen, aber nicht aus der Welt schaffen. In Ländern mit einer starken marxistisch-leninistischen Arbeiterbewegung, die ein effektives Bündnis mit der Intelligenz entwickelt hat, zeigt der Platz, den die Auseinandersetzung um die gesellschaftliche Rolle und die gesellschaftliche Zukunft der Wissenschaft im ideologischen Klassenkampf einnimmt (beispielsweise im Umkreis der Umweltproblematik), daß der bürgerliche Konzeptionspluralismus im Bereich der Wissenschaftswissenschaft eine durchaus zweitrangige Erscheinung ist. Die Klammer der übergeordneten ideologischen Gemeinsamkeit läßt hier prinzipiell immer die Möglichkeit offen, daß die in ihren abstrakten Prinzipien kontroversesten Richtungen der Wissenschaftsauffassung konvergieren und eigenartige Symbiosen eingehen (Logizismus und Psychologismus; Positivismus und kritischer Realismus; ideengeschichtlicher Historizismus und ahistorischer soziologischer Funktionalismus usw.); solange man den bürgerlichen Rahmen nicht überschreitet, erscheint keine Prognose möglicher künftiger Vereinigung gegensätzlicher Konzepte zu gewagt[5]. Die Veränderung des internationalen Kräfteverhältnisses zugunsten des Sozialismus und die damit verbundene Offensive des Marxismus-Leninismus lösen auch im Bereich der Wissenschaftsreflexion Konvergenzen verschiedener Spielarten der bürgerlichen Ideologie aus. Insgesamt kann man die gesellschaftlichen Prämissen, unter denen sich bürgerliche Wissenschaftswissenschaft entwickelt, folgendermaßen kennzeichnen:

Erstens ist es nicht möglich, einen Ansatz zu finden, der mit allen wesentlichen in der kapitalistischen Gesellschaft aktuell oder latent (von den objektiven Interessenlagen der gesellschaftlichen Klassen und Schichten her bedingt) vorhandenen

[5] Einen Überblick über die Problematik findet man in: G. Domin/H.-H. Lanfermann/R. Mocek/D. Pälike, Bürgerliche Wissenschaftstheorie und ideologischer Klassenkampf, Berlin 1973.

Formen der Wissenschaftsreflexion übereinstimmt und sich deshalb zu ihnen integrativ verhält. Es bleiben drei Möglichkeiten: einmal der Ausdruck des bürgerlichen Interesses an der Wissenschaft, der den gleichzeitigen Ausdruck der Interessen der werktätigen Bevölkerung (einschließlich der Wissenschaftler selbst) an der Wissenschaftsentwicklung ausschließt und sich diesen Interessen gegenüber ignorant oder — was heute die Regel ist — manipulativ verhält; zum anderen die Überschreitung des bürgerlichen Horizonts in Richtung auf eine marxistische Wissenschaftsbetrachtung, wobei für die Beurteilung solcher Konzeptionen die Entwicklungsrichtung wichtiger ist als das Momentanniveau an Übereinstimmung mit dem Marxismus-Leninismus;[6] schließlich das Ausklammern der grundsätzlichen Stellung, die die Wissenschaft in den heutigen Gesellschaften und in der gesellschaftlichen Entwicklungsperspektive einnimmt, aus dem Gegenstandsbereich der wissenschaftswissenschaftlichen Forschung. Es ist unmittelbar einsichtig, daß die dritte Möglichkeit keinen „dritten Weg" zwischen bürgerlicher und sozialistischer Ideologie darstellt, sondern ein Ausweichen vor der Grundfrage des heutigen Wissenschaftsverständnisses durch Amputation seines Probleminhalts.

Zweitens bleiben, wenn der bürgerliche Ausgangspunkt nicht verlassen wird, drei allgemeine Möglichkeiten für den konzeptionellen Ansatz des wissenschaftswissenschaftlichen Vorgehens:

a) Bürgerliche Wissenschaftsideologie herkömmlicher Form einschließlich aller möglichen Verknüpfungen verschiedenartiger Konzepte; eigentlich wissenschaftswissenschaftliche Erkenntnisaufgaben werden hier nicht gelöst, fachdisziplinäres Wissen und disziplinär nicht eingeordnetes Wissen über die Wissenschaft fungiert nur illustrativ als Anküpfungspunkt für die ideologische Wirksamkeit der Grundideen, aber eine tatsächliche gedankliche Synthese dieses Wissens erfolgt nicht.

b) Wissenschaftswissenschaft vom Typ einer komplexen, durchaus über den Rahmen des herkömmlichen bürgerlichen Soziologieverständnisses hinaus erweiterten „social science". Strömungen dieser Art sind konzeptual nicht einheitlich, obwohl sie äußerlich homogen erscheinen können; der Antagonismus von bürgerlich-verkehrender Ideologie und objektiver Abbildung wirklicher Verhältnisse (durch direkte Beschäftigung mit dem Objekt, durch die Adaptation von ursprünglich den Naturwissenschaften entlehnten systematischen Methoden und Verfahren empirischer Forschung usw.) entfaltet sich *innerhalb* dieser Strömungen. Ihr Erkenntnisvermögen ist dadurch natürlich begrenzt, aber der immanente Antagonismus von Wissenschaftlichem und Unwissenschaftlichem im Verhalten zum Objekt behindert keinesfalls das Funktionieren dieser Richtungen im heutigen Kapitalismus — im Gegenteil, die in ihnen praktizierte „Wissenschaftlichkeit mittlerer Reichweite" umgibt auch die ideolo-

[6] Siehe z. B. F. Tomberg, Bürgerliche Wissenschaft, Frankfurt a. M. 1973; R. Rilling, Theorie und Soziologie der Wissenschaft, Frankfurt a. M. 1975.

gischen Prämissen mit dem Schein objektiver Gewißheit, und umgekehrt begrenzen die ideologischen Prämissen (wenn auch nicht absolut zuverlässig) den Bereich objektiver Forschung auf das bürgerlich akzeptable Maß. Auf dieser Grundlage lassen sich instrumentale (mit der zur Begründung effektiver Entscheidungsinstrumentarien erforderlichen Quantität objektiver Abbildung) und ideologische Funktion in ein und derselben wissenschaftswissenschaftlichen Richtung koppeln. Bei allen Konzeptionen dieser Art und den darauf gegründeten Systemen empirischer Wissenschaftsforschung muß sich die marxistische Kritik darauf konzentrieren, ihren inneren Antagonismus als eine eigentümliche Erscheinungsform des antagonistischen Charakters der kapitalistischen Gesellschaft aufzuweisen; die Auffassung dieser Strömungen entweder als bloß ideologische Gebilde oder umgekehrt als bloße Gesamtheit objektiver Untersuchungsresultate geht an ihrer Besonderheit vorbei. Man kann auch die Möglichkeit nicht ausschließen, daß — ähnlich wie bürgerliche Naturwissenschaftler bisweilen durch die Macht der Tatsachen zu dialektisch-materialistischen Einsichten gedrängt werden — unter den heutigen Verhältnissen weltweiten ideologischen Kampfes eine unbestechliche Tatsachenanalyse in der Wissenschaftsforschung die Konzeptionsbildung auf diesem Gebiet mitunter in kapitalismuskritische oder gar marxistische Richtung zu verschieben mag. Wie H. Meißner bemerkt, erfordert die weitere Differenzierung der bürgerlichen Ideologie „sehr sorgfältige Einschätzungen und eine exaktere Unterscheidung zwischen unwandelbaren Feinden und möglichen Verbündeten“[7].

c) Wissenschaftswissenschaft vom Typ einer Querschnittsdisziplin, die die sozialen Verhältnisse in der Wissenschaft nur insoweit in Betracht zieht, als sie als Spezialfall eines abstrakt-allgemeinen Schemas dargestellt werden können. In diese Richtung zielen jene Strömungen der „science of science“, die „science“ strikt in seiner im angelsächsischen Raum eingebürgerten Wortbedeutung nehmen. Hier sind konzeptionelle Homogenität und vollgültige Wissenschaftlichkeit des Vorgehens erreichbar, jedoch um den Preis, daß Wissenschaft nicht als gesellschaftliche Erscheinung, sondern als Spezialfall eines selbststeuernden Systems, eines informationsverarbeitenden Systems usw. angesehen wird. Sofern Wissenschaft diese Aspekte objektiv aufweist, ist die Konzentration der Untersuchung auf einen von ihnen legitim, und Erkenntnismängel in diesem Rahmen haben ihre Ursache nicht in der ideologischen Verkehrung, sondern sind Folge wissenschaftlicher Irrtümer oder, in historischer Perspektive gesehen, Ausdruck offenbar werdender Relativität der wissenschaftlichen Wahrheit. Bürgerlich-ideologische Verkehrung liegt hier, sofern das Prinzip des querschnittswissenschaftlichen Vorgehens wirklich konsequent durchgehalten ist, nicht in den Konzeptionen selbst, sondern in einer Interpretation, die sie als Abbildung der gesellschaftlich wesentlichen Züge der Wissenschaft darstellt bzw. die sie unter dieser stillschweigenden Voraussetzung handhabt, indem sie sie als Erklärungsbasis

[7] H. Meißner, Die ideologische Offensive verstärken, in: Spektrum, 2/1974, S. 2.

in Zusammenhängen einsetzt, welche ihrem Wesen nach eine Theorie der *gesellschaftlichen* Bestimmungen der Wissenschaft erfordern. Die Kritik wird in solchen Fällen auch dadurch erschwert, daß die für den jeweiligen begrenzten Erkenntniszweck brauchbaren Konzeptionen und die verkehrenden Interpretationen oft genug vom gleichen Autor stammen und von ihm selbst vermengt werden. Daher ist oft schon kritische Analyse geboten, um zunächst einmal beide Komponenten zu trennen. Im Idealfall könnte es daher möglich sein, solche Konzeptionen — ähnlich wie fundamentale naturwissenschaftliche Theorien und Hypothesen — als ganze aus dem bürgerlichen Interpretationskontext zu lösen und einer marxistischen Deutung zu unterwerfen, während diese Möglichkeit bei den Konzeptionen sozialwissenschaftlichen Typs infolge der gegenseitigen Durchdringung ideologisch verkehrender und objektiv abbildender Momente in ihnen von vornherein nicht gegeben ist.

Die Möglichkeiten zur wissenschaftswissenschaftlichen Integration heterodisziplinärer Kenntnisse und praktischer Erfahrungen über die Wissenschaft sind also unter sozialistischen und unter kapitalistischen Verhältnissen wesentlich verschieden. Im Sozialismus wächst die entstehende Wissenschaftswissenschaft in ein ideologisch und weltanschaulich einheitliches System gesellschaftlicher Formen der Wissenschaftsreflexion hinein; ihre Herausbildung antwortet auf ein Entwicklungserfordernis dieses Systems, und die generellen sozialen, ideologischen und weltanschaulichen Voraussetzungen für die von ihr zu leistende konzeptionelle Synthese sind bereits vorab gegeben. Daher konzentriert sich die Aufmerksamkeit hier auf die methodologische Seite der Konzeptionsbildung in Korrelation zu den sich entwickelnden selbständigen empirischen Untersuchungen im Bereich der Wissenschaftswissenschaft. Die Gesamtheit gesellschaftlicher Formen der Wissenschaftsreflexion in der heutigen kapitalistischen Gesellschaft, die nicht nur einfach durch unvermittelten Pluralismus, sondern darüber hinaus durch prinzipiellen Antagonismus gekennzeichnet sind, widersprüchliche Entwicklungsbedingungen für die Wissenschaftswissenschaft. Widerspruchsfreiheit des gedanklichen Vorgehens bei voller Berücksichtigung des gesellschaftlichen Wesens der Wissenschaft erscheint nur möglich, wenn der soziale und ideologische Boden bürgerlicher Konzeptionsbildung verlassen wird. Auf diesem Boden bleibt die Wahl zwischen einem komplexen sozialwissenschaftlichen Ansatz, in dessen Durchführung der dem Kapitalismus wesenseigene Antagonismus theoretisch manifest (jedoch keinesfalls objektiv abgebildet) wird, und einem reduzierten querschnittswissenschaftlichen Ansatz, der um den Preis des Verzichts auf gesellschaftlich wesentliche Bestimmungen der Wissenschaft gedankliche Homogenität gewinnt. Die wirklichen Gestalten bürgerlicher Wissenschaftswissenschaft liegen zwischen diesen Extremmodellen. Konzeptionelle Synthese vorausgesetzter Kenntnisse über die Wissenschaft ist nur auf querschnittswissenschaftlicher Basis mit den diesem Ausgangspunkt eigenen Einschränkungen des Gegenstandsbezuges möglich; die integrierten Wissenselemente fungieren als besondere Belegungen der abstrakten wissenschaftstheoretischen Schemata. Auf sozialwissenschaftlicher Basis projiziert die Integration vorausgesetzten Wissens den immanenten Antagonismus des Ansatzes in diese Wissenselemente oder bekräftigt ihn, wenn letztere selbst sozialwissenschaftlicher Herkunft sind und diesen Antagonismus selbst in sich tragen (die integrierten empirischen bzw. empirisch begründeten Kenntnisse über die Wissenschaft gewinnen ihren integrativen wissenschaftswissenschaftlichen Zusammenhang durch ihre verkehrende Interpretation von den ideologischen Ausgangsprinzipien her, aber zugleich behaupten sie in ihrer Besonderheit in Kontrast zu diesen Prinzipien mehr oder minder ihren positiven Erkenntnisinhalt).

Im weiteren unterstellt die vorliegende Arbeit, soweit nicht ausdrücklich anders vermerkt, die sozialen und ideologischen Verhältnisse des Sozialismus als Hintergrund für die Entwicklung der Wissenschaftswissenschaft. Wie unsere Überlegungen gezeigt haben, ist unter kapitalistischen Verhältnissen eine stabile Einheit aller wesentlichen gesellschaftlichen Formen der Wissenschaftsreflexion auch durch eine wissenschaftswissenschaftliche Synthese nicht herstellbar, weil der Antagonismus dieser Formen dem sozialökonomischen Bau der kapitalistischen Gesellschaft selbst entspringt und bloße Entwicklungen in der theoretischen Sphäre natürlich die materielle Basis einer Gesellschaft nicht umwälzen können. Im Sozialismus hingegen bedurfte es nicht erst der Wissenschaftswissenschaft, um eine solche Einheit herzustellen. Daher kann das Bedürfnis nach Synthese der verschiedenen Fragmente vorhandener Kenntnisse über die Wissenschaft nicht der primäre Grund sein, der die Notwendigkeit der Entwicklung der Wissenschaftswissenschaft im Sozialismus bestimmt. Eine solche Synthese kann allenfalls ein Mittel darstellen, ohne dessen Einsatz die entsprechende Notwendigkeit nicht zu realisieren ist.

## 1.2. Voraussetzungen für den Eintritt der Wissenschaftswissenschaft als neues Element in das System gesellschaftlicher Formen der Wissenschaftsreflexion

Es ist bekannt, daß verstreutes wissenschaftliches und vorwissenschaftliches Wissen über ein und denselben Gegenstand lange Zeit koexistieren kann, ohne daß eine konzeptionelle Synthese stattfindet und ohne daß das Bedürfnis nach einer solchen Synthese ernsthaft empfunden wird. So war jahrhundertelang auch das Verhältnis zwischen den philosophischen Konzeptionen der Wissenschaft und den Reflexionen der Wissenschaftler über ihre Arbeit beschaffen; zwar nahm die Philosophie der Wissenschaft im allgemeinen solche aus der Erfahrung von Forschung und Lehre stammenden Reflexionen zur Kenntnis, aber sie verwertete sie selektiv, nach ihren eigenen Relevanzkriterien. Was philosophisch nicht integrierbar war, verblieb in der Sphäre der außertheoretischen Erfahrungen und Überlegungen. Die durch wissenschaftliche „Neugier" motivierte Suche nach Verbindungen kann, wie die Geschichte der Wissenschaft zeigt, unter günstigen Bedingungen durchaus wissenschaftlichen Vorlauf produzieren; zugleich aber kennt die Geschichte der Wissenschaft auch genügend verfrühte Versuche einer solchen Vereinigung, die statt echter Synthesen nur schematische, inhaltsleere und heuristisch unfruchtbare Verallgemeinerungen hervorbrachten. Der bloße Wunsch, das Prinzip der Einheit des Wissens an irgendeinem Gegenstand zu realisieren, ist ein zu schwaches Motiv, um gesellschaftliche Anstrengungen zu einer konzeptionellen Synthese zu rechtfertigen, besonders dann, wenn damit die Entfaltung umfangreicher empirischer Untersuchungen und entsprechende institutionelle Aufwendungen verbunden sind. Die entscheidende Triebkraft für die Suche nach Synthesen heterogener Kenntnisse über einheitliche Gegenstände erwächst aus der Wechselwirkung von Wissenschaft und Praxis und kann sich unmittelbar in praktischen Notwendigkeiten, aber auch mittelbar in Schwierigkeiten der wissenschaftlichen Erkenntnisentwicklung äußern.[8]

Um die Notwendigkeit der Vereinigung vielfältiger Kenntnisse über die Wissenschaft zu begründen, erscheint es daher aussichtsreich, nach einem *qualitativen Wandel im praktischen Verhältnis der Gesellschaft zu ihrer Wissenschaft* als sozialer Triebkraft für die wissenschaftswissenschaftliche Synthese zu fragen. Für die Verhältnisse des Sozialismus läßt sich diese Fragestellung folgendermaßen verschärfen: Welche Veränderung im praktischen Verhältnis der Gesellschaft zu ihrer Wissenschaft (als einem Teil ihrer selbst) zwingt dazu, die bereits funktionierende ideologische und weltanschauliche Einheit der gesellschaftlichen Wissenschaftsreflexion durch eine *konzeptionelle und methodische Synthese auf einzelwissenschaftlichem Niveau* zu ergänzen?

Mit dieser Fragestellung setzen wir unsere Auffassung voraus, daß es sich bei der Wissenschaftswissenschaft um eine spezielle gesellschaftswissenschaftliche Disziplin handelt. Sie ist einzelwissenschaftlicher Natur in dem Maße, in dem eine Gesellschaftswissenschaft überhaupt Einzelwissenschaft sein kann. Ihr einzelwissenschaftlicher Charakter basiert darauf, daß sie einen speziellen, wohlbestimmten Teil der gesellschaftlichen Wirklichkeit abbildet; zugleich ist sie, verglichen mit den Naturwissenschaften, nur in begrenztem Maße Einzelwissenschaft, weil die dialektisch-materialistische Lösung der philosophischen Grundfrage nicht nur in ihre weltanschaulichen Voraussetzungen, sondern in ihre eigene theoretische Basis eingeht; andererseits jedoch ist sie auch kein Bestandteil der Philosophie, weil die ihr theoretisches Fundament bestimmende Beantwortung der philosophischen Grundfrage keine Antwort in allgemeiner Form, sondern eine für die besonderen Subjekt-Objekt-Beziehungen im Bereich der Wissenschaft konkretisierte und spezifizierte Antwort darstellt. In ihrem disziplinären Status ist sie, obgleich weit weniger entwickelt als diese, der Wirtschaftswissenschaft oder der Rechtswissenschaft vergleichbar.

[8] Zum Problem der Synthese von heterogenem Wissen siehe M. E. Omeljanovskij (Hrsg.), Sintez sovremennogo naučnogo znanija, Moskva 1973; M. G. Čepikov, Integracija nauki. Filosofskij očerk, Moskva 1975.

Bekanntlich wird ein bestimmter Kreis wissenschaftstheoretischer Grundfragen im Rahmen der marxistisch-leninistischen Philosophie erfolgreich bearbeitet.[9] Sieht man die positive Erkenntnisaufgabe der Philosophie darin, auf der Basis einer konsequent materialistischen Bestimmung des Verhältnisses von Sein und Bewußtsein das System aller fundamentalen Formen der Aneignung der Welt durch den Menschen in seiner historischen Entwicklung zu untersuchen (dieses Philosophieverständnis entspricht der Ansicht des Verfassers), so muß sie über jede dieser Formen für sich, über ihre Genesis, ihre Eigenschaften, ihre inneren Tendenzen so viel Wissen einschließen, wie erforderlich ist, um Struktur, funktionelle Dynamik und Entwicklung des Systems aller Formen erklären zu können. Das Erkennen ist eine Grundform menschlicher Aneignung der Welt, deren spezifische Züge in der Wissenschaft ihre höchstentwickelte Ausprägung finden; daher enthält der dialektische und historische Materialismus der Anlage nach eine philosophische *Wissenschaftstheorie*, die — zum großen Teil unter dem Stichwort „philosophische Probleme der Wissenschaften" oder ähnlichen, theoretisch gleichermaßen nicht ganz treffenden Termini — bereits weitgehend ausgeformt ist und sich weiterhin in intensiver Entwicklung befindet. Dabei ist zweierlei zu beachten: einerseits handelt es sich bei diesem Aussagensystem um Wissenschafts*theorie* im vollen Sinn des Wortes, mit allen Attributen, die einer Theorie zukommen, und jeder Versuch, die Legitimität wissenschaftstheoretischer Aussagen *innerhalb* des dialektischen und historischen Materialismus zu bestreiten, geht gewollt oder ungewollt mit positivistischen Konsequenzen einher; andererseits aber handelt es sich um eine *philosophische* Theorie, für die die mögliche Detaillierung in der Abbildung des Objekts ein durch den Weltanschauungscharakter von Philosophie gegebenes Maß hat, dessen Überschreitung zur Verwässerung der Philosophie selbst führen würde. Kosing bemerkte bereits 1967 zu dieser Frage: „Die im Rahmen der marxistischen Philosophie entstehende Wissenschaftstheorie kann allerdings nur ein Beitrag zu der umfassenden Aufgabe sein, die Wissenschaft allseitig zu untersuchen und wissenschaftliche Grundlagen für ihre Planung und rationelle Anwendung zu entwickeln. Das ist ein Anliegen, das weit über die Möglichkeiten der Philosophie hinausgeht und in einer komplexen Weise in der ‚Wissenschaft von der Wissenschaft' realisiert wird. Die philosophische Wissenschaftstheorie liefert hierfür wichtige Grundlagen."[10]

Sofern eine Situation eintritt, in der die erforderliche Theorie der Wissenschaft detaillierter sein muß, als sie es im Rahmen der Philosophie zu sein vermag, ist das gesellschaftliche Erfordernis nach einer speziellen gesellschaftswissenschaftlichen Disziplin konstituiert, die die Wissenschaft untersucht und eine eigene Wissenschaftstheorie spezialwissenschaftlichen Charakters hervorbringt. Dieses Erfordernis werden wir in den folgenden Abschnitten des Einleitungs-

[9] Einen Ansatz, diesen Kreis explizit zu bestimmen, geben J. Erpenbeck/U. Röseberg, Wissenschaftsentwicklung, Theorieentwicklung und Entwicklungstheorie, in: DZfPh, 2/1977, S. 133 bis 149.

[10] A. Kosing, Wissenschaftstheorie als Aufgabe der marxistischen Philosophie, Berlin 1967, S. 7.

kapitels bestimmen. An dieser Stelle sei jedoch bemerkt, daß die so entstehende Wissenschaftswissenschaft mit ihrer Theorie die philosophische Wissenschaftstheorie weder ersetzt noch verdrängt, daß aber ihre Wechselwirkung mit der philosophischen Wissenschaftstheorie für letztere weitreichende Folgen zeitigen dürfte, die in der Literatur vorerst — in einer vorherrschenden Atmosphäre der Koexistenz der Domänen von philosophischer Wissenschaftstheorie und Wissenschaftswissenschaft ohne klare Fassung ihrer gegenseitigen Grenzen und Übergänge — noch kaum in Betracht gezogen werden.[11]

Die Philosophie des Marxismus-Leninismus lebt und entwickelt sich in enger Wechselwirkung mit den Fachwissenschaften. In dieser Wechselwirkung äußert sich eine bestimmte Funktionsteilung in der Sphäre der Erkenntnis. Zu ihr gehört nach Ansicht des Verfassers das ausgeprägte Vermögen der Philosophie, heranreifende Erkenntniserfordernisse der gesellschaftlichen Praxis zu *diagnostizieren*, die nicht innerphilosophisch realisiert werden können, sondern zu ihrer Realisierung größere Änderungen im System der Fachwissenschaften verlangen. Diese Fähigkeit ist eine Folge der Eigenart philosophischer Kategorien, die sich von fachwissenschaftlichen Begriffen auch der Form nach unterscheiden, in erster Linie durch die obligatorische Verbindung von Universalität und Elastizität.

Natürlich sind die Fachwissenschaften selbst innerhalb ihres durch den jeweiligen Gegenstand umrissenen Kompetenzbereiches unersetzliche Indikatoren für entstehende gesellschaftliche Erkenntniserfordernisse. Dann jedoch, wenn die Praxis Zusammenhänge wichtig werden läßt, die vom bestehenden, jeweils relativ strikt gegliederten System der Fachwissenschaften zerschnitten werden, kann die Philosophie, die durch ganzheitliche Weltsicht von der arbeitsteiligen Aufgliederung der Fachwissenschaften nicht betroffen ist, schneller reagieren und unter günstigen Umständen zum Katalysator eines interdisziplinären Zusammenschlusses werden, aus dem ein neues Forschungsgebiet herauswächst. In solchen Wechselwirkungskomplexen wird philosophisches und fachwissenschaftliches Wissen *im Prozeß* temporär ununterscheidbar, obwohl man selbstverständlich *im Produkt* eines solchen intensiven Erkenntnisprozesses philosophisches und einzelwissenschaftliches Wissen wiederum klar differenzieren kann. Es ist nicht ausgeschlossen, daß die Herausbildung solcher zeitweiligen Komplexe intensiver Wechselwirkung einen charakteristischen Mechanismus der Entwicklung des philosophischen Wissens darstellt, soweit diese Entwicklung wissenschaftsinduziert ist.[12]

11 Vgl. H. Laitko, Wissenschaftsforschung und Philosophie (Bemerkungen zum Stand des Problems), in: G. Kröber/H. Steiner (Hrsg.), Wissenschaft und Gesellschaft, Akademie der Wissenschaften der DDR, Studien und Forschungsberichte des Instituts für Theorie, Geschichte und Organisation der Wissenschaft, 1974, H. 4, S. 46—63 (Manuskriptdruck).

12 Dieser Überlegung nähern sich Bljacher und Wolynskaja. J. D. Bljacher/L. M. Wolynskaja, Zum Problem des Mechanismus der Weiterentwicklung des philosophischen Wissens, in: Sowjetwissenschaft, Gesellschaftswissenschaftliche Beiträge, 3/1975, S. 283—291.

Im Zusammenhang unserer Darstellung interessiert jedoch die andere Seite dieses Prozesses, die philosophievermittelte Synthese neuer einzelwissenschaftlicher Richtungen. Uns scheint es ein progressives Phänomen zu sein, daß es die marxistisch-leninistische Philosophie vermocht hat, das in den 50er Jahren aufkommende Erfordernis nach einer komplexeren — eben wissenschaftswissenschaftlichen — Untersuchung der Wissenschaft zu erkennen und die Funktionen einer primären Integrationsinstanz zu übernehmen. Diese Rolle der Philosophie war in den einzelnen sozialistischen Ländern unterschiedlich ausgeprägt; in der DDR war sie stärker dominant als in der UdSSR, wo der Ausgangsrahmen für die Wissenschaftswissenschaft von Anfang an durch die Wechselbeziehung zwischen der Philosophie und der mit starkem theoretischem Anspruch auf traditionell hohem Niveau betriebenen Wissenschaftsgeschichte gebildet wurde.[13] Auch heute, nachdem die Nichtreduzierbarkeit der Wissenschaftswissenschaft auf Philosophie allgemein gebilligt wird und die Wissenschaftswissenschaft Züge einer institutionalisierten Disziplin angenommen hat, erfüllt die Philosophie für die Wissenschaftswissenschaft nicht nur weltanschaulich-methodologische, sondern auch institutionelle Funktionen: Da eigene Periodika bislang schwach entwickelt sind, erfolgt der Meinungsaustausch über theoretische Grundprobleme der Wissenschaftswissenschaft nach wie vor bevorzugt in philosophischen Zeitschriften.

Es liegt im Interesse der Philosophie wie der Wissenschaftswissenschaft, rechtzeitig zu erkennen, daß der Ort, an dem ein wesentliches Erkenntniserfordernis primär verstanden worden ist, nicht unbedingt der Ort sein muß, an dem diese Forderungen einzulösen sind. Die Einsicht in den einzelwissenschaftlichen Charakter der Wissenschaftswissenschaft wuchs mit dem Verständnis dafür, daß bestimmte „harte" Parameter der Wissenschaftsentwicklung (Wissenschaftsaufwendungen, Kaderpotentiale, Planungsfristen für wissenschaftliche Arbeiten usw.), für deren — noch dazu quantitative — Abbildung der philosophische Kategorienapparat nicht geeignet ist, unbedingt der Untersuchung auf theoretischem Niveau bedürfen. Der Standpunkt, daß die wissenschaftswissenschaftlichen Spezialuntersuchungen des Verhaltens derartiger Parameter mit den theoretischen und methodischen Mitteln verschiedener bereits vorhandener Fachdisziplinen getrennt erfolgen sollten, während der Zusammenhalt aller dieser Forschungen konzeptionell innerhalb der Philosophie durch die philosophische Wissenschaftstheorie zu gewährleisten wäre, konnte sich infolge seiner inneren Inkonsequenz nicht durchsetzen. Daher mußte man eine spezielle Wissenschaftswissenschaft anstreben, die nicht nur in den empirischen Untersuchungen, sondern auch in der theoretischen Sphäre Eigenständigkeit besitzt. Der marxistisch-leninistische Ausgangspunkt schloß dabei auch in Untersuchungen, deren Gegen-

[13] Vgl. S. R. Mikulinskij/N. I. Rodnyj, Wissenschaftsgeschichte und Wissenschaftskunde, in: G. Kröber/H. Steiner (Hrsg.), Wissenschaft. Studien zu ihrer Geschichte, Theorie und Organisation, Berlin 1972, S. 58—95.

stand prononciert die Naturwissenschaft und nicht die Wissenschaft im ganzen ist, ein Vorgehen vom „science"-Typ aus; Wissenschaft konnte nicht nur als objektiver Vorgang verstanden, sondern mußte zugleich als Subjekt-Objekt-Wechselwirkung abgebildet werden. Damit mußte die entsprechende Wissenschaftswissenschaft wie jede andere Disziplin aus der Familie der marxistisch-leninistischen Gesellschaftswissenschaften ein gewisses Maß an Philosophie integrieren, ohne dabei jedoch den Charakter eines philosophischen Spezialgebietes anzunehmen.

Diese Bemerkungen erschienen uns am Platz, um unsere Auffassung vom Sinn des Attributs „einzelwissenschaftlich" in der oben formulierten Frage nach den gesellschaftlichen Bedingungen für eine synthetische Wissenschaftsforschung auf einzelwissenschaftlicher Ebene zu erläutern. Ist aber die Frage, auf welche gesellschaftlichen Erfordernisse das Entstehen der Wissenschaftswissenschaft antwortet, überhaupt noch von Interesse, und führt sie nicht, selbst wenn ein solches Interesse zugestanden wird, vom Gegenstand dieser Arbeit weg? Wir glauben, darauf begründet verneinend antworten zu können. Gewiß hat die Wissenschaftswissenschaft im letzten Jahrfünft mit Erfolg den Schritt vom Stadium der Vorüberlegungen in das des Forschungsalltags getan[14]; indes klafft zwischen dem Bedürfnis der entwickelten sozialistischen Gesellschaft nach soliden, anwendungsbereiten Kenntnissen über die Wissenschaft und den derzeitigen Möglichkeiten der Wissenschaftswissenschaft, diesem Bedarf nachzukommen, eine beträchtliche Lücke. Für eine gerade erst entstehende Disziplin ist das verständlich, aber es ist unumgänglich, mit allen Kräften um weitere rasche Fortschritte auf diesem Gebiet zu ringen. Die erwähnte Lücke hat nicht nur ihre Ursache in einem quantitativen Defizit an empirischen Untersuchungen; viel ernsthafter ist das Defizit an Hypothesen, die sowohl nichttrivial als auch empirisch prüfbar sind. Solche Hypothesen, die den empirischen Untersuchungen auch bei vergleichsweise geringerem Volumen hohen Erkenntniswert verleihen, können nur auf der Basis einer entwickelten theoretischen Konzeption der Wissenschaftswissenschaft zustande kommen. Mag diese Konzeption auch noch so vorläufig sein und im Bewußtsein darum für alle möglichen Korrekturen offengehalten werden — sie muß so weit durchgearbeitet sein, daß sich aus ihr Schlußfolgerungen ergeben, die das intuitive Verständnis des Wissenschaftsbetriebes „von innen her" nicht oder bestenfalls zufällig liefert, und zugleich müssen die Zwischenglieder bekannt sein, über die sich solche Schlußfolgerungen mit empirisch gesicherten (etwa aus dem Fundus der wissenschaftshistorischen Forschungsergebnisse) oder zu sichernden (durch geeignete Untersuchungen) Tatsachen in Beziehung setzen lassen. Die Entwicklung der konzeptionell-theoretischen Sphäre

14 „. . ., nichtsdestoweniger wurde die Existenz der Wissenschaftswissenschaft im letzten Jahrzehnt so weitreichend anerkannt, daß sogar schon die Arbeit zur Untersuchung ihrer Geschichte eingesetzt hat". S. R. Mikulinskij, Naukovedenie: problemy i issledovanija 70-ch godov, in: Voprosy filosofii, 7/1975, S. 40.

wirkt auf die empirischen Untersuchungen zweifach orientierend: durch die Auszeichnung gewisser Untersuchungsobjekte vor anderen, gleichfalls möglichen, und durch die inhaltliche Bestimmung gewisser Fragen an die Untersuchungsobjekte und ihre Auszeichnung vor anderen.

Die primäre, elementare Forderung an die theoretische Konzeptionsbildung im Bereich der Wissenschaftswissenschaft besteht darin, daß sich dieses werdende Gebiet der Konturen seines eigenen Gegenstandes versichern muß.[15] Das ist eine theoretische Aufgabe, die mit der Institutionalisierung keineswegs automatisch gelöst ist. Ihre Relevanz für die empirische Forschung erhellt aus dem einfachen Umstand, daß eine Untersuchung im Feld der Wissenschaft nicht ohne weiteres eine wissenschaftswissenschaftliche Untersuchung sein muß. Mehr noch: ein und dieselbe statistische Erhebung unter Wissenschaftlern mit ein und denselben Resultaten kann je nach dem Problemkontext, in den sie eingeschlossen ist, eine ökonomische, psychologische, allgemeinhistorische oder eventuell auch wissenschaftswissenschaftliche Untersuchung darstellen. Die Frage, welche praktischen Anforderungen der Wissenschaftsleitung jeweils mit Hilfe wissenschaftswissenschaftlicher Untersuchungen erfüllt werden können und wie das zu geschehen hat, ist nur ein anderer Aspekt der gleichen Aufgabe. Gegenstandsüberlegungen kann man sich nur dort vorläufig sparen, wo die Forschung in einer bestimmten Disziplin auf einen neuen Kreis von Untersuchungsobjekten stößt, die gemäß den Prinzipien und Methoden dieser Disziplin analysiert werden, während andere Wissenschaftsgebiete auf diese Objekte einstweilen keinen Anspruch erheben. Wo interdisziplinär geforscht werden muß, sind Gegenstandsüberlegungen nicht zu umgehen; es tut wenig zur Sache, daß sie dort meist nicht in explizit methodologischer, sondern in pragmatisierter Gestalt auftreten — etwa als Problem, welche Disziplinen heranzuziehen und wie die Aufgaben zu verteilen sind, wie die Arbeiten koordiniert werden können und auf welcher Grundlage die problembezogene Kommunikation zwischen den Beteiligten zu sichern ist usw.

Wir sehen uns also erneut auf die Frage verwiesen, welches gesellschaftlich wesentliche Bedürfnis nach „Selbsterkenntnis" der Wissenschaft von den traditionellen Formen der Wissenschaftsreflexion auch bei deren Weiterentwicklung aus prinzipiellen Gründen nicht erfüllt werden kann. Nun wäre allerdings wenig gewonnen, wenn die Analyse dieses Bedürfnisses nichts weiter ergäbe als eine Liste mehr oder minder gravierender Erkenntnislücken. Von einer solchen Analyse ist mehr zu erwarten: Sie muß das Prinzip deutlich machen, auf das bezogen Kenntnisse über die Wissenschaft spezifisch wissenschaftswissenschaftlichen Charakter annehmen, und damit den besonderen, irreduziblen Blickwinkel bestimmen und begründen, unter dem die Wissenschaftswissenschaft (und keine andere Form der Wissenschaftsreflexion außer ihr) ihren Gegenstand zu untersuchen hat.

15 Vgl. P. A. Račkov, Naukovedenie. Problemy, strukture, elementy, Moskva 1974.

Unseres Erachtens ist dieser Standpunkt eine zwingende Konsequenz aus dem philosophischen Satz von der Praxis als Grundlage der Erkenntnis.[16] Die Praxis ermöglicht die Erkenntnis nicht nur dadurch, daß sie das Leben der erkennenden Subjekte produziert und reproduziert und daß sie materielle Erkenntnismittel erzeugt. Sie präformiert in Gestalt der Regelmäßigkeiten des praktischen Umgangs mit den Gegenständen die Abstraktionen, mittels derer diese Gegenstände in der Erkenntnis abgebildet werden, und ihren systematischen Zusammenhang. Stabilität des praktischen Umgangs mit den Gegenständen — stabile Beziehungen von Handlung und Resultat — bedeutet, daß das materielle, gegenständliche Handeln bestimmten Zusammenhängen der Gegenstände angepaßt ist und diese somit *materiell abbildet*, bevor ihre ideelle Abbildung zustande kommt. Damit wird keineswegs behauptet, das ideelle Abbild eines Gegenstandes sei nichts weiter als die Beschreibung der Regelmäßigkeiten des praktischen Umgangs mit diesem Gegenstand; eine solche Position wäre gleichbedeutend mit dem Abgleiten von der materialistischen Widerspiegelungstheorie zum Subjektivismus. Das Geschäft, das das Erkennen zu vollbringen hat, besteht darin, das Abbild des Gegenstandes, das die praktischen Handlungen materiell in sich tragen, von diesen Handlungen selbst zu lösen und selbständig, nur in der Beziehung zum Gegenstand darzustellen; das ist nur ideell möglich, und es ist die spezifische Bestimmung des Ideellen, objektive, aus der undifferenzierten Verschmelzung mit dem praktischen Handeln des Subjekts herausgelöste Abbilder zu liefern, die als gedankliche Repräsentanten der Gegenstände wiederum auf neue praktische Handlungen bezogen werden können, nun aber in gegliederter Form mit expliziten Relationen.

Wenn wir von einem *Gegenstand* im Sinne von Marx sprechen, dann ist damit ein spezifisches Sein in doppelter Bestimmung gemeint: erstens in der Existenz vor und unabhängig von den menschlichen Intentionen, die auf ihn gerichtet sind ; zweitens in der Bezogenheit auf den Menschen durch eine praktisch vermittelte Wechselwirkung mit diesem. Die zweite Seite darf man keineswegs außer acht lassen. Irgendein Zusammenhang in der materiellen Welt ist Gegenstand nur der Möglichkeit nach, solange der Mensch mit ihm nicht in eine praktisch vermittelte Wechselwirkung tritt; in bezug auf diese Wechselwirkung ist der Gegenstand existenznotwendig für das Subjekt des praktischen Handelns. Man vergleiche Marx' Metapher: „Der Hunger ist das gestandne Bedürfnis meines Leibes nach einem außer ihm seienden, zu seiner Integrierung und Wesensäußerung unentbehrlichen *Gegenstande*. Die Sonne ist der *Gegenstand* der Pflanze, ein ihr unentbehrlicher, ihr Leben bestätigender Gegenstand, wie die Pflanze Gegenstand der Sonne ist, als *Äußerung* von der lebenserweckenden Kraft der Sonne, von der *gegenständlichen* Wesenskraft der Sonne.“[17]

[16] Vgl. T. W. Bogomolova, K voprosu o kategorijach kak stupenjach rasvitija obščestvennoj praktiki, in: Filosofskie nauki, 2/1975, S. 148—151.

[17] K. Marx, Ökonomisch-philosophische Manuskripte, in: MEW, Ergänzungsband, Erster Teil, Berlin 1973, S. 578.

Was für beliebige Gegenstände menschlichen Handelns zutrifft, das gilt auch für Gegenstände des Erkennens im allgemeinen und des wissenschaftlichen Erkennens im besonderen. Der Gegenstand einer Wissenschaft wird repräsentiert durch das System der praktischen Handlungen, die die Wechselwirkung der Gesellschaft mit diesem Gegenstand vermitteln; er ist mit diesem System keinesfalls identisch, aber er ist in ihm materiell codiert und kann aus ihm — und nur aus ihm — über die Bildung gedanklicher Abstraktionen ideell erschlossen werden. Allein über die praktisch vermittelte Wechselwirkung mit ihm wird ein qualitativ spezifischer Bereich der Wirklichkeit zu einem Gegenstand der Wissenschaft — das erklärt den phänomenalen Fortschritt der Naturwissenschaft seit der Durchsetzung der experimentellen Methode, die ja nichts anderes ist als eine für bestimmte Erkenntniszwecke spezialisierte Variante der allgemeinen gesellschaftlichen Praxis. Die generelle Bindung der wissenschaftlichen Erkenntnis an die Praxis als ihre Grundlage hängt aber nicht davon ab, ob eine auf die besonderen Erkenntnisbelange des Gebietes spezialisierte Variante der Praxis zur Verfügung steht und wie hoch diese entwickelt ist. Auch wenn letztere ganz oder nahezu fehlt, ist Wissenschaft über alle jene Gegenstände, auf die das praktische Leben der Gesellschaft gerichtet ist, prinzipiell möglich, sofern sie imstande ist, aus den Regelmäßigkeiten des betreffenden Typs praktischer Lebensprozesse abstrahierend auf den jeweiligen Gegenstand zu schließen. Marx drückt dies für die Erforschung der ökonomischen Verhältnisse so aus: „Bei der Analyse der ökonomischen Formen kann außerdem weder das Mikroskop dienen, noch chemische Reagentien. Die Abstraktionskraft muß beide ersetzen."[18]

Die Wissenschaftswissenschaft verfügt bisher kaum über eine speziell auf ihre Erkenntniszwecke ausgerichtete Praxis. Ihr Zugang zu ihrem Gegenstand liegt in dem System der praktischen Handlungen, die die reale Wechselwirkung der Gesellschaft mit ihrer Wissenschaft vermitteln. Mit dieser These ist von vornherein eine „externalistische" Vereinseitigung des Wissenschaftsbildes abgewiesen; zugleich ergibt sich aus diesem Vorgehen, von erkenntnistheoretischen Positionen zwingend begründet, was aus soziologischer Sicht schon nahegelegt wurde: Wissenschaft im Sozialismus und Wissenschaft im Kapitalismus sind für die Wissenschaftswissenschaft nichtidentische Gegenstände oder, genauer, sie stellen wesentliche Differenzierungen ihres einheitlichen Gegenstandes dar.

Obwohl es zweifellos Zusammenhänge der Wissenschaft sind, die den Gegenstand der Wissenschaftswissenschaft ausmachen, suchen wir den *Zugang* zu diesem Gegenstand nicht in jenen Zusammenhängen selbst. Es ist notwendig zu fragen, welche wesentlichen Veränderungen während der letzten zehn bis zwanzig Jahre in der praktischen Wechselwirkung des Gesellschaftsganzen mit der in dieses Ganze eingeschlossenen Wissenschaft erfolgt sind und inwiefern diese Veränderungen in der wirklichen Wissenschaft einen wesentlich neuen Erkenntnisgegenstand erschlossen haben, der sich von den Gegenständen der

[18] K. Marx, Das Kapital, Erster Band, in: MEW, Bd. 23, Berlin 1962, S. 12.

bisher ausgebildeten Formen der Wissenschaftsreflexion hinreichend deutlich unterscheidet.

In der Untersuchung dieser Sphäre der gesellschaftlichen Praxis — und nirgendwo anders — ist das Prinzip zu bestimmen und zu begründen, das das Verhältnis der Wissenschaftswissenschaft zu ihrem Gegenstand determiniert. Wie jedes Gebiet der Wirklichkeit ist auch die Wissenschaft unerschöpflich. Es besteht im Rahmen der abstrakt genommenen erkenntnistheoretischen Abbildbeziehung eine beträchtliche Freiheit für die Entwicklung unterschiedlicher Konzeptionen über die Wissenschaft — sowohl solcher, die sich auf verschiedene Mengen von Fakten stützen, als auch solcher, die ein und dieselbe Menge von Fakten unter verschiedenen Blickwinkeln betrachten. Die Auswahl aus diesen Möglichkeiten ist durch bloß erkenntnistheoretische Kriterien nicht streng genug bestimmt. Wenn die Wissenschaftswissenschaft dazu dienen soll, das praktische Verhältnis des entwickelten Sozialismus zu der in seinem Rahmen betriebenen Wissenschaft und damit den Wissenschaftsbetrieb selbst gesellschaftlich zu optimieren, dann sind unter den erkenntnistheoretisch zulässigen Möglichkeiten der Konzeptionsbildung jene zu bevorzugen, die den inneren Beziehungen dieses praktischen Verhältnisses maximal entsprechen.

Primärer komplexer praktischer Vermittler zwischen dem Ganzen des entwickelten Sozialismus und der Wissenschaft als gesellschaftlichem Teilbereich ist das System der Wissenschaftsleitung. Die Basis dieses Systems, die seine wesentlichen Züge in konzentrierter Form zum Ausdruck bringt, ist die Wissenschaftspolitik der marxistisch-leninistischen Partei und des Staates; sie ist nicht nur wichtigster Adressat der wissenschaftswissenschaftlichen Erkenntnisresultate, sondern sie enthält in ihrem praktischen Vollzug und in den daraus entspringenden Erfordernissen auch den Schlüssel für die Wahl des konzeptionsbildenden Prinzips der Wissenschaftswissenschaft.[19]

## 1.3. Die Erkenntnisproblematik der Wissenschaftsleitung und die Wissenschaftswissenschaft

### 1.3.1. Die Wissenschaftspolitik und das Wissen vom Ganzen der sozialistischen Gesellschaft

Der sozialistische Staat ist das Instrument, dessen sich die Arbeiterklasse unter Führung ihrer marxistisch-leninistischen Partei bedient, um alle wesentlichen gesellschaftlichen Prozesse und deren Zusammenspiel zu führen und zu leiten.

[19] Vgl. G. M. Dobrov, Allgemeine Prinzipien der Wissenschaftsleitung, in: G. M. Dobrov (Hrsg.), Leitung der Wissenschaft, Berlin 1974, S. 1—28; M. S. Bor, Nauka upravlenija i upravlenie naučnymi issledovanijami, in: Problemy upravlenija naučnymi issledovanijami, Moskva 1973, S. 11—34; D. M. Grišiani (Hrsg.), Osnovnye principy i obščie problemy upravlenija naukoj, Moskva 1973, S. 9—23, S. 38—50.

Die Wissenschaftsentwicklung, die ohne Zweifel zu den gesellschaftlich wesentlichen Prozessen zählt, gehört daher in allen sozialistischen Ländern von der Errichtung der Arbeiter-und-Bauernmacht an notwendig zum Wirkungsbereich sozialistischer Politik. Die wissenschaftlichen Institutionen werden staatlich geleitet, ihre Arbeit wird — im allgemeinen kurz nach dem Aufbau eines leistungsfähigen Systems der Volkswirtschaftsplanung — in die gesellschaftliche Planung einbezogen. Die Ausdehnung des Produktionsprinzips des Parteiaufbaus auf den Wissenschaftsbereich ermöglicht es der Partei der Arbeiterklasse, über eigene Grundorganisationen in den wissenschaftlichen Einrichtungen die Arbeit dieser Institutionen und die Bewußtseinsentwicklung ihrer Mitarbeiter unmittelbar politisch und ideologisch zu führen. So ist sozialistische Partei- und Staatspolitik immer auch Wissenschaftspolitik.[20]

Wenn von Wissenschaft als Objekt der Politik gesprochen wird, so ist die Auffassung der Wissenschaft als gesellschaftlicher Teilbereich unterstellt: Eine Gesamtheit von Kenntnissen, Methoden, logisch verknüpften sinnvollen Sätzen usw. (Abstraktionen, die das in bestimmten durchaus legitimen Untersuchungskontexten Wesentlichste der Wissenschaft hervorheben) kann nicht unmittelbar Objekt politischer Entscheidungen und Einwirkungen sein. Während aber die Wissenschaft von Anfang an in den Wirkungsbereich sozialistischer Politik gehört, profiliert sich die Wissenschaftspolitik erst allmählich zu einer relativ selbständigen, an Spezifik der Ausrichtung auf einen speziellen Gegenstand etwa mit Wirtschafts-, Kultur-, Schul- oder Jugendpolitik vergleichbaren Arbeitsrichtung der einheitlichen sozialistischen Gesamtpolitik. Wir gehen wohl nicht fehl in der Annahme, daß dieser Profilierungsprozeß in den sozialistischen Ländern im wesentlichen in den 50er und 60er Jahren erfolgt ist. Das schließt die rückblickende Identifizierung spezifisch wissenschaftspolitischer Elemente in der früheren sozialistischen Politik ein, vor allem in der Geschichte der UdSSR und dem Wirken W. I. Lenins, der weit vorausschauend Prinzipien sozialistischer Wissenschaftspolitik begründete, deren voller praktischer Wert erst in der Periode des Aufbaus des entwickelten Sozialismus verstanden werden konnte.[21]

Die Entwicklungsstufen der sozialistischen Wissenschaftspolitik sollen hier nicht historisch verfolgt werden, zumal allein eine zufriedenstellende Lösung des Periodisierungsproblems umfangreiche Untersuchungen erfordern würde. Aufschlußreich ist jedoch die Diskussion des Erkenntnishintergrundes für die Existenz dieser historischen Folge, unabhängig von der genauen zeitlichen Lokalisierung der Perioden.

In der Entwicklung der sozialistischen Gesellschaft wirkt ein Ensemble allgemeiner, für jede nationale Erscheinungsform verbindlicher Gesetze, die das einheitliche Wesen des Sozialismus bestimmen (führende Rolle der Arbeiter-

[20] Zu den Grundlinien der sozialistischen Wissenschaftspolitik in der DDR siehe u. a. K. Hager, Wissenschaft und Technologie im Sozialismus, Berlin 1974.

[21] Siehe dazu G. Kröber/B. Lange (Hrsg.), Sowjetmacht und Wissenschaft. Dokumente zur Rolle Lenins bei der Entwicklung der Akademie der Wissenschaften, Berlin 1975.

klasse, gesellschaftliches Eigentum an den entscheidenden Produktionsmitteln, Diktatur des Proletariats als Klasseninhalt der Staatsmacht und als zentrales Prinzip des politischen Systems der Gesellschaft usw.). Diese Gesetze kennzeichnen den Sozialismus zugleich als gesellschaftliche Ganzheit, in der alle Lebenssphären einer bestimmten Gesellschaft organisch miteinander verbunden sind. Insofern gibt es keinen Lebensbereich der Gesellschaft, für den diese Gesetze nicht gültig wären und in dem die aus ihnen entspringenden Erfordernisse nicht bewußt und zielstrebig durchgesetzt werden müßten.[22] Die Wissenschaft als eine Sphäre gesellschaftlicher Aktivität macht in dieser Hinsicht keine Ausnahme. Die Beachtung und praktische Ausnutzung dieser Gesetze, die die einzelnen gesellschaftlichen Prozesse auf das Ganze des Sozialismus beziehen, ist überhaupt fundamentaler Ausgangspunkt für die bewußte Lenkung aller dieser Prozesse.

Diese Aussage gestattet eine nichttriviale Konsequenz; einerseits würde noch so hochentwickeltes Spezialwissen über die Spezifik eines bestimmten Bereiches gesellschaftlicher Tätigkeiten dazu nicht ausreichen, diesen Bereich bewußt zu lenken, wenn die ganzheitsbestimmenden Gesetze des Sozialismus nicht bekannt wären; andererseits aber ist die Kenntnis der letztgenannten Gesetze eine hinreichende Voraussetzung, die *Qualität* gesellschaftlich bewußter Beherrschung eines bestimmten gesellschaftlichen Teilbereiches herzustellen, selbst wenn das Wissen über die Besonderheit dieser Sphäre noch auf vortheoretischem Niveau steht. Damit wird durchaus nicht behauptet, die Vertiefung des Wissens von der Spezifik der einzelnen gesellschaftlichen Lebensbereiche sei für ihre bewußte Gestaltung etwa ohne Belang. Ganz im Gegenteil: nur handelt es sich hier nicht um den Übergang von der Spontaneität zur Bewußtheit, sondern um die durch vertieftes Wissen vermittelte Erhöhung des Bewußtheits*grades*.

Diese Überlegung erklärt, weshalb für eine bestimmte Periode erfolgreiche sozialistische Wissenschaftspolitik möglich ist, ohne daß ein Defizit an wissenschaftswissenschaftlicher Kenntnis störend wirkt. Mit der Errichtung der Grundlagen des Sozialismus befand sich die Gesellschaft hinsichtlich des Entwicklungsgrades der Forschung über ihre einzelnen Lebensbereiche in einer durchaus differenzierten Situation. Einem bedeutenden Ausgangswissen mit weitreichendem prognostischem Potential auf dem Gebiet der Theorie der sozialistischen Volkswirtschaft als der grundlegenden Lebenssphäre der sozialistischen Gesellschaft, dessen Grundpositionen von Marx, Engels und Lenin entwickelt worden waren, stand ein minimaler Grad spezifischer theoretischer Durchdringung solcher praktisch wichtigen Bereiche wie der demographischen Prozesse, der Urbanisierungsprozesse usw. gegenüber. Trotzdem ist es gelungen, alle diese Prozesse mit dem notwendigen Maß an Effektivität praktisch zu beherrschen, weil offenkundig in gewissen Grenzen das über sie vorhandene empirische Wissen, verbunden mit der schnellen gesellschaftlichen Wahrnehmung und operativen Kor-

22 Vgl. G. Koch, Charakter und Wirkungsweise der gesellschaftlichen Gesetze des Sozialismus, in: DZfPh, 10/11/1974, S. 1231–1243.

rektur sichtbarer Mängel, durch seine Integration in das bekannte System der allgemeinen Gesetze des Sozialismus zunächst dafür ausreichte. Auch heute, auf einem wesentlich höheren Entwicklungsstand der gesellschaftswissenschaftlichen Forschung, wäre es übertrieben zu behaupten, daß unser Wissen über die Spezifik aller wesentlichen, bewußt zu gestaltenden gesellschaftlichen Bereiche den Stand gesicherter Gesetzeserkenntnis erreicht hätte; es genügt, an den gravierend wichtigen Komplex der Bedürfnis- und Lebensweiseforschung zu erinnern.[23]

Auch die sozialistische Gesellschaft kennt keinen Perfektionismus der Selbsterkenntnis. Auch in ihr ist das materielle, wirkliche Leben reicher als unser Wissen von ihm, und nur ein Teil dieses Wissens hat das Niveau spezifischer theoretischer Organisation und Begründung erreicht. Die Einheitlichkeit und Bewußtheit des gesellschaftlichen Handelns werden in erster Linie dadurch gewährleistet, daß alle Formen der gesellschaftlichen Selbstanalyse — die wissenschaftlichen, die künstlerischen, die journalistischen usw. — von den Prinzipien des Marxismus-Leninismus weltanschaulich orientiert werden und daß die Ergebnisse dieser Analyse der weltanschaulichen Interpretation und Integration im Licht dieser Prinzipien unterliegen.

Sucht man die Ursachen für das Heranreifen der gesellschaftlichen Notwendigkeit, bestimmte Sphären der Gesellschaft einer spezialisierten einzelwissenschaftlichen Untersuchung zu unterwerfen und zu diesem Zweck besondere Disziplinen zu etablieren, dann genügt es offenbar nicht, auf den allgemeinen Umstand der Bewußtheit der Gesellschaftsentwicklung im Sozialismus zu verweisen. Abstrakt gesehen trifft es natürlich immer zu, daß genauere Kenntnis der Besonderheiten eines gesellschaftlichen Teilbereiches die Effektivität seiner Gestaltung steigern kann; insofern könnte das gesellschaftliche Entwicklungsprinzip des Sozialismus zur Herausbildung einer unüberschaubaren Fülle gesellschaftswissenschaftlicher Forschungsrichtungen und Disziplinen Anlaß geben. Tatsächlich ist jedoch zu berücksichtigen, daß die Etablierung ernsthafter Forschungen zu jedem beliebigen Gegenstand heute einen ins Gewicht fallenden gesellschaftlichen Aufwand verlangt, der zudem bei der Erschließung neuer Gebiete lange vor dem Zeitpunkt erbracht werden muß, an dem mit den ersten praktisch verwertbaren Ergebnissen zu rechnen ist. Daher erfolgt der Prozeß, in dem wissenschaftliche Forschung verschiedene Bereiche der gesellschaftlichen Wirklichkeit als ihre spezifischen Gegenstände ergreift, in dem Maße, in dem der objektive Gang der Gesellschaftsentwicklung wesentliche *Fortschritte im Grad der Bewußtheit* erfordert. Als eine zusätzliche begrenzende Bedingung ist dabei zu beachten, daß ein neues Wissenschaftsgebiet nur dann mit Erfolg etabliert werden kann, wenn dieser Schritt durch den bisherigen Weg der Wissenschaftsentwicklung vorbereitet ist. Neue Gebiete der Wissenschaft müssen aus dem Organismus der

[23] Vgl. dazu A. N. Bugreev, K analisu kategorij istoričeskogo materialisma „stichijnost'", „sosnatel'nost' ", in: Filosofskie nauki. 2/1976, S. 144—147.

Wissenschaft herauswachsen; ihre isolierte Entstehung als direkte Reaktion auf einen praktischen Erkenntnisbedarf ist unmöglich. Da es zumindest kurzfristig keine innere gegenseitige Bedingtheit zwischen dem Aufkommen eines bestimmten praktischen Erkenntnisbedarfs und dem Heranreifen eines entsprechenden disziplinären Embryos im Organismus der Wissenschaft gibt, ist es auch unter sozialistischen Verhältnissen nicht prinzipiell ausgeschlossen, daß die Befriedigung eines dringenden Bedürfnisses nach einer bestimmten neuen Wissenschaftsrichtung über längere Zeit blockiert wird. (Beiläufig bemerkt, besteht ein wesentliches Ziel der Entwicklungsanalyse der Wissenschaft darin, Bedingungen ihrer Gestaltung zu erkunden, die die Wahrscheinlichkeit des Eintretens derartiger Situationen auf ein Minimum herabsetzen.)

Die erste geschichtliche Aufgabe der sozialistischen Wissenschaftspolitik bestand darin, den bereits unter kapitalistischen Verhältnissen entstandenen Mechanismus der wissenschaftlichen Erkenntnisproduktion in den Dienst des Sozialismus zu stellen. Das bedeutete in erster Linie:

*erstens* die Integration des gesamten Wissenschaftsbetriebes in einen qualitativ neuen gesellschaftlichen Ziel-Bedingungs-Zusammenhang und die Ausdehnung der Sphäre wissenschaftlicher Arbeit auf das für den Aufbau des Sozialismus erforderliche Maß (staatliche Leitung des Wissenschaftsbetriebes; Einbeziehung der Wissenschaft in das System der gesellschaftlichen Gesamtplanung; wesentliche Erweiterung des Wissenschaftspotentials);

*zweitens* die den neuen gesellschaftlichen Gesamtzielen entsprechende aktive Beeinflussung der Zielbildung in der Sphäre des Erkennens als der Kernzone des Wissenschaftsbetriebes in dem Maße, das möglich war, ohne den Mechanismus der Erkenntnisproduktion selbst wesentlich abzuändern (Ableitung von Wissenschaftszielen aus herangereiften bzw. heranreifenden Bedürfnissen der gesellschaftlichen Praxis);

*drittens* die qualitative Veränderung der weltanschaulichen Basis des wissenschaftlichen Erkennens, die die Wissenschaftler befähigt, subjektiv bewußt und heuristisch produktiv den Zusammenhang zwischen den grundlegenden Zielen der sozialistischen Entwicklung und den speziellen Erkenntniszielen ihrer eigenen Arbeit herzustellen (marxistisch-leninistische Ausbildung aller wissenschaftlich Tätigen; systematische Ausarbeitung und Propagierung weltanschaulicher Aspekte des wissenschaftlichen Erkennens und Verhaltens insgesamt sowie der wissenschaftlichen Erkenntnis in einzelnen Fachdisziplinen auf der Basis des dialektischen und historischen Materialismus);

*viertens* die Entwicklung eines organisierten Feldes effektiver Übergänge von der wissenschaftlichen Erkenntnis zur gesellschaftlichen Praxis, in erster Linie zur Praxis der materiellen Produktion und der politischen Führung und Leitung der Gesellschaft, darüber hinaus aber auch zur Praxis anderer wichtiger Lebensbereiche (allseitige Beherrschung des Überführungsproblems und Aufbau leistungsfähiger vermittelnder Potentiale zwischen wissenschaftlichem Erkennen und praktischem Handeln, Entwicklung der Gemeinschaftsarbeit von Wissenschaftlern und Praktikern, planmäßige Verbindung der wissenschaftlichen Arbeiten mit der materiellen Vorbereitung praktischer Innovationen);

*fünftens* Herausbildung einer leistungsfähigen, fest auf den Positionen der Arbeiterklasse stehenden wissenschaftlichen und wissenschaftlich-technischen Intelligenz mit neuem sozialem und ideologischem Profil, die sich mit den der Wissenschaft in der sozialistischen Gesellschaft gestellten Zielen bewußt zu identifizieren vermag und die diese Aufgaben verantwortlich meistert. (Entwicklung sozialistischer Einsichten und Überzeugungen bei der aus dem Kapitalismus überkommenen „alten Intelligenz", Ausbildung einer zahlenmäßig starken jungen wissenschaftlichen Intelligenz vor allem aus den Reihen der Arbeiterklasse und der werktätigen Bauernschaft.)

Diese Aufgabe sozialistischer Wissenschaftspolitik ist heute, im Stadium des reifen Sozialismus, dem Wesen nach erfüllt, ungeachtet dessen, daß in solchen Fragen wie der praxisorientierten Bestimmung von Erkenntniszielen oder der Gestaltung des Übergangsfeldes von der Wissenschaft zur Praxis weiterhin Verbesserungen möglich und erforderlich sind. Sozialistische Gesellschaftsverhältnisse sind heute auch in der Sphäre der wissenschaftlichen Arbeit voll entwickelt.

### 1.3.2. Unterscheidbarkeit und Verhältnis von technologischer und sozialer Seite der Erkenntnisproduktion

Bei dieser generellen Charakteristik einer bereits gemeisterten Entwicklungsetappe haben wir eine Voraussetzung unterstellt: den Gedanken, daß sich die von Marx eingeführte Unterscheidung zwischen (technologischer) Produktionsweise und ökonomischen und sozialen Verhältnissen der Produktion materieller Güter auf den Bereich der wissenschaftlichen Erkenntnisproduktion sinnvoll übertragen läßt. In *dieser* Bedeutung meint der Terminus „Produktionsweise" bei Marx den *Typ* der vorhandenen Produktivkräfte als funktionierendes System; in diesem Zusammenhang wird der Arbeiter ausschließlich hinsichtlich seines Vermögens betrachtet, konkrete, nützliche Arbeit zu leisten, indem er als eine „Naturmacht" materielle Produktionsmittel zielstrebig anwendet. Bei Marx gibt es eine Vielzahl von Äußerungen, die die für die ganze Theorie sehr wesentliche Differenzierung von gesellschaftlicher Produktionsweise (als Einheit von Produktivkräften und Produktionsverhältnissen) und technologischer Produktionsweise belegen. Oft gebraucht er „Produktionsweise" im letztgenannten Sinn ohne das differenzierende Prädikat „technologisch", beispielsweise in folgender Äußerung: „Das Kapital ordnet sich zunächst die Arbeit unter mit den technischen Bedingungen, worin es sie historisch vorfindet. Es verändert daher nicht unmittelbar die Produktionsweise. Die Produktion von Mehrwert, in der bisher betrachteten Form, durch einfache Verlängrung des Arbeitstags, erschien daher von jedem Wechsel der Produktionsweise selbst unabhängig."[24] Volkov arbeitet daran anknüpfend

[24] K. Marx, Das Kapital, Erster Band, in: MEW, Bd. 23, a. a. O., S. 328.

den Begriff der technologischen Produktionsweise als des Systems, in dem die relative Selbständigkeit der Technikentwicklung bestimmt ist, systematisch aus.[25] Sie ist die „historisch bestimmte Weise der Vereinigung der verschiedenen Elemente der Produktivkräfte, vor allem von *Mensch und Technik*"[26]. Diese Abstraktion von den gesellschaftlichen Verhältnissen der Arbeit ermöglicht die logische Analyse der kapitalistischen Produktion, die ihren grundlegenden historischen Entwicklungsschritten folgt: ein bestimmtes Niveau der Produktionsweise ist vonnöten, damit kapitalistische Produktion entstehen kann; das Kapital subsumiert zunächst die vorgefundene Produktionsweise, ohne sie selbst umzugestalten; erst nachdem sich die Möglichkeiten erschöpfen, die Mehrwertbildung im Rahmen der alten Produktionsweise immer weiter zu steigern, führen die Erfordernisse der objektiven ökonomischen Gesetze des Kapitalismus dazu, daß das Kapital die überkommene Produktionsweise umgestaltet und die ihm gemäße Produktionsweise mit der entsprechenden materiell-technischen Basis hervorbringt. Auch die sozialistische Wirtschaft begann zwangsläufig mit der überkommenen materiell-technischen Basis und der ihr entsprechenden technologischen Produktionsweise.[27] Auf dieser Grundlage wurden qualitativ neue politische, ökonomische und soziale Verhältnisse errichtet, in denen es möglich war, sozial negative Effekte dieser Art von Technologien zu beseitigen, zu neutralisieren oder zu kompensieren, lange bevor die Umgestaltung des Typs der Produktivkräfte in Angriff genommen werden konnte.

In Hinblick auf die Erkenntnisproduktion kann nach unserer Ansicht eine entsprechende Abstraktion durchgeführt werden, die technologische und gesellschaftliche Verhältnisse des Erkenntnisprozesses voneinander unterscheidet. Unter technologischem Aspekt tritt der Wissenschaftler (hier wird nicht notwendig das isolierte Individuum vorausgesetzt; gleiches trifft für einen aus einer mehr oder minder großen Anzahl von Individuen arbeitsteilig organisierten „wissenschaftlichen Gesamtarbeiter" zu) dem Untersuchungsobjekt als ein Organ des Erkennens gegenüber; unter gesellschaftlichem Aspekt geht der Wissenschaftler im Prozeß des Erkennens Verhältnisse mit anderen Menschen ein, die seinen sozialen Platz im Lebensprozeß der bestehenden Gesellschaftsordnung bestimmen und die wesentlich vom Charakter der ökonomischen Basis der jeweiligen Ordnung und von der Beziehung der wissenschaftlichen Arbeit zu dieser ökonomischen Basis abhängen.

Im Rahmen dieser Abstraktion kann man nun durchaus von der technologischen Produktionsweise wissenschaftlicher Erkenntnisse sprechen, die den jeweiligen *Typ der Funktionsverteilung und funktionellen Wechselwirkung zwischen wissenschaftlichen Arbeitskräften und materiellen Mitteln der wissenschaftlichen*

25 Vgl. G. N. Volkov, Sociologija nauki, Moskva 1968, S. 28, S. 51—73.

26 Ders., Istoki i gorizonty progressa, Moskva 1976, S. 42.

27 Diese Feststellung trifft sogar auf die Gegenwart noch weitgehend zu: „Die materiell-technische Basis des Sozialismus beruht noch in hohem Maße auf dem gleichen Typ der Technik, der von der industriellen Revolution des 18./19. Jahrhunderts hervorgebracht wurde" (H. Nick, Materiell-technische Basis und gesellschaftlicher Fortschritt, in: Einheit, 8/1976, S. 872).

*Arbeit im Erkenntnisprozeß* darstellt. Die Kennzeichnung der wissenschaftlichen Produktion als *Erkenntnisprozeß* ist gesellschaftstheoretisch äquivalent mit der Kennzeichnung der Arbeit in der materiellen Produktion als *konkrete, nützliche Arbeit.* Die technologische Produktionsweise wissenschaftlicher Erkenntnisse ist eng mit der Produktionsweise materieller Güter verknüpft, denn das jeweilige technische Niveau der vorhandenen wissenschaftlichen Geräte und Ausrüstungen wird von den technologischen Potenzen der materiellen Produktion bestimmt; im Grunde handelt es sich überhaupt nicht um verschiedene „technologische Produktionsweisen", sondern um je nach dem Charakter der unmittelbar zu erzeugenden Gebrauchswerte (hier materielle Güter, dort Wissen) unterschiedene Funktionsaspekte ein und desselben technologischen Fundaments der Gesellschaft. Zugleich wird die technologische Spezifik des Erkennens verfehlt, wenn man sich ausschließlich auf die wissenschaftlichen Geräte und Ausrüstungen und die Funktionen des unmittelbaren Umgangs mit diesen bezieht. Weil das spezifische Produkt der wissenschaftlichen Arbeit gesellschaftlich speicherbares, in Zeichenform verständliches und verwertbares Wissen ist, ist die geordnete sprachliche Form, in der das bisherige Wissen der objektiven Realität als Quelle von Fragestellungen gegenübertritt und in der die primär durch Experimentieren und Beobachten und sekundär durch systematisches gedankliches Schließen gewonnenen Antworten in den Fundus des Wissens eingebaut werden, spezifisches Produktionsmittel der Erkenntniserzeugung. So immens wichtig auch Geräte und Ausrüstungen für den modernen Erkenntnisprozeß sind — erst im Zusammenhang mit geordneten Zeichenmengen, die Wissen repräsentieren, werden sie zu Mitteln des Erkenntnisprozesses, dessen unmittelbares Subjekt die wissenschaftlich Tätigen sind.[28]

Dieser Standpunkt erweitert kategorial den Rahmen des üblichen Verständnisses der Forschungstechnologie. Die technologische Seite der Forschung schließt in dieser Auffassung nicht allein den Umgang mit Geräten und Apparaturen ein, sondern auch das sprachlich objektivierte Gefüge von Regeln, Methoden und Prinzipien des wissenschaftlichen Vorgehens, soweit sie nicht weltanschaulichen, ideologischen Charakter tragen. Auch dort, wo überhaupt keine technischen Mittel in den Erkenntnisprozeß eingeschaltet sind, kann man die technologische und die gesellschaftliche Seite dieses Prozesses unterscheiden.

Allerdings ist die Möglichkeit, die technologische Seite in Abstraktion von der gesellschaftlichen zu betrachten, im Fall der Erkenntnisproduktion im Vergleich zur Produktion materieller Güter eingeschränkt, und zwar durch zwei wesentliche Umstände.

Der erste Umstand besteht darin, daß die objektive Haltung (wissenschaftliche Objektivität) des erkennenden Subjekts gegenüber dem Erkenntnisgegenstand selbst ein sozialhistorisches Produkt ist. Soweit dieses „Produkt" unabhängig

28 Vgl. G. Kröber/H. Laitko (Hrsg.), Wissenschaft. Stellung, Funktion und Organisation in der entwickelten sozialistischen Gesellschaft, a. a. O., Kap. 5, S. 234—289.

von den gesellschaftlichen Bedingungen seiner Genesis aktuell funktioniert und die technologische Betrachtung von seinem Vorhandensein, seiner faktischen Gegebenheit ausgehen kann, ist die Abstraktion von der Geschichte gerechtfertigt, ähnlich wie auch die Tatsache des sozialhistorischen Ursprungs der technischen Arbeitsmittel und der Fähigkeit zu zweckmäßigem Vorgehen im Arbeitsprozeß überhaupt bei der Analyse der materiellen Produktion nicht daran hindert, diese im funktionellen Zusammenhang rein technologisch zu charakterisieren. Die Grenze der Abstraktion wird erst dort erreicht, wo das Beziehen einer objektiven Haltung gegenüber dem Erkenntnisgegenstand, ohne die beliebige Erkenntnisoperationen nicht zur adäquaten wissenschaftlichen Abbildung dieses Gegenstandes führen können, von der bewußten Entscheidung für eine philosophische Position abhängig ist, die zugleich untrennbar zur Ideologie einer progressiven Klasse gehört. Sofern man die objektive Haltung gegenüber dem Untersuchungsgegenstand als Basis der technologischen Seite des wissenschaftlichen Erkenntnisprozesses ansieht — und das muß man tun, wenn man die Unterscheidung von Produktivkräften und Produktionsverhältnissen der materiellen Produktion sinnvoll auf die Sphäre der Erkenntnisproduktion übertragen will —, muß man zugestehen, daß von einer relativen (funktionellen) Unabhängigkeit der technologischen Produktionsweise des Wissens von den gesellschaftlichen Verhältnissen überall dort keine Rede sein kann, wo Objektivität gegenüber dem Gegenstand nur über eine bewußte Entscheidung für einen progressiven Klassenstandpunkt erreichbar ist. Letzteres gilt bekanntlich für gesellschaftliche Untersuchungsgegenstände, zumindest für die Untersuchung grundlegender Zusammenhänge, gegenüber denen Objektivität nur möglich ist, wenn die Materialität des gesellschaftlichen Seins, die Gesetzmäßigkeit seiner Entwicklung und seine primäre, determinierende Rolle gegenüber dem gesellschaftlichen Bewußtsein anerkannt werden. In diesen Fällen läßt sich die technologische Seite des Erkennens von der gesellschaftlichen *unterscheiden*, aber der Unterschied schließt keine relative Unabhängigkeit ein; die *Existenz* einer technologischen Seite des Erkennens wird also nicht relativiert, lediglich ihre *Unabhängigkeit* vom Unterschied der gesellschaftlichen Verhältnisse. In den Naturwissenschaften, mathematischen Wissenschaften usw. tritt eine vergleichbare Situation nur in Ausnahmefällen auf, vor allem bei Umwälzungen in ihren Erkenntnisgrundlagen. Damit wird die Relevanz eines progressiven philosophischen Standpunkts für die adäquate Abbildung solcher Gegenstände keinesfalls bestritten. Das Problem der Gewährleistung wissenschaftlicher Objektivität spaltet sich jedoch hier gleichsam auf: Die *unmittelbare* Objektivität des Erkennens wird durch die in der Disziplin akzeptierten Normen und Regeln des Vorgehens gewährleistet, und die Erkenntnis des Zusammenhangs der Resultate mit der Entwicklung der Gesellschaft stellt sich als eine Aufgabe dar, die nicht innerhalb der Disziplin, sondern zwischen Disziplin und Philosophie als *philosophische (weltanschauliche) Interpretation der disziplinären Ergebnisse und Zwischenergebnisse* (wie etwa Hypothesen) zu lösen ist.

Der zweite Umstand ist in unserem Kontext gravierender. Konkrete Erkenntnisprozesse — in Analogie zu „konkrete Arbeit“ gebraucht —, in denen Erkenntnis*probleme* gelöst werden, sind stets nur partiell als technologische Vorgänge zu bestimmen. Der Technologiebegriff ist in seinem Inhalt zunächst einmal unabhängig von der Art der Produkte, deren Erzeugungsmechanismus mit seiner Hilfe ausgedrückt wird; er würde allerdings jede inhaltliche Bestimmtheit verlieren, wollte man von der Forderung abgehen, daß in einem technologischen Prozeß jedes Element des technologischen Systems zielabhängig wohlbestimmte Funktionen ausführen muß. Der Vorgang der Erreichung eines bestimmten Ziels ist dann ein durchgehend technologischer, wenn vorab das Ensemble von Operationen genau bestimmt ist, über die das zielerreichende System verfügt. Auch der Mensch als Element eines technologischen Systems ist durch ein definites Repertoire von Operationen gekennzeichnet, die er im Zusammenhang dieses Systems einsetzen kann und die seine „Rolle“ in diesem System ausmachen — ganz unabhängig von anderen „Rollen“, die er etwa in anderen Systemen mittels anderer Operationen realisiert. Mit dieser Kennzeichnung ist stochastisches Funktionieren eines technologischen Systems nicht ausgeschlossen; aber auch dann muß der vollständige Satz der möglichen Verhaltensweisen aller Systemkomponenten wohlbestimmt sein, und man muß möglichst auch die Wahrscheinlichkeiten für das Eintreten der verschiedenen Verhaltensvarianten kennen. Bei geistig-schöpferischen Tätigkeiten ist das aber prinzipiell nicht der Fall.[29] Es ist nicht möglich, diese Tätigkeiten als zielbezogen wohlbestimmte und geordnete Operationsmengen zu programmieren. Die problemlösende Tätigkeit (es sind hier wissenschaftliche Erkenntnisprobleme unterstellt) ist durch ihre methodologische Vorgabe immer nur teilgeordnet, und auch diese Teilordnung selbst trägt hypothetischen Charakter. Wenn man einen konkreten Erkenntnisprozeß als einen Vorgang des wissenschaftlichen Problemlösens ansieht, so muß man schlußfolgern, daß dieser Prozeß nicht als ein geschlossener technologischer Ablauf aufzufassen ist — positiv formuliert: daß er technologisch offen ist, und zwar für kreative Denkleistungen des erkennenden Subjekts, die im Stadium der Zielstellung nicht als eine wohlbestimmte Menge von Operationen erschöpfend vorprogrammiert werden können. Vom Standpunkt der Menschen, die die schöpferischen Denkleistungen im wissenschaftlichen Erkenntnisprozeß vollbringen, stellt sich das so dar: Sie treten in den technologischen Unbestimmtheitsstellen des Problemlösungsprozesses dem Gegenstand nicht als Träger einer endlichen Menge vorbestimmter Funktionen gegenüber, sondern als konkrethistorische Persönlichkeiten, die alle Möglichkeiten der soziokulturellen Verhältnisse, in denen sie leben, subjektiv mobilisieren, um den Weg zum Unbekannten zu finden. Die Stellen, an denen der Erkenntnisprozeß kreativer Denkleistungen bedarf, sind zugleich jene, an denen er sich dem Einfluß des ganzen

[29] Siehe zu diesem Fragenkomplex J. A. Ponomarev, Psichika i intuizija, Moskva 1967; L. N. Landa, Über das Wechselverhältnis von heuristischen und algorithmischen Prozessen, in: G. Kröber/M. Lorf (Hrsg.), Wissenschaftliches Schöpfertum, Berlin 1972, S. 334—347; A. Erck/L. Läsker/H. Steiner (Hrsg.), Sozialismus und wissenschaftliches Schöpfertum, Berlin 1976, S. 207—224.

Systems der gesellschaftlichen Verhältnisse prinzipiell öffnet und den Charakter eines technologisch bestimmten Ablaufes verliert.

Die beiden diskutierten Umstände müssen bei der Übertragung des Begriffs der technologischen Produktionsweise auf die Sphäre der wissenschaftlichen Erkenntnisproduktion als begrenzende und modifizierende Bedingungen beachtet werden; sie stehen einer solchen Übertragung aber nicht prinzipiell im Wege.

Von einem übergreifenden historischen Standpunkt können wir die Annahme formulieren, daß die kommunistische Gesellschaftsformation in ihrer ersten Stufe, der Stufe des Sozialismus, sich die überkommene technologische Produktionsweise wissenschaftlicher Erkenntnisse subsumiert, ohne sie grundsätzlich zu verändern. Wenn diese Annahme zutrifft, so ist der Schluß naheliegend, daß mit dem Übergang zur zweiten, höheren Stufe des Kommunismus schrittweise die dieser Formation gemäße neue technologische Produktionsweise wissenschaftlicher Erkenntnisse herausgebildet wird und daß *dieser* Übergang nichts anderes ist als die Erscheinungsform der wissenschaftlich-technischen Revolution im Bereich der Wissenschaft selbst.

Der weiter oben gekennzeichnete erste Block historischer Aufgaben der sozialistischen Wissenschaftspolitik ist darauf gerichtet, die Subsumtion der vorgefundenen Produktionsweise wissenschaftlicher Erkenntnisse unter die neuen, von Ausbeutung freien Gesellschaftsverhältnisse allseitig zu vollziehen. Einmal wird die Wissenschaft schon allein durch ihre Einbettung in das Ganze der sozialistischen Verhältnisse auf qualitativ neue Weise praktisch wirksam und erreicht dabei auch quantitativ eine erheblich größere Rationalität und Effizienz ihrer praktischen Folgen als im Kapitalismus (durch die gesellschaftliche Planung, die den Zeitabstand zwischen dem wissenschaftlichen Resultat und seiner praktischen Nutzung minimiert; durch das Fehlen von Eigentumsschranken, die die praktische Vielfachnutzung wissenschaftlicher Ergebnisse hemmen usw.). Zum anderen aber kann der Sozialismus nicht nur die praktische Wirksamkeit der wissenschaftlichen Erkenntnisse, sondern auch die Erkenntnisproduktivität der Wissenschaft selbst bei zunächst noch unverändertem technologischem Typ der Erkenntnisproduktion erheblich steigern, und zwar eben über die beiden Zusammenhänge, die wir zunächst als begrenzende und modifizierende Umstände für die Übertragung des Begriffs „technologische Produktionsweise" auf die Wissenschaft diskutiert hatten. Hier sind die Zugänge, über die sich die Vorzüge des Sozialismus für die Wissenschaft nicht nur in den gesellschaftlichen Bedingungen des Erkennens, sondern *im Erkennen selbst* äußern.

Die Ausdehnung der Sphäre wissenschaftlicher Objektivität auf die grundlegenden Existenz-, Bewegungs- und Entwicklungszusammenhänge der Gesellschaft erweitert nicht nur extensiv den Bereich der wissenschaftlich erfaßbaren Gegenstände. Sie vergrößert zugleich das Ausmaß der Objektivität gegenüber den Gegenständen der Natur: die Größe der klassischen Naturwissenschaft bestand darin, daß sie eine sich in ihrem Leistungsvermögen ständig steigernde Potenz der Gesellschaft darstellte, die Natur unabhängig von ihrem funktionellen Zusammenhang mit der Gesellschaft objektiv abzubilden. Diese Fähigkeit bleibt der modernen, von den Verhältnissen des Sozialismus und Kommunismus geprägten Naturwissenschaft als Erkenntnisgrundlage aller anderen Funktionen erhalten. Darüber hinaus aber erwirbt sie das Vermögen, *die Natur in ihrem Dasein für die Gesellschaft* objektiv abzubilden, und zwar nicht nur pragmatisch, relativ zu vorausgesetzten und selbst nicht wissenschaftlich begründeten Zwecken, sondern prinzipiell, im Hinblick auf die Gesetzmäßigkeit des ganzen sozialen Prozeßzusammenhangs, in den die praktisch angeeignete Natur einbezogen wird. Es ist selbstverständlich, daß die Naturwissenschaften dieses Vermögen nicht isoliert entwickeln, sondern im Zusammenwirken mit den marxistisch-leninistischen Gesellschaftswissenschaften. An dieser Stelle ist es nicht erforderlich, auf die Entwicklung des Zusammenwirkens der beiden großen Wissenschaftsgruppen und die dabei auf beiden Seiten zu meisternden Probleme im Detail einzugehen.[30] Wichtig ist hier allein die Feststellung, daß die für den Sozialismus typische Erweiterung der naturwissenschaftlichen Objektivität in der Entwicklung ihrer Fähigkeit zum Ausdruck kommt, bei der Lösung komplexer Erkenntnis- und Gestaltungsprobleme effektiv mit den marxistisch-leninistischen Gesellschaftswissenschaften zusammenzuwirken. Ähnliche Überlegungen lassen sich für die mathematischen Wissenschaften, die sogenannten Strukturwissenschaften, die technischen Wissenschaften, die Medizin usw. anstellen. Das wissenschaftliche, objektive Verhalten der Gesellschaft zu den Bedingungen und Verhältnissen ihrer eigenen Existenz wird universal — universal nicht im Sinn vollendeter Erkenntnis, sondern im Sinne der Vollständigkeit nicht nur der gnoseologischen, sondern auch der *sozialen Bedingungen für die Erkennbarkeit der Welt.*[31]

Nicht weniger bedeutsam sind die Konsequenzen aus der prinzipiellen technologischen Unabgeschlossenheit der wissenschaftlichen Erkenntnisprozesse. Es steht außer Frage, daß bei funktionierender Organisation der wissenschaftlichen Arbeit die tempo- und inhaltbestimmenden Stellen gerade jene unbestimmten oder unterbestimmten Übergänge sind, an denen schöpferische Denkleistungen eingebracht werden müssen, die sich einer technologischen Ablaufplanung entziehen. Sowohl die Qualität als auch der Umfang des hier verfügbaren schöpferischen Potentials sind an solchen Stellen von entscheidender Bedeutung. Unter beiden Aspekten verfügt der Sozialismus über prinzipiell überlegene Möglichkeiten, wobei die Aufgabe, diese Möglichkeiten im einzelnen zu erkennen und zu nutzen, uns mit Sicherheit noch lange Zeit beschäftigen wird. Was den Umfang des schöpferischen Vermögens betrifft, das gesellschaftlich mobilisiert werden kann, so liegt der Vorzug des Sozialismus generell darin, daß hier die zahlreichste und mit den fortgeschrittensten Produktionsformen verbundene Klasse der mo-

30 Vgl. E. S. Markarjan, Metodologičeskie problemy vzaimodejstvija obščestvennych i estestvennych nauk, in: Filosofskie nauki, 4/1976, S. 18—27; H. Hörz, Die Einheit von Natur- und Gesellschaftswissenschaften. Weltanschaulich-ideologische Probleme ihrer Zusammenarbeit, in: Einheit, 7/1975, S. 750—758.

31 Vgl. P. V. Alekceev/A. J. Iljin, Prinzip partijnosti i estestvosnanie, Moskva 1973.

dernen Gesellschaft, die Arbeiterklasse, die Macht ausübt und sich selbst im Bündnis mit den anderen werktätigen Klassen und Schichten als Schöpfer des gesellschaftlichen Fortschritts, in den der wissenschaftliche Fortschritt einbezogen ist, betätigt und weiß. Hier verwirklicht sich Engels' Charakteristik der Arbeit in der kommunistischen Formation in einem längeren, doch unaufhaltsamen Prozeß: „Der gemeinsame Betrieb der Produktion kann nicht durch Menschen geschehen wie die heutigen, deren jeder ... nur *eine* seiner Anlagen auf Kosten aller anderen entwickelt hat ... Schon die jetzige Industrie kann solche Menschen immer weniger gebrauchen. Die gemeinsam und planmäßig von der ganzen Gesellschaft betriebene Industrie setzt vollends Menschen voraus, deren Anlagen nach allen Seiten hin entwickelt sind, die imstande sind, das gesamte System der Produktion zu überschauen."[32] Diese neue gesellschaftliche Stellung der Arbeiterklasse führt nicht nur dazu, daß sich aus ihren Reihen die professionelle wissenschaftliche Intelligenz wesentlich reproduziert, sondern auch dazu, daß das Interesse der Arbeiter als sozialistische Eigentümer an ihrer eigenen Arbeit zunehmend das aktive Interesse an der steten Verbesserung dieser Arbeit und damit das Bedürfnis nach Teilnahme am wissenschaftlich-technischen Fortschritt einschließt. Das schöpferische Potential, das der Sozialismus in den gesellschaftlichen Erkenntnisprozeß einbringt, überschreitet bei weitem den sozialen Rahmen der sogenannten Intelligenzberufe. In der Frage der Qualität des schöpferischen Potentials liegen die spezifischen Möglichkeiten des Sozialismus darin, daß er auf die Herausbildung allseitig entwickelter Persönlichkeiten — nicht in kleinen Eliten, sondern in der ganzen sozialen Breite — orientiert ist und Schritt für Schritt die Borniertheit der überkommenen Arbeitsteilung sowohl zwischen den einzelnen konkreten Berufsprofilen als auch zwischen körperlicher und geistiger Arbeit überhaupt auflöst.[33] Dabei geht es nicht in erster Linie um mehr geniale Einzelbegabungen — obwohl die sozialistische Wissenschaftsleitung auch die Aufgabe hat, solche Talente früh zu erkennen, angemessen zu fördern und zu hohem gesellschaftlichem Verantwortungsbewußtsein zu erziehen[34] —, sondern vor allem um ein tendenziell steigendes Durchschnittsniveau der Kreativität in der Masse der Wissenschaftler und Werktätigen. Das Maß, in dem eine Persönlichkeit allseitig entwickelt ist, stellt zugleich das Maß dar, in dem sie die kulturellen Möglichkeiten der Gesellschaft in schöpferischen Situationen aktivieren kann. Deshalb ist die aktive Beschäftigung mit Gegenständen, die zur unmittelbaren Fachausbildung anscheinend gar keine Beziehung haben oder sogar mit ihr kontrastieren, für den Werdegang und das Schaffen eines sozialistischen Wissenschaftlers von unschätzbarem Wert. Dabei kommt der Kunst infolge ihres synthetischen Verhältnisses zur Gesamtheit

32 F. Engels, Grundsätze des Kommunismus, in: MEW, Bd. 4, Berlin 1974, S. 376.

33 Vgl. S. Grundmann, Zur Entwicklung der Intelligenz bei der weiteren Gestaltung der entwickelten sozialistischen Gesellschaft, in: DZfPh, 6/1976, S. 659—673.

34 Vgl. R. Mocek, Das „Talent" als philosophisches und wissenschaftstheoretisches Problem, in: DZfPh, 10/1976, S. 1223—1237.

der gesellschaftlichen Tätigkeitsarten, durch das sie das Ganze der Gesellschaft sinnfällig faßbar macht, eine überragende, bis heute vielfach unterschätzte Bedeutung zu.[35] Den gesellschaftlichen Kern des wissenschaftlichen Schöpfertums sehen wir nicht im Durchleben psychischer Ausnahmesituationen (obwohl solche Ausnahmesituationen im Mechanismus schöpferischer Prozesse eine wichtige und vielleicht unentbehrliche vermittelnde Funktion ausüben), sondern in der Weite und Tiefe, im Reichtum des aktiven gegenständlichen Verhaltens zur Welt.

### 1.3.3. Schlußfolgerungen für die Spezifik der Wissenschaftswissenschaft

Diese kurzen Bemerkungen mögen hinreichen, um zu zeigen, daß der Sozialismus relativ zum gesellschaftlichen Aufwand für die Wissenschaft nicht nur ihre praktische Wirksamkeit, sondern — über die Erweiterung und Vertiefung der Sphäre wissenschaftlicher Objektivität und über die Vermehrung und Niveauentwicklung des schöpferischen Potentials — auch ihre unmittelbare Erkenntnisproduktivität überlegen zu steigern vermag, ohne die technologische Produktionsweise des Erkennens grundsätzlich zu ändern. Sie behält zunächst ein typisches Schema der Funktionsteilung zwischen Mensch und materiellen Produktionsmitteln bei, in dem die logischen Operationen innerhalb der das Wissen unmittelbar vergegenständlichenden Zeichengesamtheiten menschlichen Aktivitäten überlassen bleiben, während die Geräte und Ausrüstungen im wesentlichen dazu dienen, Erscheinungsformen des Untersuchungsgegenstandes zu produzieren (zu selektieren, zu verstärken usw.), die die Eigenschaften der sinnlichen Zugänglichkeit, des Hinführens zum Wesentlichen und der Zuordenbarkeit zu funktionell hervorgehobenen Teilen der wissenschaftlichen Zeichengesamtheiten (Observable) vereinigen. Soziologisch gesehen hat die Forschung in der Sphäre der Erzeugung solcher Erscheinungsformen zumindest in ihren geräteaufwendigsten Zweigen industriellen Charakter erreicht, während sich das technologische Verhältnis zwischen den Arbeitskräften im Bereich der eigentlichen Gedankenerzeugung eher auf der Ebene einer manufakturartigen Arbeitsteilung mit einem gewissen, für die Eigenart geistig-schöpferischer Prozesse in der Wissenschaft sehr wesentlichen Einschlag von einfacher Kooperation bewegt. Die Unmöglichkeit, geistig-schöpferische Arbeit streng arbeitsteilig in getrennte Operationen aufzugliedern, bewirkt in der Wissenschaft die Notwendigkeit der parallelen Arbeit mehrerer am gleichen Problem und des Meinungsstreits zwischen ihnen — also einer wissenschaftsspezifischen Art einfacher Kooperation, bei der jedoch genau wie in der Kooperation in der materiell-produktiven Arbeit der gesellschaftliche Kontakt (der in der Wissenschaft nicht einmal unmittelbares räumliches Nebeneinander bedeuten

[35] Vgl. G. N. Volkov, Sociologija nauki, a. a. O., S. 289—314.

muß) „einen Wetteifer und eine eigne Erregung der Lebensgeister" hervorruft, „welche die individuelle Leistungsfähigkeit der einzelnen erhöhen"[36].

Solange man diese Voraussetzung machen kann, ist es möglich, die technologischen Verhältnisse der Erkenntnisproduktion in gewissem Maße unabhängig von ihren sozialökonomischen Verhältnissen zu behandeln. Für die Wissenschaftsleitung sind die Erkenntnisvoraussetzungen, die zur Einflußnahme einmal auf die sozialökonomische, zum anderen auf die technologische Seite des Wissenschaftsbetriebes notwendig sind — bis auf das Moment der schöpferischen Ideenbildung, in dem sich beide berühren —, wesentlich verschieden. Mit anderen Worten: ein Aufgabenkreis der Wissenschaftsleitung, der die technologische Produktionsweise des Erkennens als stabile Bedingung behandeln kann, erzwingt noch nicht die Synthese von sozialwissenschaftlichem und technologischem (in jenem weiten, Methodologie und Psychologie des wissenschaftlichen Arbeitens einbeziehenden Sinn, in dem wir diesen Terminus hier verwenden) Aspekt des wissenschaftlichen Vorgehens auf dem Niveau einer neuen einzelwissenschaftlichen Disziplin.

Die *hinreichende* Erkenntnisgrundlage für die Wissenschaftsleitung auf dieser Stufe bilden Kenntnisse über die Einordnung der Wissenschaft in den gesellschaftlichen Gesamtzusammenhang des Sozialismus (Zielbildung, Potentialgestaltung, Resultatverwertung), die im Rahmen der bereits etablierten gesellschaftswissenschaftlichen Disziplinen, insbesondere der politischen Ökonomie des Sozialismus, vorhanden sind bzw. gewonnen werden können; Kenntnisse über die technologischen Abläufe der Erkenntnisproduktion, die weitgehend an den Kontext der jeweiligen Fachdisziplin gebunden bleiben oder als nichttheoretisierte Erfahrungen des Wissenschaftsbetriebes vorliegen; wissenschaftstheoretisches Wissen im Rahmen der Philosophie, das weltanschauliche Reflexion und ideologische Orientierung des Wissenschaftsganzen gewährleistet. Mit anderen Worten, für den Aufgabenkomplex der Wissenschaftsleitung bei unveränderter technologischer Produktionsweise der Erkenntnis reicht als Wissensbasis für die sozialistische Wissenschaftspolitik das marxistisch-leninistisch fundierte System der traditionellen Formen gesellschaftlicher Wissenschaftsreflexion aus.

Das schließt indes keineswegs aus, daß die veränderte Stellung der Wissenschaft im Sozialismus von Anfang an das Aufkommen eigentlich wissenschaftswissenschaftlicher Fragestellungen und Konzeptionen begünstigt. Ganz im Gegenteil. Die revolutionäre Überwindung des Kapitalismus erweitert den Erkenntnishorizont, durchdringt die öffentliche Meinung mit Erkenntnisoptimismus und hoher Wertschätzung der Wissenschaft und stimuliert die Suche nach neuen, weiterführenden Ansätzen auch dort, wo die gesellschaftliche Praxis entsprechender Ausdehnung des Wissens noch nicht zwingend bedarf. Das philosophische Niveau des gesellschaftlichen Bewußtseins, entwickelt durch die allgemeine Verbreitung des dialektischen und historischen Materialismus und die öffentliche Auseinandersetzung mit der idealistischen Philosophie, drängt nach umfassenden Verallgemei-

[36] K. Marx, Das Kapital, Erster Band, in: MEW, Bd. 23, Berlin 1962, S. 345.

nerungen von großer erklärender Kraft. Die Entwicklung wissenschaftswissenschaftlicher Ansätze in der Sowjetunion während der 20er Jahre ist daher als ein typisches, gesetzmäßiges Phänomen anzusehen.[37] Die Triebkräfte dafür lagen wohl eher in der allgemeinen ideologischen Situation als in direkten Anforderungen der Wissenschaftsleitung. In der Tat: die Wissenschaft ist neben der Kunst jene Sphäre des gesellschaftlichen Lebens, in der das Unwiederholbare, Unikate nicht nur in Oberflächenerscheinungen, sondern in ihrem wesentlichen Inhalt am ausgeprägtesten hervortritt. Gelingt es, dieses Phänomen überzeugend und vollständig in den weltanschaulichen Erklärungsrahmen des historischen Materialismus einzuordnen, dann ist das ein höchst eindrucksvoller Beweis für die Überlegenheit des historischen Materialismus über alle Formen bürgerlicher Sozialphilosophie.

Deshalb vermochte Gessens Vortrag in London (1931) eine solche große Wirkung zu erzielen, und deshalb *wurde die Anwendung des historischen Materialismus auf das Gebiet der Wissenschaftsgeschichte zum Kristallisationskern für die Herausbildung einer theoretisch anspruchsvollen marxistisch-leninistischen Konzeption der Wissenschaftswissenschaft.* Zudem können begründete wissenschaftswissenschaftliche Ergebnisse, auch wenn sie noch so vorläufig und partiell sind, die Praxis der Wissenschaftsleitung schon in einem Stadium befruchten, in dem diese solcher Resultate für ihre eigene Wirksamkeit noch nicht unbedingt bedarf. Daher ist die Entwicklung der staatlichen Leitungstätigkeit in der Sphäre der Wissenschaft ein Faktor, der wissenschaftswissenschaftliche Betrachtungsweisen stets anregt, weil er Zusammenhänge in der wissenschaftlichen Arbeit als wesentlich erkennen läßt, die in der früheren Wissenschaftsreflexion wenig beachtet wurden. Dennoch ist das alles mehr oder minder Vorgeschichte der Wissenschaftswissenschaft, ehe nicht stärkere gesellschaftliche Erfordernisse die Etablierung des neuen Gebietes erzwingen.

Wir wollen nun versuchen, die allgemeinen Bedingungen zu skizzieren, unter denen die Etablierung der Wissenschaftswissenschaft für die wissenschaftsleitende Praxis unumgänglich wird. Wenn wir von der weiter oben erörterten Unterscheidung von technologischer Produktionsweise und sozialökonomischen Verhältnissen der Erzeugung wissenschaftlicher Erkenntnisse ausgehen, dann besteht die Eigenart der Komplexität wissenschaftswissenschaftlicher Betrachtungsweise darin, daß sie auf den *inneren Zusammenhang beider Seiten dieser spezifischen Produktion* gerichtet ist. Ein Anzeichen dafür, daß es sich so verhält, ist die häufig ausgesprochene Forderung, die Wissenschaftswissenschaft solle das Phänomen des

[37] Vieles davon ist in Vergessenheit geraten und wird erst heute von der historischen Forschung wieder erschlossen. Es dürfte aber erwiesen sein, daß die von vielen Teilnehmern des II. Internationalen Kongresses für Wissenschaftsgeschichte in London (1931) als sensationell empfundenen Beiträge der sowjetischen Vertreter Quintessenz einer breiten geistigen Strömung waren. Von dort gingen wesentliche Einflüsse auf das Wissenschaftsverständnis der britischen Linken vor dem zweiten Weltkrieg aus, das wiederum den Hintergrund für das epochale Werk von J. D. Bernal bildete. Vgl. Science at the Crossroads. Second edition, London 1971.

Schöpferischen in der Einheit von Gnostischem und Sozialem untersuchen; damit wird allerdings nur ein Teil des hier erörterten Zusammenhangs ins Auge gefaßt. Das ist einmal ein einzelwissenschaftlicher Blickwinkel (mit der an anderer Stelle erörterten Einschränkung der „Einzelwissenschaftlichkeit" für gesellschaftswissenschaftliches Vorgehen), und zum andern ist keine der älteren gesellschaftswissenschaftlichen Disziplinen, die diese oder jene Seite der Wissenschaft als Objekt analysieren, auf diesen Zusammenhang orientiert bzw. sachlich in der Lage, diesen Zusammenhang zu untersuchen. Solange dagegen jede der beiden Seiten getrennt betrachtet wird, sind die bislang zur Wissenschaftsanalyse verwendeten Disziplinen oder allenfalls interdisziplinäre Zusammenschlüsse von geringerer Komplexität ausreichend.

Die praktische Notwendigkeit, über die weltanschaulich-ideologisch reflektierte und gestaltete Einheit von technologischer und sozialökonomischer Weise der Erkenntnisproduktion hinaus spezielles Wissen über den Zusammenhang beider Aspekte zu besitzen, tritt unter zwei Umständen ein, von denen jeder für sich bereits genügt, um diese Notwendigkeit zu erzeugen.

Der erste ist der Übergang der kommunistischen Gesellschaftsformation von der Subsumtion der vorgefundenen technologischen Produktionsweise des Wissens unter die neuen Gesellschaftsverhältnisse zur Umgestaltung der Produktionsweise selbst. Der zweite ist der Umschlag der Wissenschaft aus einem Faktor, der die Reproduktion des materiellen Lebens der Gesellschaft unterstützt, in einen Faktor, der die Gesetzmäßigkeit dieser Reproduktionsprozesse *qualitativ* mitbestimmt.

Erörtern wir zunächst die erste Bedingung. Das Erfordernis, die technologische Produktionsweise der wissenschaftlichen Erkenntnis selbst grundlegend und zielstrebig umzugestalten, tritt dann ein, wenn der Bedarf der gesellschaftlichen Praxis nach wissenschaftlichen Resultaten schneller wächst als die Möglichkeit, den Aufwand gesellschaftlicher Ressourcen für die Erkenntnisproduktion zu steigern, wenn also dem wachsenden Resultatbedarf kein proportional wachsender Einsatz gesellschaftlicher Mittel gegenübergestellt werden kann und wenn sich die Möglichkeiten, im Rahmen der bisherigen technologischen Produktionsweise die Erkenntnisproduktivität zu steigern, als historisch begrenzt erweisen. Natürlich sind auch die Möglichkeiten, produktiver zu arbeiten, im Rahmen der bestehenden Form der Wissenserzeugung noch bei weitem nicht erschöpft (man denke nur an die Möglichkeiten der Grundfondsökonomie, der nationalen und internationalen Koordinierung und Kooperation der Forschung, die bessere interne Proportionierung der Wissenschaftspotentiale usw.). Der in höchstem Grade neuralgische Punkt ist dabei das Kaderpotential; die Möglichkeit, das im Bereich der Erkenntnisproduktion spezialisiert eingesetzte Kaderpotential zu erweitern, sind in allen sozialistischen Ländern durch die extrem angespannte Arbeitskräftelage auf allen Gebieten begrenzt, aber abgesehen von diesem aktuellen Problem zeigen auch prinzipielle Überlegungen, daß ein Wachstum des wissenschaftlichen Kaderpotentials, das das demographische Wachstum bedeutend übertrifft, auf die Dauer gar nicht möglich ist, selbst wenn in ferner Zukunft wesentliche Fortschritte in der

Komplexautomatisierung der materiellen Produktion und in der Technisierung der Dienstleistungssphäre eine weitere Umverteilung des gesellschaftlichen Arbeitskräftepotentials zugunsten der wissenschaftlichen Arbeit möglich machen. Auf jeden Fall dürfte es realistisch sein, mit einem Wachstumstempo des professionellen wissenschaftlichen Arbeitskräftepotentials zu rechnen, das sich im Mittel allmählich dem natürlichen Bevölkerungswachstum annähert. Demzufolge bleiben zwei denkmögliche Alternativen: entweder wächst die wissenschaftliche Resultaterzeugung weiterhin in der bisher üblichen Proportion zum Einsatz lebendiger Arbeit, d. h. sie verlangsamt sich, bzw. die Proportion zwischen Kadereinsatz und Resultaterzeugung verbessert sich nur in dem Maße, das im Rahmen der gegebenen technologischen Produktionsweise des Wissens möglich ist, oder die technologische Produktionsweise des Wissens selbst wird umgestaltet, um einen radikalen Aufschwung in der Produktivität der wissenschaftlichen Arbeit zu erreichen.

Für die gesellschaftliche Entwicklung zum Kommunismus ist die denkmögliche Variante, sich mit einem abnehmenden Zuwachs der Erkenntnisproduktion zu begnügen, vollkommen undiskutabel. Im Gegenteil: die Erkenntnisproduktion muß schneller wachsen als die ihrerseits exponentiell wachsenden grundlegenden Parameter der wirtschaftlichen Entwicklung (Nationaleinkommen, Industrieproduktion usw.), damit das Feld der möglichen Varianten für den Einsatz der immer größeren gesellschaftlichen Ressourcen überschaubar bleibt und mit größtmöglicher Sicherheit die optimalen Varianten gewählt werden. Freilich kann man hier nur qualitativ argumentieren, denn alle bekannten Verfahren zur Messung des unmittelbaren Produkts der wissenschaftlichen Arbeit sind mit prinzipiellen Mängeln behaftet, und die Gesetzmäßigkeit der ständig zunehmenden Bewußtheit des gesellschaftlichen Lebensprozesses im Kommunismus, aus der sich letzten Endes alle praktischen Forderungen an die Bereitstellung wissenschaftlicher Resultate herleiten, ist in keiner Weise quantifiziert und ist ihrem Wesen nach einer Quantifizierung wohl auch nicht fähig.

Um unsere Behauptung wenigstens plausibel zu machen, sei auf eine generelle Folgerung aus dieser Gesetzmäßigkeit verwiesen. Bewußtheit bedeutet zunächst, die gesellschaftlichen Verhältnisse als ein Ganzes zu erkennen und zu beherrschen; es ist aber evident — und die zunehmende Verschärfung und Globalisierung der ökologischen Problematik belehrt uns eindringlich darüber —, daß volle Bewußtheit der Gesellschaftsentwicklung nicht möglich ist, wenn nicht zugleich der gesamte Komplex der Wechselwirkungen von Gesellschaft und Natur bewußt beherrscht wird.[38] Das globalökologische System des Kommunismus wird nach dem endgültigen Verschwinden des überlebten Kapitalismus aus der menschlichen Gesellschaft als ein in sich geschlossenes evolutionierendes System mit der Gesellschaft als aktivem Zentrum zu begreifen und zu gestalten sein — zudem

[38] Vgl. I. D. Laptev, Soznatel'noe i stichijnoe vo vzaimodejstvii obščestva i prirody, in: Voprosy filosofii, 7/1976, S. 82—92.

als ein System, das über die planetaren Grenzen hinaus expandiert.[39] Die typischen Probleme der Erkenntnis in solchen Situationen sind prinzipiell nichtlinearer Natur: es sind Probleme, die die Aufhellung des Mechanismus der Wechselwirkung großer Gesamtheiten überaus mannigfaltiger Elemente betreffen. Das ist sowohl wörtlich (soweit es die mathematische Abbildung der Wirklichkeit betrifft) als auch im übertragenen Sinne als Metapher für die beim Erkennen und Gestalten erforderliche Betrachtungsweise zu nehmen. Obwohl diese Betrachtungsweise in der materialistischen Dialektik präformiert ist, stößt ihre fachwissenschaftliche Umsetzung auf gigantische Schwierigkeiten. Zwar sind nichtlineare Betrachtungsweisen in die Wissenschaft bereits eingedrungen und haben auf manchen Gebieten beachtliche Vollkommenheit erreicht, doch es dürfte kaum übertrieben sein zu behaupten, daß in den wissenschaftlichen Denkweisen der Gegenwart die Orientierung auf lineare Zusammenhänge und das Herantasten an nichtlineare Verhältnisse durch lineare Approximation nach wie vor dominierten. Die absehbaren Forderungen des Kommunismus an die wissenschaftliche Erkenntnis sind so enorm, daß ihre Realisierung mit tiefen Wandlungen in den Grundlagen des Erkennens, mit einem Sprung in seiner Dialektisierung verbunden sein dürfte. Die großen Erkenntnisaufgaben rasch wachsender Komplexität, die die weitere Gestaltung der entwickelten sozialistischen Gesellschaft stellt und die bereits planverbindlich sind, deuten sichtlich in diese Richtung.

Daher ist es gesellschaftlich zukunftsentscheidend, die Aufwand-Resultat-Proportion in der Wissenschaft (ganz besonders bezogen auf den Aufwand an lebendiger Arbeit) in Bewegung zu bringen: die Erkenntnisproduktivität eines bestimmten Quantums im Bereich der Wissenschaft eingesetzter gesellschaftlicher Ressourcen muß irreversibel zunehmen; es geht nicht um einen Niveausprung in der Erkenntnisproduktivität der wissenschaftlichen Arbeit auf ein neues Plateau, sondern um die Herstellung eines Mechanismus der wissenschaftlichen Arbeit, für den die ständige Erhöhung der Erkenntnisproduktivität ein grundlegendes Bewegungsgesetz ist. Die für den entwickelten Sozialismus einzig akzeptable wissenschaftspolitische Orientierung besteht demzufolge darin, alle Möglichkeiten der Produktivitätserhöhung im Rahmen der überkommenen technologischen Produktionsweise des Wissens zu erschließen und zu nutzen und zugleich den Übergang zur höheren, dem Kommunismus adäquaten Produktionsweise in Angriff zu nehmen. *Eben darin bestehen der historische Sinn und die historische Perspektive der Intensivierung im Bereich der Wissenschaft.* Auch Initiativen bescheidenen Maßstabs gewinnen in diesem Kontext über ihren unmittelbaren Nutzen hinaus historischen Wert.

Die Steigerung der Erkenntnisproduktivität im Rahmen des bestehenden technologischen Typs läßt sich von der Wissenschaftsleitung mit Erfolg indirekt stimulieren — durch ideologisch-moralische und materielle Anerkennung jedes

[39] Vgl. I. S. Šklovskij, O vozmožnoj unikal'nosti razumnoj žizni vo Vselennoj, in: Voprosy filosofii, 9/1976, S. 83 ff.

auf diesem Gebiet erreichten Erfolges. Für die Bestimmung der günstigsten Richtungen und Mechanismen der Produktivitätssteigerung ist es jedoch günstig, wenn sich die sozialistische Wissenschaftsleitung auf Kenntnisse stützen kann, die die prinzipielle Abhängigkeit der Technologie der Erkenntnisproduktion von der technologischen und gesellschaftlichen Produktionsweise materieller Güter und von den sozialökonomischen Formen des Wissenschaftsbetriebes selbst ausdrücken. Das sind Kenntnisse von der sozialökonomischen Entwicklungsgesetzmäßigkeit der technologischen Seite des Erkennens; wenn man darüber verfügt, dann wird man in die Lage versetzt, theoretisch jene Hauptkettenglieder zu bestimmen, deren Aktion die Entwicklung der technologischen Seite und damit der Produktivität der wissenschaftlichen Arbeit am günstigsten beeinflußt. Deshalb liegt es im vitalen Interesse der sozialistischen Gesellschaft, diese Gesetzmäßigkeit allseitig zu untersuchen.

Die prinzipielle Möglichkeit des Übergangs des wissenschaftlichen Erkennens zu einer neuen technologischen Produktionsweise ist mit der kybernetischen Technik gegeben. Diese Technik ist grundsätzlich in der Lage, einen historisch wachsenden Kreis intellektueller Funktionen der wissenschaftlichen Arbeit zu übernehmen, obwohl ihr Einsatz bislang vor allem in arbeitsaufwendigen, aber logisch peripheren Zonen des Erkenntnisprozesses erfolgt. Damit zeichnen sich die Konturen eines künftigen technologischen Typs wissenschaftlicher Arbeit ab. Während der bislang übliche Typ eine Kombination von (gerätevermittelten) Wechselwirkungen der wissenschaftlichen Arbeiter mit den Untersuchungsobjekten und der Ausführung gedanklicher Prozeduren allein mit Hilfe geordneter Zeichensysteme ohne technische Vermittlung darstellt und demzufolge eine deutliche Unterscheidung von empirischer und theoretischer Tätigkeit (mitunter bis zur personellen Spezialisierung) aufweist, dürfte der werdende Typ dem wissenschaftlichen Arbeiter die Konzentration auf geistig-schöpferische Tätigkeit ermöglichen, indem die unmittelbare Steuerung der Gewinnung von Primärdaten und ihre elementare Bearbeitung „logischen“ Maschinen überlassen bleiben, die ihrerseits vom Menschen im heuristischen Dialog gesteuert werden. Damit verwischen sich die Grenzen zwischen empirischer und theoretischer Arbeit, und es wird in der Tendenz unmöglich, beide als gesonderte Phasen oder Arten der wissenschaftlichen Arbeit anzusehen. Das schwierigste Problem dürfte dabei weder in der Schaffung der entsprechenden Forschungstechnik noch in der Überwindung der ökonomischen Schwelle für ihre Einführung noch in der Rekonstruktion der verschiedenen Abschnitte des Wissens gemäß den Erfordernissen des Mensch-Maschine-Dialogs liegen, obwohl auch damit Aufgaben von immenser Schwierigkeit verbunden sind. Viel eher liegt es darin, eine wissenschaftliche Arbeitsweise zu finden und gesellschaftlich bewußt zu gestalten, in die diese Technik so integriert werden kann, daß der notwendige Produktivitätssprung tatsächlich eintritt.

Eine der wichtigsten Erfahrungen bei der Einführung der EDV in der materiellen Produktion, im Finanzwesen und in anderen Bereichen war eben die

Einsicht, daß einfaches Aufpfropfen der elektronischen Technik auf herkömmliche Arbeitsweisen und Organisationsformen eher zu Verlusten, auf keinen Fall aber zu den erwarteten ökonomischen Ergebnissen führt. Die gesamte Arbeitsweise des betreffenden Bereiches muß so verändert werden, daß die Einführung von informationsverarbeitender Technik als zwingendes Realisierungserfordernis der neuen Arbeitsweise erscheint. Diese Erfahrung gilt auch für die Wissenschaft. Sie ist nur überaus schwer zu übertragen, weil wissenschaftliche Erkenntnisprozesse ihrem Wesen nach inhaltlich unikal sind und nicht ohne weiteres als Massenprozesse behandelt werden können. Die Technisierung logischer Operationen im theoretischen Denken bedeutet eine Revolution in der technologischen Seite des Erkennens, die nur mit der Einführung der experimentellen Methode vergleichbar ist und deshalb auch ähnlich gravierende Auswirkungen im gesamten Wissenschaftsbetrieb haben dürfte. Es besteht aber ein entscheidender Unterschied. Aufkommen und Durchsetzung der experimentellen Methode in den Naturwissenschaften erfolgten unter den gesellschaftlichen Verhältnissen des frühen Kapitalismus, so daß sich die damit verbundenen einschneidenden Veränderungen in der gesamten Sphäre der wissenschaftlichen Arbeit gesellschaftlich spontan als *Folgen* der neuen Art des Herangehens an die Naturerscheinungen durchsetzen mußten. Dieser Durchsetzungsprozeß war, wie bekannt, langwierig, opferreich und von vielen Schwierigkeiten und Rückschlägen begleitet. Im Sozialismus befindet sich die Wissenschaft in einer prinzipiell anderen Situation. Sie ist keineswegs darauf angewiesen, den historisch notwendigen Übergang zu einer neuen technologischen Produktionsweise mit dem punktuellen Einsatz prinzipiell neuer technischer Mittel zu beginnen und die Ausbreitung der neuen Arbeitsweise und die Entstehung ihrer adäquaten organisatorischen und sozialen Bedingungen, die Gestaltung einer entsprechenden wissenschaftlichen „Infrastruktur" der Spontaneität zu überlassen. Die neue technologische Produktionsweise des Wissens entsteht demnach unter sozialistischen und kommunistischen Verhältnissen nicht mehr als *Folge* des technischen und methodologischen Fortschritts in der Wissenschaft, sondern wird vorausschauend als Ganzes gestaltet. Auch bei wissenschaftlichen Revolutionen der Vergangenheit, die nur einzelne Disziplinen oder Teilgebiete einer Disziplin betrafen, sind bestimmte Erscheinungsformen ihres Vollzuges der gesellschaftlichen Spontaneität des Wissenschaftsbetriebes geschuldet. Man kann daher annehmen, daß der Sozialismus nicht nur für die „normalen", evolutionären Phasen der Wissenschaftsentwicklung, sondern auch für den Ablauf wissenschaftlicher Revolutionen unvergleichlich günstigere Bedingungen als alle früheren Gesellschaften schaffen kann. Das bedarf aber auf jeden Fall ernsthafter Untersuchung, denn man kann kaum annehmen, daß die für evolutionäre Phasen adäquaten Organisations- und Leitungsformen auch in wissenschaftlichen Revolutionen effektiv sind.

Die Schlüsselproblematik liegt also zuerst in der Herausbildung solcher Organisations-, Kooperations- und Kommunikationsformen der Wissenschaft im gesamtgesellschaftlichen Maßstab, die den Übergang zur neuen technologischen

Produktionsweise des Erkennens maximal fördern. Das ist, verbunden mit einer zielstrebigen Entwicklung der materiell-technischen Basis der Forschung, bereits Aufgabe des Tages. Die Herausforderung an die Wissenschaftswissenschaft, die damit verbunden ist, läßt sich mit einer Überlegung beleuchten. Wir hatten weiter oben bemerkt, daß der technologische Zyklus der Erkenntnis an den Stellen, an denen schöpferische Denkleistungen vollbracht werden müssen, prinzipiell offen ist. Die Ablaufplanung der Forschung mit allen ihren umfangreichen organisatorischen Konsequenzen ist natürlich dann am leichtesten, wenn man das Vorhaben in erster Näherung als einen technologisch wohlbestimmten Prozeß ansieht, in den an bestimmten Stellen schöpferisches Denken eingebaut ist. Diszipliniertes, planorientiertes Arbeiten gewährleistet in der Regel auch, daß die für das Gelingen des Ganzen erforderlichen schöpferischen Leistungen auch zu den benötigten Terminen und an den erforderlichen Stellen erbracht werden. Die damit erreichte Planstabilität der Wissenschaft ist zunächst einmal ein unschätzbarer Vorteil. Dennoch birgt der Weg, auf dem sie erreicht wird, eine tiefliegende Problematik; zumindest im Rahmen einer einmal beschlossenen Planaufgabe wird in technologischer Hinsicht das schöpferische Moment des Erkennens dem Skelett seiner normierbaren Abläufe subsumiert. Der umgekehrte Weg, die Subsumtion der stabilen technologischen Elemente des Forschungsprozesses nicht nur bei der Vorbereitung der Planentscheidung, sondern auch im eigentlichen Ablauf unter die schöpferische Idee, deren Auftreten natürlich weder qualitativ noch zeitlich präzis vorausgeplant werden kann, würde eine Elastizität des Planungs- und Organisationsmechanismus erfordern, die wir heute noch nicht beherrschen und von der wir auch noch nicht sicher wissen, unter welchen Bedingungen sie überhaupt möglich ist und wie sie erreicht werden kann, ohne den Vorzug der Planstabilität aufzugeben. Die Umkehrung der technologischen Subsumtion des schöpferischen Denkens unter einen normierten Ablauf könnte aber einen Sprung in der Produktivität der Erkenntnis bedeuten, hängen doch vom Charakter der wissenschaftlichen Ideen Anzahl, Art und Aufwendigkeit der im Erkenntnisprozeß zu vollziehenden Routineoperationen in entscheidendem Maße ab. Die Vervollkommnung der Wissenschaftsleitung, die Erhöhung der Rolle des Schöpferischen im Wissenschaftsbetrieb verlangt daher gebieterisch die Untersuchung der Möglichkeiten, die technologische Seite des wissenschaftlichen Erkennens als abhängige Variable der schöpferischen Ideenproduktion zu gestalten.

## 2. Wissenschaft als Tätigkeit

Mit den Überlegungen des ersten Kapitels sehen wir uns zwingend auf die Auffassung von Wissenschaft als Tätigkeit verwiesen. Es ist dies kein primär gnoseologischer Zwang. Allerdings kann man nicht bestreiten, daß die empirische Kapazität der Auffassung von Wissenschaft als Tätigkeit größer ist als die ihrer Betrachtung als Wissen. Indes bedarf schon allein die Notwendigkeit, eine größere Mannigfaltigkeit empirischer Bestimmungen der wirklichen Wissenschaft unter einem einheitlichen Gesichtspunkt abzubilden, der Erklärung aus der Entwicklung der gesellschaftlichen Praxis. Noch wichtiger ist aber, daß man die Möglichkeit anderer Prinzipien, die auf andere Aspekte der wirklichen Wissenschaft als Basis der Abbildung bezogen sind und eine mit dem Tätigkeitsprinzip vergleichbare empirische Kapazität besitzen, auf keinen Fall a priori ausschließen darf — ungeachtet dessen, daß der Tätigkeitsansatz hinsichtlich seines Aufnahmevermögens für die Widerspiegelung einer Mannigfaltigkeit realer Situationen bislang privilegiert erscheint. Solange man in der Widerspiegelungsrelation allein bleibt und den theoretischen Ansatz ausschließlich nach seiner Objektadäquatheit und nach seiner Fähigkeit zur detaillierten Abbildung des Gegenstandes beurteilt, gibt es keine Regel, die eine und nur eine Theorie für ein gegebenes empirisches Feld vor allen anderen möglichen Ansätzen eindeutig auszeichnen würde.[1] Es mag faktisch vorkommen, daß überhaupt nur ein Kandidat für einen theoretischen Ansatz existiert und daher das Auswahlproblem nicht akut wird. Bei einem so strittigen Bereich wie der Wissenschaftswissenschaft aber sollte man sich nicht auf die zufällige Selektion eines Ansatzes verlassen, sondern grundsätzlich davon ausgehen, daß höhere — wenn nicht gar eindeutige — Bestimmtheit nur erreicht wird, wenn man das Bezugssystem für die Auswahl eines Ansatzes bewußt aus zwei Relationen — der Widerspiegelungsrelation und der Relation der (erforderlichen) Anwendung — konstituiert.

Die Praxis tritt hier in zwei wohlunterscheidbaren Beziehungen als Begründungsinstanz für die Wissenschaftswissenschaft auf.

Erstens erzeugt sie das in Kapitel I besprochene Erfordernis, den Prozeß

[1] Vgl. E. A. Mamčur, Problema vybora teorii, Moskva 1975.

der Wissenschaftsentwicklung auf dem Niveau gesellschaftlicher Bewußtheit spezifisch zu leiten, und bestimmt damit den Rahmen empirischer Mannigfaltigkeit der wirklichen Wissenschaft, der detailliert und zugleich einheitlich abgebildet werden muß, um diesem Erfordernis zu genügen.

Zweitens liefert sie ein Kriterium, um aus denkmöglichen theoretischen Ansätzen, die diese gnoseologische Aufgabe zu lösen versprechen, den geeignetsten auszuwählen: den nämlich, in dem die abgebildeten Zusammenhänge der Wissenschaft mit den von der Wissenschaftsleitung zu gestaltenden Zusammenhängen maximal korrespondieren, die theoretische Vermittlung von der Abbildung zum Entwurf also so kurz und übersichtlich wie nur irgend möglich ist.

Die Aufreihung der beiden Beziehungen ist nicht zufällig: die erste ist primär, die zweite sekundär; die Umkehrung dieser Folge würde den Ansatz der Wissenschaftswissenschaft pragmatisieren, ihr Dasein auf den utilaristischen Status eines bloßen Anhängsels der praktischen Wissenschaftsleitung beschränken und ihre Entwicklung zu einer echten Wissenschaft blockieren. Zugleich aber gibt uns nur die Verknüpfung beider Beziehungen hinreichende — nicht absolute — Sicherheit, um die Entscheidung für eine Auffassung der Wissenschaft als Tätigkeit zu begründen.

## 2.1. Allgemeine Bestimmungsstücke des Tätigkeitsbegriffs

Wenn wir Wissenschaft als Tätigkeit charakterisieren, dann setzen wir stillschweigend ein allgemeines Verständnis von Tätigkeit und ein Klassifizierungsprinzip für die Unterscheidung von Tätigkeitsarten voraus. Dabei ist es nicht akzeptabel, dieses vorausgesetzte Verständnis auf intuitivem Niveau zu belassen, weil die Wissenschaftswissenschaft unter sozialistischen Verhältnissen nicht als isolierter Erkenntnisbereich konzipiert werden kann, über dessen Stellung im System der Wissenschaften erst nachträglich Erwägungen angestellt werden, wenn seine Konstituierung bereits erfolgt ist, sondern von vornherein als organischer Bestandteil des Ensembles der marxistisch-leninistischen Gesellschaftswissenschaften aufgebaut werden muß.

Daher ist statt des intuitiven Tätigkeitsverständnisses ein explizierter *Begriff von Tätigkeit* zu unterstellen. Von diesem Begriff ist zu erwarten, daß er den Anschluß der Wissenschaftswissenschaft an das System der gesellschaftswissenschaftlichen Disziplinen von den Grundlagen her vermittelt. Diese Vermittlung wird dadurch gewährleistet, daß „Tätigkeit" — in allgemeiner Fassung — den Status einer Kategorie der marxistisch-leninistischen Philosophie besitzt, die als theoretische Basis der Weltanschauung das gesamte System der Gesellschaftswissenschaften integriert. Bei der primären Herausbildung der Philosophie des dialektischen und historischen Materialismus spielte die Kategorie „Tätigkeit" eine wesentliche Rolle: sowohl in der materialistischen „Umstülpung" des vom klassischen deutschen Idealismus erarbeiteten Tätigkeitskonzepts als auch in der

Überwindung der kontemplativen Enge des bürgerlichen Materialismus. In der systematisierten Darstellung des dialektischen und historischen Materialismus nach Lenin ist die Kategorie „Tätigkeit" jedoch vernachlässigt worden, so daß die philosophische Begründung solcher Gesellschaftswissenschaften, in deren theoretischem Fundament das Tätigkeitskonzept einen entscheidenden Platz einnimmt, eine schwierige Aufgabe darstellt. Nach Ansicht des Verfassers liegt hier *das* grundlegende philosophische Problem der Wissenschaftswissenschaft, soweit sie Wissenschaft als Tätigkeit faßt. Ohne im geringsten den Anspruch auf eine Lösung dieses Problems erheben zu wollen, sei nachdrücklich auf diese theoretische Schwachstelle hingewiesen.

In neuerer Zeit ist durch die Arbeiten sowjetischer Philosophen die durch das Fehlen einer systematischen Darstellung der Kategorie Tätigkeit gekennzeichnete Lücke in der philosophischen Grundlagenarbeit in gewissem Maße geschlossen worden. Der Verfasser identifiziert sich mit der Darstellung der Kategorie „Tätigkeit" bei M. S. Kagan[2]; bezüglich der methodologischen Funktionen des Tätigkeitsbegriffs in gesellschaftswissenschaftlichen Disziplinen stützt er sich insbesondere auf Überlegungen von E. G. Judin.[3]

Kagan faßt Tätigkeit als die durch die Aktivität des Subjekts vermittelte Wechselwirkung von Subjekt und Objekt und somit als die genetisch aus der biologischen Lebenstätigkeit hervorgegangene spezifisch soziale Form der Aktivität. Die unmittelbare philosophische Einordnung dieser Kategorie erfolgt also durch die Bezugnahme auf die Kategorien „Subjekt" und „Objekt".[4] Dabei erscheinen uns drei Charakteristika grundlegend:

*erstens* kann von Tätigkeit nur die Rede sein, wenn sich der Mensch *als Subjekt* dem Objekt entgegensetzt, wenn er zum Objekt ein *bewußtes* („bewußt" ist in diesem Kontext ein Derivat von „Bewußtsein", nicht notwendig von „Bewußtheit") Verhältnis eingeht („Die *That* ist überhaupt die hervorgebrachte Veränderung und Bestimmung des Daseins. Zur Handlung aber gehört nur dasjenige, was von der That im Entschlusse liegt oder im Bewußtsein war, was somit der Wille als das Seinige anerkennt."[5]); d. h. als biologisches, körperliches Wesen verfügt der Mensch prinzipiell auch über Formen von Aktivität, die nicht die Qualität von Tätigkeit annehmen, so daß auch bei der Analyse des menschlichen Lebensprozesses (nicht nur bei der Unterscheidung von Mensch und Tier) die Kategorie „Tätigkeit" keine nivellierende, sondern eine unterscheidende Funktion ausübt;

2 M. S. Kagan, Čelovečeskaja dejatel'nost'. Opyt systemnogo analiza, Moskva 1974.

3 Vgl. E. G. Judin, Dejatel'nost' kak objasnitel'nyj princip i kak predmet naučnogo izučenija, in: Voprosy filosofii, 5/1976, S. 64–78.

4 Dabei stützt sich die Untersuchung auf eine gut gesicherte philosophische Basis. Vgl. K. N. Ljubutin, Problema sub'ekta i ob'ekta v nemečkoj klassičeskoj i marksistko-leninskoj filosofii, Sverdlovsk 1973.

5 G. W. F. Hegel, Philosophische Propädeutik, in: Sämtliche Werke, Hrsg. H. Glockner, Bd. 3, Stuttgart 1949, S. 27.

*zweitens* schließt der Begriff der Tätigkeit ein, daß das Subjekt, das auf ein gegenständliches Objekt wirkt, selbst als ein *gegenständlich wirkendes* gefaßt werden muß; Tätigkeit ist somit kein „rein" soziales, sondern ein *biosoziales* Charakteristikum des Menschen; wenn von menschlicher Tätigkeit die Rede ist, so wird dabei nicht nur in Betracht gezogen, daß Tätigkeit in sozialen Zusammenhängen erfolgt und soziale Zusammenhänge bewirkt, sondern zugleich auch, daß biologische Funktionen des Menschen die sozialen Zusammenhänge vermitteln, ebenso wie umgekehrt das biologische Dasein des Menschen von den sozialen Zusammenhängen seiner Existenz vermittelt wird[6];

*drittens* unterstellt der Begriff der Tätigkeit die *Gesellschaftlichkeit* und damit die *soziale Geschichtlichkeit* des Subjekts; zugleich erweist sich als eine Funktion des geschichtlichen Entwicklungsgrades des Subjekts, *welche* Zusammenhänge aus der unerschöpflichen Vielfalt der objektiven Realität jeweils zum Objekt von Tätigkeit werden. Die Produktion der Lebensmittel, so bemerken Marx und Engels, ist „eine bestimmte Art der Tätigkeit dieser Individuen, eine bestimmte Art, ihr Leben zu äußern, eine bestimmte *Lebensweise* derselben. Wie die Individuen ihr Leben äußern, so sind sie. Was sie sind, fällt also zusammen mit ihrer Produktion, sowohl damit, *was* sie produzieren, als auch damit, *wie* sie produzieren."[7]

Die drei grundlegenden Charakterzüge von Tätigkeit bilden ein unauflösliches Ganzes: bewußt und gegenständlich zugleich wirken ist nur gesellschaftlich möglich. Es wäre daher ein Widerspruch in sich, wollte man ein abstrakt genommenes Individuum als Subjekt bewußten gegenständlichen Tuns ansehen — eben jener Widerspruch, der dem kontemplativen bürgerlichen Materialismus eigen war und den der Marxismus auflöste. Daher sollte der in unserer Darstellung an dritter Stelle genannte Grundzug von Tätigkeit nicht als unverbindliche ontologische Behauptung gelesen werden, sondern als verbindliches methodologisches Postulat für gesellschaftswissenschaftliche Untersuchungen: wird das Individuum als Subjekt von Tätigkeit untersucht, dann ist eine Abstraktion vom sozialen Wesen seiner Subjektivität nicht zulässig. Damit wird ein Standpunkt bezogen, der den interaktionistischen Konzepten entgegensetzt ist: Tätigkeit *wird* nicht erst deshalb sozial, weil sie durch bestimmte soziale Institutionen geformt ist bzw. in Gemeinschaft mit anderen ausgeübt wird, sondern sie *ist* es bereits von der Subjektivität des Handelnden her. In diesem Sinne sind auch die kognitiven Potenzen des Subjekts von vornherein sozial vermittelt, und das Problem des Verhältnisses von Kognitivem und Sozialem, das allgemein zu den Grundproblemen der Wissenschaftstheorie gezählt wird, hat in marxistischer Sicht einen wesentlich anderen Inhalt als bei Autoren nichtmarxistischer Provenienz.

6 Dieses Charakteristikum der menschlichen Tätigkeit gewinnt in der Wissenschaftswissenschaft insbesondere dann grundsätzliche Bedeutung, wenn schöpferische Prozesse und deren Bedingungen erklärt werden sollen.

7 K. Marx/F. Engels, Die deutsche Ideologie, in: MEW, Bd. 3, Berlin 1959, S. 21.

Tätigkeit und Arbeit sind nicht identisch. Schon die Unterscheidung von Arbeits- und Freizeit, die ihre Beziehung aufeinander natürlich voraussetzt, verdeutlicht dies.[8] In entwickelten Gesellschaften erscheint Arbeit als eine Form von Tätigkeit *neben* anderen. Indes ist diese evidente Koordination von Tätigkeitsformen nur eine Oberflächenbestimmung, die sich beim Übergang zu historischer Sicht als ein abgeleitetes, sekundäres Phänomen erweist. Arbeit ist und bleibt *die* Grundlage aller menschlichen Tätigkeit, „ewige Naturbedingung des menschlichen Lebens"[9], und ohne Bezugnahme auf die Arbeit ist keinerlei Tätigkeit gesellschaftswissenschaftlich erklärbar. Das beruht auf zwei wesentlichen Umständen. Erstens ist — das ist bekanntlich eine der fundamentalen Einsichten des Marxismus — der Mensch durch die Arbeit geworden; menschliche Tätigkeit hat sich primär in der Gestalt von Arbeit herausgebildet, und daher trägt jede beliebige Tätigkeit die Grundstruktur von Arbeit in sich, und ihre strukturellen Unterschiede von Arbeit können nur Modifikationen im Rahmen dieser Grundstruktur sein. Zum zweiten bestimmt die (technologische, ökonomische, soziale) Entwicklungsstufe der gesellschaftlichen Arbeit, wie entfaltet der Reichtum der Gesellschaft an unterschiedlichen Tätigkeitsarten sein kann und wie sich dieser Reichtum sozial verteilt; die Menge gesellschaftlicher Tätigkeitsarten bildet also stets ein sozial geordnetes System, dessen systembildendes, zusammenhangstiftendes Element die Arbeit ist.

Wir sind daher berechtigt, die Grundstruktur von Arbeit — in möglichst allgemeiner Form — als Muster für die Struktur jeglicher Tätigkeit zu nehmen. Nach analytischer Darstellung der obligatorischen Merkmale der Arbeitstätigkeit und ihrer wichtigsten Beziehungen untereinander ist es möglich zu prüfen, ob und inwieweit das Vorgehen in der Wissenschaft im kategorialen Sinn des Wortes als Tätigkeit angesehen werden kann. Das ist durchaus nicht in erster Linie eine Frage der Wahl von Termini, sondern eine Frage der für die Wissenschaftswissenschaft geeigneten Erkenntnismittel — denn genau in dem Maße, in dem wissenschaftliches Vorgehen kategorial als Tätigkeit verstanden werden kann, darf sich die Wissenschaftswissenschaft jener gesellschaftstheoretischen Systeme bedienen, in denen „Tätigkeit" als Kategorie figuriert.

Deskriptiv lassen sich in der Arbeitstätigkeit als einfachste Elemente Subjekt (ökonomisch spezifiziert als Arbeitskraft), Objekt (ökonomisch Arbeitsgegenstand), Mittel (ökonomisch Arbeitsmittel) und Resultat unterscheiden. Die „Arbeit selbst" ist der Funktionszusammenhang dieses Systems, der durch die Aktivität des Subjekts wirkt, in seinem Inhalt aber entscheidend vom Objekt und von den verfügbaren Mitteln her bestimmt ist. „Die einfachen Momente des Arbeitsprozesses sind die zweckmäßige Tätigkeit oder die Arbeit selbst, ihr Gegenstand und ihr Mittel."[10] Wenn man die genannten Charakteristika als

[8] Vgl. I. I. Cangli, Trud, Moskva 1973, S. 424—426.

[9] K. Marx, Das Kapital, Erster Band, in: MEW, Bd. 23, Berlin 1962, S. 198.

[10] Ebenda. S. 193.

*Elemente eines Systems* ansieht, so muß man Tätigkeit als ein raumzeitlich strukturiertes System ansehen, dessen wichtigste Dimension die zeitliche ist. Die subjektive Kondition einer Tätigkeit und ihr Resultat koexistieren nicht in der Zeit; in einem realen Prozeß verschwindet die subjektive Kondition (ökonomisch meßbar als ein bestimmtes Quantum Arbeitskraft) der Tätigkeit in dem Maße, wie das Resultat erscheint, und das Resultat bildet sich eben durch die — in der Regel über den Einsatz von Mitteln vollzogene, d. h. vermittelte — Aneignung des Gegenstandes. Das Problem der Reproduktion dieser subjektiven Kondition stellt sich erst in einem die gegebene Tätigkeit übergreifenden Zusammenhang, in dem das Erfordernis auftritt, weitere Tätigkeiten ähnlicher Art auszuführen, in dem also der Zweck der Tätigkeit mit ihrer Verursachung rückgekoppelt ist. Tätigkeit als raumzeitliches System betrachtet, hat den durch Aneignung des Objekts vermittelten qualitativen Umschlag von der subjektiven Kondition in das Resultat zum Inhalt; die Allgemeingültigkeit dieser Behauptung ist einsichtig, denn die subjektive Kondition einer Tätigkeit ist Nicht-Resultat, und das Resultat negiert real die subjektive Kondition seiner Erzeugung.

Allerdings wird es oft als praktisch näherliegend betrachtet, von synchronisch gegebenen Systemen wechselwirkender Elemente auszugehen und die Tätigkeit als Zeitverhalten solcher Systeme anzusehen, sofern sie Handlungssubjekte als aktive Elemente einschließen. Dieses Vorgehen wird beispielsweise unterstellt, wenn man die wissenschaftliche Tätigkeit als Funktionsweise von Wissenschaftspotentialen interpretiert. Indes muß man sich darüber im klaren sein, daß man durch den Ausschluß des diachronischen Zusammenhangs aus den systembildenden Relationen auch die Betrachtungsebene wechselt: es ist nun überhaupt nicht mehr die Tätigkeit, die als System von Elementen betrachtet wird; man geht vielmehr von einem anderen, sychronisch strukturierten System aus, dem die Tätigkeit als ein zeitvariables Prädikat ganzheitlich zugeordnet wird. Wenn die Tätigkeit selbst in Elemente gegliedert und als Zusammenhang von Elementen gedanklich rekonstruiert werden soll, so kommt man nicht umhin, die zeitliche Dimension als systembildenden Zusammenhang zu respektieren und von der These abzugehen, die konstitutiven Relationen eines Systems müßten in allen Fällen Relationen der Koexistenz sein.

Unter dieser Voraussetzung kann „Tätigkeit" auf zwei Ebenen begrifflich als ein System aufgefaßt werden:

erstens auf der phänomenologisch-deskriptiven Ebene als lineare oder verzweigte Abfolge von Teiltätigkeiten, von Tätigkeitsabschnitten, wobei das Systemganze und seine Teile insofern qualitativ identisch sind, als jeder Abschnitt selbst eine Tätigkeit darstellt (beispielsweise: Zielstellung — Ausführung — Prüfung des Resultats); hinsichtlich des konkreten Inhalts können sich die Abschnitte hingegen unterscheiden, so daß das Ganze der Tätigkeit als eine inhaltlich neue Qualität·figuriert;

zweitens auf der erklärenden Ebene, in der der *Ablauf* der Tätigkeit mit seiner Etappengliederung als Resultante der Wechselwirkung von Subjekt und Objekt verständlich wird, wobei folgerichtig Subjekt und Objekt, Mittel und Resultat nicht als äußere Bedingungen, sondern als Elemente der Tätigkeit selbst betrachtet werden, während der Ablauf als Zusammenhang zwischen den Elementen oder genauer als zeitlicher Aspekt dieses Zusammenhangs erscheint.

Beide Ebenen stehen nicht zur Auswahl; sie repräsentieren unterschiedliche Vertiefungsgrade der Analyse. Auf der ersten genügt es, Tätigkeit als ein rein diachronisch strukturiertes System aufzufassen, in das eine raumartige Beziehung erst sekundär dann eintritt, wenn verzweigte Teiltätigkeiten vorliegen und gewisse von ihnen nebeneinander ablaufen. Auf der zweiten muß Tätigkeit von vornherein als ein raumzeitlich geordnetes System begriffen werden. Wenn wir von erklärender Ebene sprechen, dann verstehen wir darunter nur eine Erklärung erster Stufe: der beobachtbare Ablauf (die „Tätigkeit selbst") wird erklärt aus einer bestimmten Subjekt-Objekt-Konstellation. Sofern auf einer zweiten, höheren Stufe die Subjekt-Objekt-Konstellation selbst erklärt werden soll, muß ein umfassendes Feld von Zusammenhängen in Betracht gezogen werden. Man kann auch von „Tätigkeit im engeren Sinne" (dem bloßen Ablauf) und „Tätigkeit im weiteren Sinne" (dem Subjekt-Objekt-Mittel-Resultat-System) sprechen; wir unterstellen im folgenden den umfassenderen Begriff.

Es bedarf keiner besonderen Argumente, um zu zeigen, daß in dieser allgemeinen morphologischen Betrachtung das wissenschaftliche Vorgehen alle Züge von Tätigkeit aufweist und daher auch theoretisch so behandelt werden kann. Man kann aber bei der bloßen Morphologie nicht stehenbleiben, sondern muß zu einer näheren Charakteristik der Grundelemente von Tätigkeit fortschreiten; hier stößt man auf kritische Punkte, die die Übertragung des Tätigkeitskonzepts auf die Wissenschaft nicht mehr selbstverständlich erscheinen lassen.

Zu diesem Zweck wollen wir uns kurz einer Charakteristik der Subjektivität von Tätigkeit zuwenden. Das auf die jeweilige Tätigkeit bezogene Bewußtsein des handelnden Subjekts läßt sich analytisch bedingt in zwei Aspekte zerlegen: es ist *erkennendes Bewußtsein* und *wertendes Bewußtsein.*[11] Wenn es nicht beides zugleich ist, so kann von Tätigkeit nicht gesprochen werden. Wir unterstellen für unsere Betrachtung zunächst naiv das Individuum als Tätigkeitssubjekt; dieser Ausgangspunkt ist gerechtfertigt insofern, als auch jedes höherkomplexe soziale Subjekt nicht nur schlechthin aus Individuen besteht, sondern in deren Handlungen real wirksam wird. Das Bewußtsein des Subjekts als erkennendes bezieht sich auf den gegenständlichen Inhalt der Tätigkeit; dabei fungiert es in der Tätigkeit nicht nur abbildend, sondern zugleich entwerfend und steuernd (unter Einschluß von Kontrolle und Korrektur). Es bestimmt, was die Tätigkeit erreichen soll (*Ziel*[12]), *welches Potential* des Subjekts (Ressourcen und Fähig-

[11] Vgl. V. P. Tugarinov, Filosofija sosnanija, Moskva 1971.

[12] Für die Absicht dieser Arbeit verwenden wir den Terminus „Ziel" begrifflich als gedankliche Vorwegnahme des von der Tätigkeit zu produzierenden Endzustandes, also als ein gnostisches, genauer prognostisches Charakteristikum des Subjekts von Tätigkeit. Auf die Diskussion verschiedener Varianten des Verständnisses von „Ziel" gehen wir nicht ein.

keiten) dafür in Bewegung zu setzen ist, *wie* vorgegangen werden soll (*Methode, Verfahren, Technologie*), und steuert und kontrolliert auf dieser Basis den Ablauf. Das Bewußtsein des Subjekts als wertendes bezieht sich auf das Verhältnis der jeweiligen Tätigkeit zu seinen eigenen Interessen und äußert sich im *Verhalten* des Subjekts *zu* der Tätigkeit; diese Relation ist nicht identisch mit seinem Verhalten *in* der Tätigkeit, denn es ist prinzipiell möglich, daß ein und dasselbe Subjekt in einer Tätigkeit zielgemäß fungiert und sich zugleich zu dieser Tätigkeit im ganzen negativ verhält. „Wo ein Verhältnis existiert, da existiert es für mich, das Tier ‚*verhält*' sich zu Nichts und überhaupt nicht."[13] Als Pendant zu den Erkenntnischarakteristika „Ziel" und „Methode" treten hier Bestimmungen wie „*Zweck*" und „*Motivation*" auf. Allerdings befinden wir uns hier in einem Bereich philosophisch schwach ausgearbeiteter Kategorien. Unser Gebrauch der Termini erfolgt daher ad hoc: „*Zweck*" bezeichnet für uns die Relation des gegenständlichen Inhalts einer Tätigkeit zu den Interessen des Subjekts[14]; „*Motivation*" bezeichnet das subjektive Verhalten zur Tätigkeit im ganzen, das aus der Wahrnehmung der subjektiven Zweckmäßigkeit dieser Tätigkeit hervorgeht. Diese ad hoc gebrauchten Termini sind hier frei von jedem spezifisch psychologischen oder sozialpsychologischen Inhalt zu denken; sie haben axiologischen (und speziell, sofern Tätigkeiten auf Klasseninteressen bezogen werden, ideologischen) Charakter. Der Übergang zu psychologischen Begriffen stellt bei konsequent gesellschaftswissenschaftlichem Vorgehen eine höhere Stufe der Konkretisierung dar.

Erkennendes und wertendes Bewußtsein des Subjekts von Tätigkeit stehen in enger wechselseitiger Beziehung. Sie ist so eng, daß man keine empirisch konstatierbare Äußerung des Bewußtseins in der Tätigkeit nennen könnte, die entweder nur Erkennen oder nur Werten zum Ausdruck brächte. Um Wissenschaft von den Grundlagen her als Tätigkeit fassen zu können, ist es jedoch unerläßlich, bewußt die undifferenzierte Einheit von Erkennen und Werten analytisch aufzuspalten und beide Seiten explizit aufeinander zu beziehen. Unseres Erachtens besteht im Verhältnis von Erkennen und Werten — betrachtet nicht in abstracto als Seiten des Bewußtseins, sondern als Momente des in der sinnlich-gegenständlichen Tätigkeit wirksamen Bewußtseins — der eigentliche Inhalt dessen, was im bürgerlichen Denken inadäquat als Verhältnis von Kognitivem und Sozialem erscheint.

Der innere Zusammenhang von Erkennen und Werten in der Tätigkeit hat verschiedene Seiten. Es versteht sich, daß die Relation einer Tätigkeit zu gegebenen Interessen nach dem Inhalt dieser Tätigkeit variiert, inhaltlich bestimmt ist; insofern erscheint die erkennende Seite vorgängig — es muß bekannt sein, was getan wird bzw. getan werden kann, ehe sich über die Zweckmäßigkeit dieser

13 K. Marx/F. Engels, Die deutsche Ideologie, in: MEW, Bd. 3, a.a.O., S. 30.

14 Damit verzichten wir darauf, die Kategorie „Zweck" zu verwenden, um die Relation der Adäquatheit einer Methode oder eines Verfahrens zu einem vorgegebenen Ziel auszudrücken.

Tätigkeit für ihr Subjekt urteilen läßt. Wenn das der Fall ist, dann spielen die angestrebten Zwecke eine normative Rolle bei der Auswahl eines Zieles aus einer Menge möglicher Kandidaten, bei der Auswahl möglicher Methoden und Verfahren zur Realisierung eines bestimmten Ziels, für den Iterationsprozeß, in dem sich das System „Ziel-Potential des Subjekts — Methode/Verfahren/Technologie“ herausbildet. Zugleich sind die Interessen des Subjekts selbst nur dann auf triviale Weise gegeben, wenn entweder die intuitive Erscheinungsform solcher Interessen stillschweigend als wesensadäquat interpretiert wird oder wenn das Bewußtsein der Interessen Ergebnis einer früheren Selbstanalyse des Subjekts in seiner Beziehung zum gesellschaftlichen Zusammenhang (Ideologiebildung) ist. Für die Projektierung wissenschaftlicher Tätigkeiten ist es nur ausnahmsweise gestattet, sich auf solche elementaren Voraussetzungen zu verlassen. In der Tat: die wichtigsten langfristigen wissenschaftlichen Vorhaben zielen meist auf Resultate, die zur Zeit der Beschlußfassung über die Inangriffnahme jener Vorhaben noch keine Entsprechung im alltäglich-intuitiven Verständnis gesellschaftlicher Interessen haben. Die Frage, welche konkreten Forschungsrichtungen und -vorhaben den Interessen der Arbeiterklasse am besten entsprechen und in welcher Rangfolge sie das tun, ist extrem kompliziert; dazu ist es notwendig, die tiefliegendste Wesensschicht dieser Interessen, die auf dem Niveau des Alltagsbewußtseins nicht mehr zugänglich ist, selbst zum Gegenstand kontinuierlicher Forschung zu machen: die Dynamik dieser Interessen in Abhängigkeit von den objektiven Erfordernissen der historischen Entwicklungsgesetze des Sozialismus und Kommunismus. Zwei Beispiele mögen die Extrempunkte in der Skala denkbarer Situationen veranschaulichen. Ein Extrem stellen jene Forschungen dar, deren Endziel die wirksame Bekämpfung und Verhütung solcher Erkrankungen ist, die heute noch unheilbar sind. Die absolute Notwendigkeit solcher Forschungen steht für das humanistische Interesse der Arbeiterklasse und der ganzen sozialistischen Gesellschaft außer Frage; um die erforderlichen Richtungen dieser Forschungen zu bestimmen, ist keine theoretische Vertiefung der Selbsterkenntnis des Subjekts vonnöten. Der Akzent der Frage, welche Forschungsrichtungen auszuwählen und wie die Kräfte darauf zu verteilen sind, verschiebt sich auf die gegenständlich-inhaltliche, fachliche Seite der Sache: In welchen Richtungen ist die Präzisierung und Lösung der Probleme, deren Ungelöstheit sich in der sozialen Problematik von schwerer Krankheit und vorzeitigem Tod äußert, am ehesten zu erwarten? Freilich spielen auch hier soziale Kriterien eine Rolle: bei begrenzten Ressourcen müssen die Hauptkräfte auf die Bekämpfung schwerwiegender Massenerkrankungen konzentriert werden; die fundamentale Kausaluntersuchung gravierender Erkrankungskomplexe darf sich nicht gegenüber der stets unter Zeitdruck stehenden Suche nach effektiven Therapien auch vor der Erkenntnis des Wesens der Krankheit verselbständigen usw. Die sozialen Werte als Maßstab für die Einschätzung der Zweckmäßigkeit einschlägiger Bemühungen liegen jedoch auf der Hand. Ein anderes Extrem ist die komplexe Untersuchung und Projektierung der Territorialstruktur des gesellschaftlichen Lebens der sozialistischen und kommunistischen Gesellschaft (Siedlungswesen und Städtebau, Landschaftsgestaltung, Standortverteilung der Produktivkräfte, Verkehrs- und Kommunikationslösungen usw.). Grundlegende Klarheit besteht hier über das strategische, historische Interesse der Arbeiterklasse: die Herausarbeitung des allseitig entwickelten, reichen Individuums als des normalen, selbstverständlichen Typs der Persönlichkeit der kommunistischen Gesellschaft. Die Territorialstruktur — und damit die Richtungen ihrer Gestaltung und folglich auch die Forschungen, die derartige Gestaltungen vorbereiten — wird danach gewertet, inwieweit sie den für den jeweiligen Entwicklungsstand der Gesellschaft günstigen Rahmen für die allseitige Entwicklung des Individuums und für die Entfaltung aller dazu erforderlichen Basisprozesse (Produktion, Bildung usw.) schafft. Aber das ist sozusagen eine strategische Wahrheit höchster Instanz. Um in der Sphäre der konkreten Entscheidungen wirksam zu werden, bedarf sie der Aufgliederung und Präzisierung. Die Herausbildung des kommunistischen Menschen ist ein langer Prozeß von historischer Größenordnung, dessen ungefähre Ausdehnung man hypothetisch mit seiner bisher am besten begriffenen Seite — der Überwindung der wesentlichen Unterschiede von körperlicher und geistiger Arbeit — identifizieren kann. In diesem Prozeß, der seinerseits eine komplizierte Etappenstruktur besitzt, bleibt der konkrete Inhalt der sozialen Interessen nicht unverändert, sondern entwickelt sich gesetzmäßig sowohl bei der Arbeiterklasse als auch — auf längere Sicht noch mit einer gewissen Spezifik und Eigenständigkeit — bei den anderen Klassen und Schichten der sozialistischen Gesellschaft. Darüber ist im Detail noch vieles unbekannt oder ungenügend bekannt. Um also über die soziale Zweckmäßigkeit von verschiedenen Forschungen zur Gestaltung der Territorialstruktur befinden zu können, genügt es nicht, konstituierte und akzeptierte gesellschaftliche Werte als Kriterien heranzuziehen. Vielmehr ist eine vertiefte Selbsterkenntnis des Subjekts vonnöten. Die sich lebhaft entwickelnden Forschungen zur sozialistischen (kommunistischen) Lebensweise stellen ein solches Bindeglied dar, das die Wertkriterien für die Bestimmung von Forschungsrichtungen bereichert — natürlich nicht nur auf dem Gebiet der Territorialstruktur, sondern in den verschiedensten Richtungen des wissenschaftlich-technischen Fortschritts usw.

Wenn also auf der einen Seite der Skala langfristige oder gar universale Wertinvarianten des Sozialismus und Kommunismus hinreichen, um über die gesellschaftliche Zweckmäßigkeit von Forschungen mit bestimmten Zielsetzungen zu befinden, so benötigt man auf der anderen Seite detaillierte Selbsterkenntnis der sozialen Interessendynamik im Rahmen der fundamentalen Wertinvarianten, um solche Wertungen treffen zu können. Im konkreten Fall wird die Wertbasis für eine Entscheidungssituation in der Wissenschaftsplanung immer irgendwo zwischen den Extrempunkten zu suchen sein. Dem entspricht die globale Entwicklungstendenz der Wissenschaftsplanung im Sozialismus: der allmähliche Aufbau einer langfristigen Planung, die sich einerseits auf die kontinuierliche

Verfolgung und Prognostizierung der Entwicklungstendenzen in Wissenschaft und Technik, andererseits auf die stetig fortschreitende perspektivische Selbsterkenntnis der Gesellschaft stützt und wegen der ununterbrochenen Bewegung beider Seiten selbst ein Prozeß kontinuierlicher Vervollkommnung sein muß.

Generell sei hier festgehalten, daß eine Tätigkeit erst dann aus der Möglichkeit in die Wirklichkeit übergeht, wenn sich die Setzung eines realisierbaren (bzw. für realisierbar erachteten) Ziels mit einem positiven Urteil über die Zweckmäßigkeit, die subjektive Adäquatheit der Zielsetzung verbindet — also dann, wenn (in der hier angenommenen Terminologie) die *Einheit von Zweck und Ziel* hergestellt ist. Das subjektive Urteil über diese Einheit kann allerdings falsch sein; es bezieht sich auf eine Situation, in der sich das tätige Subjekt *objektiv* befindet. Fehler können auf der inadäquaten Selbsterkenntnis der subjektiven Interessen ebenso beruhen wie auf der unzulänglichen Formulierung des Ziels bzw. der falschen Einschätzung seiner Realisierbarkeit auf dem in Aussicht genommenen Weg. Mit vertiefter Erkenntnis lassen sich derartige Fehler korrigieren.

Da die Wertung auf dem Weg über die Diagnose und Prognose der sie begründenden Interessen durch Erkenntnis vermittelt ist, scheint die relative Selbständigkeit des wertenden Bewußtseins in Frage gestellt. Indes beruht diese einseitige Lösung, die die Dialektik von Wissen und Werten im Wissen aufzulösen scheint, auf einer einseitigen Betrachtungsweise. Dieses einseitig rationalistische Bild liegt speziell in bezug auf die wissenschaftliche Tätigkeit nahe, wenn man von der traditionellen Sicht, die Wissenschaft als Wissen behandelt, *unvermittelt* zu einem Tätigkeitskonzept übergeht und die wissenschaftliche Tätigkeit gewissermaßen als sozial in Bewegung gesetztes Wissen modelliert; auch der Verfasser hat in früheren Veröffentlichungen einen in diesem Sinne gnoseologisch vereinseitigten Standpunkt vertreten. Eine komplexere Sicht ist unbedingt geboten, damit die Wissenschaftswissenschaft wirklich als einheitliche Gesellschaftswissenschaft entwickelt werden kann und nicht in einen gnoseologisch-methodologischen und einen sozialpsychologisch-leitungswissenschaftlichen Teil auseinanderfällt.

Es genügt keinesfalls, wenn das Subjekt die Ausführung einer bestimmten Tätigkeit als seinen Interessen adäquat *erkennt*. Es muß die Tätigkeit selbst ausführen *wollen*. Vom Erkennen zum Wollen führt keine logische Brücke; die Verbindung beider ist in der objektiven sozialen Existenz des Subjekts praktisch vermittelt. Daher ist die Wertkomponente des Bewußtseins, sofern man im Rahmen des Bewußtseins selbst verbleibt, irreduzibel. Deshalb ist in der Tätigkeit nicht nur das Werten durch das Erkennen, sondern auch das Erkennen durch das Werten vermittelt, und zwar auch primär. Die Interessen des Subjekts wirken nicht nur auf die Auswahl möglicher — als mögliche unabhängig von jeder Wertung bestimmter — Tätigkeiten, sondern sie machen sich bereits darin geltend, daß das Subjekt bestimmte Möglichkeiten von Tätigkeiten überhaupt oder bevorzugt wahrnimmt.

Außerdem ist es eine grobe Vereinfachung, die subjektiven Interessen als gegenüber den möglichen Tätigkeiten prinzipiell bestimmt darzustellen, so als gäbe es, wenn einem potentiellen Subjekt von Tätigkeit ein mögliches Ziel präsentiert wird, in seiner Interessenskala dazu eine präformierte Entsprechung. Es gibt nicht nur einen Zusammenhang zwischen einem konstituierten Interesse und der Bestimmung von diesem Interesse adäquaten Tätigkeitszielen; nicht weniger real ist jener Zusammenhang, in dem zunächst bestimmte Tätigkeitsziele denkmöglich werden und sich durch die axiologische Reflexion dieser Denkmöglichkeiten entsprechende Interessen bilden. Die Grundform dieses zweiten Zusammenhanges ist die Herausbildung von Bedürfnissen im Kontakt des Subjekts mit materiellen Gegenständen, die zuvor nicht Gegenstände seiner Bedürfnisse gewesen sind. Die historische Dynamik der Subjektivität vollzieht sich im Wechselspiel dieser beiden Gruppen von Zusammenhängen — vom gegebenen Interesse zum adäquaten Gegenstand und vom gegebenen (real oder als Denkmöglichkeit) Gegenstand zum Interesse.

Marx sagt, die Konsumtion sei „selbst als Trieb vermittelt durch den Gegenstand. Das Bedürfnis, das sie nach ihm fühlt, ist durch die Wahrnehmung desselben geschaffen ... Die Produktion produziert daher nicht nur einen Gegenstand für das Subjekt, sondern auch ein Subjekt für den Gegenstand."[15] Für das Verständnis der aktiven sozialen Rolle der Wissenschaft ist dieser Zusammenhang außerordentlich wichtig. Der Fortschritt des Wissens produziert mögliche materielle Gegenstände (im weitesten Sinn des Wortes: als Resultate praktischer Tätigkeiten); der Fortschritt des wissenschaftlichen Problemhorizonts, der nur die Kehrseite des Wissensfortschritts ist, produziert denkmögliche Forschungsrichtungen, deren Verfolgung mit einer gewissen Wahrscheinlichkeit neues Wissen erwarten läßt, das wiederum mit der Interessenlage des Subjekts in Wechselwirkung tritt.

In allgemeiner Form haben wir dargelegt, wie ein Subjekt im Wechselspiel von Werten und Erkennen die Disposition zu bestimmten Tätigkeiten in sich erzeugt und diese Tätigkeiten selbst generiert. Die Initialkomponenten von Tätigkeit, deren Zusammentreffen das Subjekt dieser Tätigkeit aus der Möglichkeit in die Wirklichkeit überführt, zum Subjekt *eben dieser* Tätigkeit macht, sind also Zweck und Ziel. Das Ziel ist die ideelle Apriori-Bestimmung des gegenständlichen Inhalts der Tätigkeit. Der Zweck ist die Relation dieses Inhaltes zum Interesse des Subjekts; genaugenommen ist dabei noch zwischen objektivem und gewußtem Zweck zu unterscheiden, wobei zwischen dem ersteren und dem letzteren die Selbsterkenntnis des Subjekts steht. Wenn ein Entscheidungsvorgang eine Tätigkeit auslösen soll, so muß ein hinreichendes Bewußtsein von Zweck und Ziel vorhanden sein. Erst danach kann darüber geurteilt werden, welches Potential das Subjekt der Tätigkeit einsetzen muß und ob es über das erforderliche Potential verfügt, auf welchen Wegen vorzugehen ist. Die Darstellbarkeit von Wissenschaft als Tätigkeit setzt also voraus, daß für konkrete wissen-

[15] K. Marx, Grundrisse der Kritik der politischen Ökonomie, Berlin 1953, S. 14.

schaftliche Aktivitäten in einer den grundlegenden praktischen Lebenstätigkeiten der Gesellschaft verwandten Form Ziel und Zweck angegeben werden können; andernfalls wäre die Anwendung dieser Termini auf die Wissenschaft nur formell.

Schematisch kann man die wichtigsten Bestimmungsstücke von „Tätigkeit" etwa folgendermaßen darstellen:

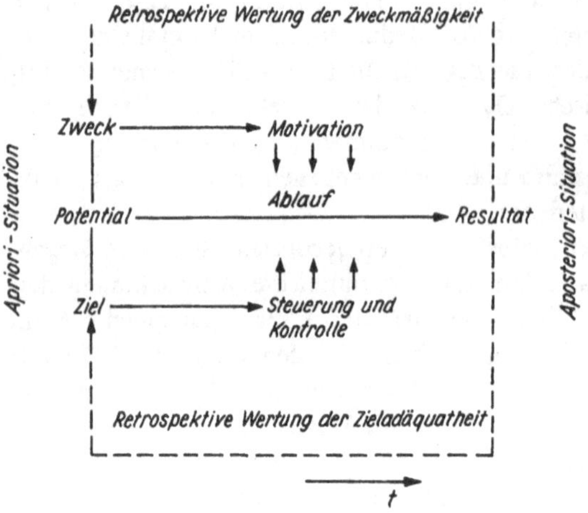


Der Ablauf ist als zeitlicher Schnitt der Wechselwirkung von Subjekt, Mittel und Objekt vorzustellen. Das ganze System ist in einen Kreis von Bedingungen eingebettet, die seine Umgebung bilden; unter diesen Bedingungen können insbesondere auch Vorgänger- und Nachfolgertätigkeiten figurieren.

Die Einführung der Zweckrelation (objektiver Zweck und gewußter Zweck) in die Bestimmung des Subjekts von Tätigkeit schließt eine nur technologische Auffassung von Tätigkeit aus, in der das Subjekt lediglich als aktives Zentrum vermittelter oder unvermittelter Einwirkung auf das Objekt betrachtet wird. Das Subjekt von Tätigkeit ist in jedem Fall als gesellschaftliches Subjekt zu untersuchen, als ein bestimmtes Ensemble gesellschaftlicher Verhältnisse, mag nun ein Individuum, eine Gruppe oder eine Klasse als Subjekt der jeweiligen Tätigkeit gelten. Die Zweckrelation, die das sozial (bzw. biosozial) bedingte Interesse mit dem gegenständlichen Inhalt der Tätigkeit zusammenschließt, verbindet die Abstraktionen der rein technologischen und der rein soziologischen Seite der Tätigkeit miteinander und überwindet die Einseitigkeit, die jeder dieser Betrachtungsweisen für sich allein genommen eigen ist.

Die Notwendigkeit, das Subjekt von Tätigkeit als Ensemble gesellschaftlicher Verhältnisse anzusehen, führt die geschichtliche Dimension in den Tätigkeitsbegriff ein. Das dargestellte morphologische Schema von Tätigkeit erstarrt, wenn man sich mit ihm begnügt, in Metaphysik, wie übrigens jede in der Isolierung verharrende Abstraktion. Liest man das Schema aber als eine Stufe des Vorgehens, von der aus die Besonderheit und Fülle der historisch-konkreten Situation theoretisch gerüstet erfaßt werden kann, so ist es „eine verständige Abstraktion, sofern sie wirklich das Gemeinsame hervorhebt, fixiert, und uns daher die Wiederholung erspart". Obligatorische Bedingung seiner Anwendung in der Analyse realer Verhältnisse ist die Beachtung des nachfolgenden Satzes von Marx: „Indes dies *Allgemeine*, oder das durch Vergleichung herausgesonderte Gemeinsame, ist selbst ein vielfach Gegliedertes, in verschiedne Bestimmungen Auseinanderfahrendes."[16]

Damit ist die Untersuchung gezwungen, Unterscheidungen einzuführen, mit deren Hilfe historische Prozesse faßbar werden, so daß das abstrakt-allgemeine Schema nicht mehr als ahistorische Bestimmung, sondern als historische Prozeßinvariante erscheint. Speziell ist das Subjekt von Tätigkeit in seinem sozialen Stufenbau zu fassen. Überall, wo vergesellschaftete Tätigkeit vorliegt, machen sich in den Tätigkeiten nicht nur die Interessen der ausführenden Individuen, sondern zugleich tieferliegende Klasseninteressen geltend. Das selbständige Auftreten wissenschaftlicher Tätigkeit ist stets ein Phänomen gesellschaftlicher Arbeitsteilung; schon deshalb verbietet es sich unter allen Umständen, den letzten Grund für ihr Stattfinden in den naiv hingenommenen oder etwa gar anthropologisierten Interessen der Wissenschaftler selbst zu suchen. Im Gegenteil: das Erscheinen individualisierter Erkenntnisinteressen und die Form ihres Auftretens bedarf der gedanklichen Entwicklung aus dem System der bestehenden Produktionsverhältnisse und den mit diesen Verhältnissen gegebenen gesellschaftlichen Klassen.

Mit der gestuften Betrachtung der Subjektseite von Tätigkeit erscheint auch die intentionale Seite der Tätigkeit, als deren Grundbestimmung wir bislang pauschal die Kategorie des Interesses verwendet hatten, differenziert, und zwar in einer für konkrete Gesellschaftsordnungen bestimmten Prägung. Insbesondere tritt die Differenzierung von Interesse und Bedürfnis in das Blickfeld. In Marx' klassischer Analyse des Verhältnisses von Lohnarbeit und Kapital wird gezeigt, daß unter diesen ökonomischen Verhältnissen der Arbeiter die Verausgabung seiner dem Kapitalisten verkauften Arbeitskraft nicht als Bedürfnis empfinden kann, weil das Produkt seiner Arbeit ihm nicht gehört und somit in keiner realen Beziehung zu seinen Bedürfnissen steht und weil die ökonomische Formbestimmtheit der Arbeit als ausgebeutete, als Selbstverwertung des Kapitals ihren technologischen, auf die Fähigkeiten und Fertigkeiten des Arbeiters bezogenen Inhalt absolut dominiert. Zugleich aber ist der Arbeiter im Rahmen der kapitalistischen Produktionsweise am Verkauf seiner Arbeitskraft interessiert, weil ihm allein dieser Verkaufsakt Zugang zur Warenwelt als Konsument und damit in einem durch den Wert seiner Arbeitskraft und die spezifischen Bedingungen ihres Verkaufes bestimmten Maß Befriedigung seiner Bedürfnisse ermöglicht. Mit der Entwicklung der Arbeiterklasse von der Klasse „an sich" zur Klasse „für sich" reifen zugleich historisch weiterreichende Interessen, für die der Kampf um günstige Bedin-

[16] Ebenda, S. 7.

gungen des Verkaufs der Arbeitskraft innerhalb der kapitalistischen Produktionsverhältnisse nur eine Vorstufe für die revolutionäre Überwindung dieser Produktionsverhältnisse als einer grundsätzlichen historischen Schranke für die freie Entwicklung des subjektiven Daseins der Arbeiter und aller Werktätigen — ihre Entwicklung vom Subjekt der technologischen Operationen zum Subjekt der ökonomischen, sozialen und politischen Verhältnisse und schließlich zum Subjekt des ganzen Geschichtsprozesses — darstellt.

Die andeutende Bezugnahme auf diese bekannten grundlegenden Einsichten des Marxismus-Leninismus ist für den hier zu besprechenden Gegenstand wesentlich. Sie zeigt klar, daß in der subjektiven Bestimmtheit jeglicher Tätigkeit, sowie eine ernsthafte Analyse ihres Wertaspekts einsetzt, ihr sozial-historischer Charakter unabweisbar hervortritt. Von der wertbezogenen Komponente der Tätigkeit, die sich unmittelbar in der Motivation ihres Subjekts äußert, sehen wir uns auf die Interessen- und Bedürfnissituation verwiesen, in der das Subjekt handelt. Die Realität dieser Situation ist jedoch durch die objektiven gesellschaftlichen, insbesondere ökonomischen Verhältnisse bestimmt, deren subjektiver Ausdruck die Bedürfnisse und Interessen sind, unter denen sie sich konstituieren und ihre Verwirklichungsmöglichkeiten und -präferenzen vorgeben. Von der konkret-historischen Bestimmtheit ihres Subjekts her hat in einer Klassengesellschaft jegliche Tätigkeit Klassencharakter, auch wenn ihre Ziele in keinem unmittelbar einsichtigen Zusammenhang mit der Verwirklichung von Klasseninteressen stehen. In der Subjektivität der Tätigkeit erscheint also das System der Klassenverhältnisse und Klassengegensätze der Gesellschaft, in der sie ausgeübt wird, in einer spezifischen, durch die Situation ihres unmittelbar agierenden Subjekts und ihren gegenständlichen Inhalt „gebrochenen“ Gestalt. Die intentionale Seite der Tätigkeit differenziert sich so in ein System unterschiedener, verflochtener und auch widersprüchlicher Bestimmungen, als deren Resultante der Zweck der Tätigkeit auftritt. Ein kategorialer Ausdruck dieser Differenzierung ist die Unterscheidung von Bedürfnissen und Interessen des Subjekts. Es ist nicht möglich, die umfangreiche philosophisch-soziologische Literatur zu diesem Komplex zu analysieren. Der Verfasser neigt zu der Annahme, daß „Bedürfnis“ den unmittelbaren Wert von Gegenständen (nicht nur in Produktform, sondern auch in Form von Tätigkeit, Aktivität) für ein Subjekt ausdrückt, während „Interesse“ die Beziehung des Subjekts auf vermittelnde Instanzen zwischen der Welt seiner Werte und der Welt der entsprechenden Gegenstände bezeichnet. Insofern gibt es Interessen und Bedürfnisse auf der Ebene von Individuen, Gruppen, Klassen und — mit dem Sozialismus beginnend — auf der Ebene der ganzen Gesellschaft. Bedürfnis und Interesse sind als Unmittelbarkeit und Vermittlung voneinander geschieden, und sie gehen in eben diesem Sinne ineinander über. Das Subjekt in seiner konkret-historischen Gestalt ist stets objektives Produkt der Geschichte, und damit ist zugleich konkret-historisch bestimmt, welchen Gegenständen es sich tätig *zuwenden kann* und welchen davon es sich *tatsächlich zuwendet*. Es ist wohl richtig, daß der Gegenstand von Tätigkeit, weil Tätigkeit ihrem Wesen nach gegenständlich ist, wesentlich ihren Inhalt und Ablauf bestimmt; nicht minder wahr aber ist, daß sich die Gegenstände nicht autonom in die Sphäre der Tätigkeit drängen, sondern nur insoweit, als sie die Bedürfnisse und Interessen des Subjekts affizieren, und daß der tätige Zugang zu ihnen primär subjektiv vermittelt ist. Es versteht sich, daß diese Behauptung im Kontext des historischen Materialismus gelesen werden muß; sie unterstellt nicht eine abstrakte „reine Subjektivität", sondern Subjektvität als objektives Resultat des Geschichtsprozesses. Damit sind aber die objektiven Eigenschaften der Gegenstandswelt keine selbständige Triebkraft gegenständlicher Tätigkeit und schon gar nicht Triebkraft des Übergangs von einer Tätigkeit zur anderen. Wenn wir etwa die Entwicklung einer Wissenschaftsdisziplin als Prozeß des Fortschreitens zu relativen Wahrheiten höherer Ordnung, als sukzessive Annäherung der Abbilder an den Gegenstand darstellen, dann haben wir die Entwicklung eigentlich gar nicht als Prozeß abgebildet, sondern als Stufenfolge von Resultaten — und allein deshalb *erscheint* sie als ein Vorgang, der mit der ökonomischen und sozialen Geschichte nichts zu tun hat und dessen „innere Logik" allein durch die objektive Beschaffenheit des Gegenstandes selbst bestimmt ist. Die Fähigkeit, eine Folge abbildender Tätigkeiten vom Gegenstand steuern zu lassen, ist jedoch selbst ein historisches Produkt und Ausdruck hochentwickelter Formen subjektiver Aktivität. Die Wahrheitsrelation gestattet in einer Menge von auf ein und denselben Gegenstand bezogenen Wissenselementen nur, diese Elemente nach der Adäquatheit der Abbildung zu *ordnen*; den faktischen *Übergang* von einer Stufe zur anderen, der die Reproduktion des subjektiven Zwecks voraussetzt, erklärt sie jedoch nicht. Das Vorangehen von der topologischen Stufenfolge zum *Prozeßbild* in der Historiographie der Wissenschaft setzt also voraus, daß die Triebkräfte des Prozesses gezeigt werden und damit seine Subjektivität seine subjektive Vermitteltheit zum Untersuchungsgegenstand wird.[17] Damit fällt zugleich jede empirisch disjunkte Abgrenzung zwischen der Wissenschaftsgeschichte und der allgemeinen Geschichte der Gesellschaft. Der gesellschaftliche Inhalt der subjektiven wissenschaftlichen Aktivität muß also in jedem Fall ins Kalkül gezogen werden; zu diskutieren bleibt, ob und inwieweit sich diese Aktivität, an deren Gesellschaftlichkeit und Historizität kein Zweifel ist, als Tätigkeit fassen läßt.

Obwohl in diesem ersten Abschnitt von der Besonderheit der Wissenschaft systematisch nicht die Rede war, lassen sich grundsätzliche Schlußfolgerungen für die eigentlich wissenschaftstheoretischen Fragestellungen ziehen. Die wichtigste besteht darin, daß die Frage, ob wissenschaftliche Tätigkeit ein sozial-historisches Phänomen oder eine autonome Verhaltensweise von Wissenschaftlerindividuen oder einer sogenannten scientific community sei, ein Pseudoproblem ist. Sofern gezeigt wird, daß Wissenschaft Tätigkeit ist bzw. als Tätigkeit betrachtet werden kann, ist auch ihre Gesellschaftlichkeit bestimmt. „Allein auch wenn ich *wissenschaftlich* etc. tätig bin, eine Tätigkeit, die ich selten in unmittelbarer Gemein-

[17] Vgl. S. R. Mikulinskij/L. A. Markova, O različnom ponimanii dvižuščich sil razvitija nauki, in: Voprosy filosofii, 8/1971.

schaft mit andern ausführen kann, so bin ich *gesellschaftlich*, weil als *Mensch* tätig. Nicht nur das Material meiner Tätigkeit ist mir — wie selbst die Sprache, in der der Denker tätig ist — als gesellschaftliches Produkt gegeben, mein *eignes* Dasein *ist* gesellschaftliche Tätigkeit . . ."[18] Die ideologische Kontroverse darum, ob Subjekt wissenschaftlicher Tätigkeiten autonome Wissenschaftlerpersönlichkeiten bzw. durch Interaktion solcher wesensmäßig autonomer Individuen gebildete Gemeinschaften sind oder — einerlei, ob auf individueller oder überindividueller Ebene — spezifische Ensembles gesellschaftlicher Verhältnisse, bezieht sich gar nicht speziell auf die Wissenschaft, sondern auf Tätigkeit überhaupt und wird durch genau die gleichen Beweisinstanzen entschieden, auf die sich die marxistisch-leninistische Gesellschaftsauffassung stützt. Es ist widersinnig, gleichzeitig die marxistisch-leninistische Gesellschaftsauffassung zu akzeptieren und die Gesellschaftlichkeit der Wissenschaft für ein Problem zu halten. Vom Sinn dieses Problems kann man nur dann überzeugt sein, wenn man meint, die Theorie der Wissenschaftswissenschaft dürfe nur als ein nachträglicher Überbau über primären, absolut theorielosen Fakten errichtet werden. Die Möglichkeit, die Theorie der Wissenschaftswissenschaft nicht am Punkt Null beginnen zu müssen, sondern als Anwendung der bereits konstituierten *marxistisch-leninistischen Theorie der Gesellschaft auf ein spezifisches Feld gesellschaftlicher Aktivität und somit als Spezifikation eines vorausgesetzten Allgemeinen* aufbauen zu können, verleiht dem Vorgehen Stabilität. Die Stabilität des Vorgehens, die der marxistisch-leninistisch bewußten Wissenschaftswissenschaft als Mitgift auf ihren Weg gegeben ist, erweist sich als außerordentlich wertvoll angesichts dessen, daß die Wissenschaft wesentliche Züge von Unikalität besitzt, die eine rationale Verallgemeinerung nichttrivialen Niveaus maximal erschweren. Das Grundproblem der Wissenschaftswissenschaft ist also nicht die Gesellschaftlichkeit der Wissenschaft schlechthin, denn diese darf als ein Faktum voraugesetzt werden, sondern die *Vermittlung ihrer Gesellschaftlichkeit durch den besonderen gegenständlichen Inhalt der wissenschaftlichen Aktivität.*

## 2.2. Die gegenständlich-inhaltliche Seite der wissenschaftlichen Tätigkeit

Hinsichtlich der Differenzierung der wissenschaftlichen Aktivität ist die Wissenschaftswissenschaft mit zwei Grundfragen konfrontiert. Die erste hängt mit der in den allgemeinen Voraussetzungen bereits diskutierten Gesellschaftlichkeit des Subjekts wissenschaftlicher Aktivität zusammen und läuft darauf hinaus, daß der wesentliche Unterschied der Gesellschaftsordnungen auch als wesentlicher Unterschied der ihnen eigenen wissenschaftlichen Aktivitäten erscheint. Am Beginn

[18] K. Marx, Ökonomisch-philosophische Manuskripte, in: MEW, Ergänzungsband, Erster Teil, Berlin 1973, S. 538.

der systematischen Ausarbeitung der Wissenschaftswissenschaft in der DDR haben wir gegenüber der bürgerlichen oder kleinbürgerlichen Tradition die Gesellschaft nicht als den Körper zu verstehen, dessen Organ die Wissenschaft ist, sondern eher als eine Umgebung, mit der die Wissenschaft in Wechselbeziehungen steht, ohne von ihr ihrem Wesen nach bestimmt zu werden, diesen Gesichtspunkt programmatisch hervorgehoben. Bei allem kritischen Abstand zu den Unvollkommenheiten unserer damaligen Argumentation halten wir dieses Vorgehen nach wie vor grundsätzlich für richtig, weil es von vornherein unmißverständlich die Marxsche Lehre von den ökonomischen Gesellschaftsordnungen und ihrer historischen Abfolge zur unabdingbaren Grundlage der Wissenschaftswissenschaft erklärt.

Indes handelt es sich hier um keine spezifisch wissenschaftstheoretische Fragestellung, denn es gilt für alle Arten gesellschaftlicher Aktivität, daß der Unterschied der Gesellschaftsordnungen wesentliche Zäsuren setzt. Um sie in das Feld der Wissenschaftswissenschaft konstruktiv einzubeziehen, müssen wir sie mit einer zweiten wesentlichen Differenzierung vermitteln: der Unterscheidung der wissenschaftlichen Tätigkeit von allen anderen Tätigkeiten, die in ein und derselben Gesellschaft neben ihr und teilweise in Zusammenhang mit ihr vollzogen werden. Diese zweite Unterscheidung betrifft nicht den sozialen Charakter, sondern den gegenständlichen Inhalt der verschiedenen Arten von Tätigkeiten.

Wir haben also zunächst zu fragen: Worin besteht der wesentliche Unterschied der Wissenschaft als Moment der Aktivität einer Gesellschaft von allen anderen Aktivitätsformen der gleichen Gesellschaft? Weitere Unterteilungen der Wissenschaft in Tätigkeitsarten sind demgegenüber sekundär. Die Antwort auf diese grundlegende Frage bietet den Ausgangspunkt für die Hinwendung zu weiteren Problemen: dem Problem, wie die Eigenart einer Gesellschaftsordnung und ihrer jeweiligen Entwicklungsstufe den gegenständlichen Inhalt des in ihr betriebenen Systems wissenschaftlicher Aktivitäten prägt, und dem Problem, wie die gegenständlich-inhaltliche Besonderheit von Wissenschaft das Verhältnis der wissenschaftlichen Tätigkeiten in aufeinander folgenden bzw. zeitweilig nebeneinander bestehenden Gesellschaftsordnungen beeinflußt. Auf diese weiterreichenden Problemstellungen verlangt die sozialistische Wissenschaftspolitik für die Bestimmung der Wissenschaftsstrategie des Sozialismus und für die Festlegung der Linie in den Wissenschaftsbeziehungen mit kapitalistischen Ländern natürlich laufend Antworten, die auf eine direkte Verknüpfung der grundlegenden Positionen des wissenschaftlichen Kommunismus einschließlich seiner ökonomischen und philosophischen Voraussetzungen mit empirischen Befunden über die Wissenschaft und praktischen Erfahrungen in ihr gegründet sein müssen; wissenschaftstheoretisch handelt es sich jedoch um Probleme hoher Konkretisierungsstufe, vor deren prinzipieller Lösung noch zahlreiche einfachere Bestimmungen entwickelt werden müssen.

Somit haben wir zu versuchen, zunächst die Wissenschaft als eine besondere Art gesellschaftlicher Tätigkeit neben anderen Arten zu fassen. Theoretisch zulänglich läßt sich dieser Versuch nur unternehmen, wenn ein Prinzip vorausgesetzt werden kann, das die *vollständige Gesamtheit aller Arten gesellschaftlicher Tätigkeiten auf einer bestimmten Entwicklungsstufe* der Gesellschaft definiert. Diese Abschließung des zu untersuchenden Raumes, verbunden mit einer vom akzeptierten Prinzip her festgelegten Art und Weise seiner Aufgliederung, läßt echte Klassifikationen entstehen, in denen tatsächlich Elemente ein und derselben Stufe einander zugeordnet werden.

Für Kagan liefert die Interpretation der Tätigkeit als Wechselwirkung von Subjekt und Objekt ein solches Ausgangsprinzip. Gegenüber den literaturüblichen Einteilungen der Tätigkeiten in Arten, die häufig kein grundlegendes Prinzip erkennen lassen und damit weder die Gleichartigkeit der Ebene der unterschiedenen Elemente noch die Vollständigkeit ihrer Anzahl noch ihre gegenseitige Disjunktheit garantieren können, zeichnet sich dieser Ansatz durch zwingende Konsistenz aus; er generiert in der Tat ein vollständiges morphologisches System der Tätigkeitsarten, in dem „die hervorgehobenen Tätigkeitsarten als *notwendige und hinreichende Subsysteme des ganzheitlichen Systems der Tätigkeit*“[19] figurieren. Im Subjekt-Objekt-System sind fünf allgemeine Typen von Situationen möglich; beschränkt man sich auf die Beziehung von Subjekt und Objekt, so reduziert sich die Anzahl der möglichen Situationen auf drei:

*erstens* die Situation der Umgestaltung des Objekts durch das Subjekt (umgestaltende Tätigkeit — preobrazovatel'naja dejatel'nost'[20]);

*zweitens* die Situation der — objektiven, von der Beziehung auf das Subjekt soweit wie möglich absehenden — Abbildung des Objekts durch das Subjekt (erkennende Tätigkeit — poznavatel'naja dejatel'nost'[21]);

*drittens* die Situation der wertenden Abbildung des Objekts durch das Subjekt (wertende oder wertorientierende Tätigkeit — cennostno orientacionnaja dejatel'nost'[22]).

Die zwei verbleibenden Situationen sind Beziehungen zwischen Objekt und Objekt und zwischen Subjekt und Subjekt. Die Beziehungen zwischen Objekt und Objekt fallen, soweit sie nicht vom Subjekt gesetzt bzw. genutzt werden, nicht in den Geltungsbereich des Tätigkeitsbegriffs; liegen sie aber in der Zone der Aktivität des Subjekts, dann handelt es sich um innere Beziehungen des Objekts, und es gibt kategorial keinen Anlaß, von einer Vielheit von Objekten ein und derselben Tätigkeit zu reden. Anders verhält es sich mit den Beziehungen von Subjekt und Subjekt. Sofern ein Komplex von Individuen als Subjekt einer Tätigkeit auftritt, so ist es nicht zulässig, von einem monolithischen Gesamtsubjekt zu sprechen und die einzelnen Individuen als dessen funktionelle, jeder eigenen Subjektivität bare Organe zu betrachten — obwohl den ökonomischen Verhältnissen von Ausbeutergesellschaften diese Existenz in der Tat objektiv eigen ist. Ein mystisches

[19] M. S. Kagan. Čelovečeskaja dejatel'nost'. Opyt sistemnogo analiza, a.a.O., S. 51.
[20] Ebenda, S. 53—57.
[21] Ebenda, S. 58—63.
[22] Ebenda, S. 63—79.

Gesamtsubjekt, das sich nicht durch die Individuen konstituiert, sondern über oder hinter ihnen steht, ist eine „idealistische Schrulle". „Die Gesellschaft als Ein einziges Subjekt betrachten, ist sie überdem falsch betrachten; spekulativ."[23] Bewußtes Verhalten und damit Subjektivität ist ausschließlich Individuen eigen. Daher ist gesellschaftliche Tätigkeit nicht möglich, ohne daß Menschen *als Subjekt* miteinander in Beziehung treten. Kagan bestimmt diese Beziehung ausdrücklich als Inhalt einer vierten grundlegenden Tätigkeitsart — der kommunikativen Tätigkeit[24] (oder „Verkehr", in der ursprünglichen umfassenden Bedeutung, in der Marx und Engels diesen Terminus verwendeten — obščenie).

Der „Verkehr", die kommunikative Tätigkeit ist nach Kagan *„eine praktische Aktivität des Subjekts, die auf andere Subjekte gerichtet ist und diese nicht in Objekte verwandelt, sondern sich auf sie eben als auf Subjekte orientiert"*[25]. Die generelle Basis, auf der Kommunikation zwischen Subjekten stattfinden kann, ist eine gewisse Gemeinsamkeit der Objekte, denen gegenüber sie tätige Subjekte sind, und Kommunikation erfolgt genau im Rahmen dieser Gemeinsamkeit — denn es gibt keine Subjektivität „an sich", sondern allein Subjektivität im Verhalten zu gegebenen Objekten, die wechselseitige Anerkennung der Subjektivität im Akt der Kommunikation überhaupt erst ermöglicht. Diese These von der Objektbezogenheit der Möglichkeit intersubjektiver Kommunikation wird klar einsichtig beim Durchspielen der Denkmöglichkeit eines Kontaktes mit einer „außerirdischen Zivilisation". Ihre Bedeutung zeigt sich alltäglich in den bekannten Schwierigkeiten zwischendisziplinärer Kommunikation in der Wissenschaft, die vor der Herausbildung eines integrierten Systems interdisziplinärer Tätigkeit auftreten, obwohl doch alle Beteiligten durch eine gemeinsame Welt des täglichen Lebens verbunden sind.[26]

Die theoretische Vollständigkeit und gegenseitige Disjunktheit der Elemente des von Kagan vorgeschlagenen Systems der Tätigkeitsarten sind einsichtig. In der Darstellung Kagans wird das System abgeschlossen durch die Identifizierung der künstlerischen Tätigkeit als Realisierung des integralen Zusammenhangs zwischen den genannten Tätigkeitsarten[27]; damit hat die künstlerische Tätigkeit aber nicht den Status eines Elements gleicher Stufe wie die vier genannten, sondern den einer Beziehung zwischen ihnen; sie ist damit ein Element höherer Stufe und kann als individualisierte Erscheinungsform des Ganzen der gesellschaftlichen Tätigkeit angesehen werden — darin, daß sie das Ganze der vielfältig differenzierten Tätigkeit der Gesellschaft bedeutet und zugleich die Form einer individuellen Tätigkeitsart, eines Elements dieses Ganzen besitzt, liegt auch ihr wesenbestimmender Widerspruch.

[23] K. Marx, Grundrisse der Kritik der politischen Ökonomie, a.a.O., S. 15.
[24] Vgl. M. S. Kagan, Čelovečeskaja dejatel'nost'. Opyt systemnogo analiza, a.a.O., S. 80–89.
[25] Ebenda, S. 82.
[26] Vgl. K. V. Malinovskaja, Ponimanie i ego rol' v nauke, in: Filosofskije nauki, 1/1974.
[27] Vgl. M. S. Kagan, Čelovečeskaja dejatel'nost'. Opyt sistemnogo analiza, a.a.O., S. 98–139.

Bei dem Versuch, die Elemente der Kaganschen Tätigkeitsklassifikation unmittelbar empirisch zu belegen, stößt man sofort darauf, daß sie nicht empirisch disjunkt sind. Besonders leicht drängt sich diese Einsicht im Hinblick auf die kommunikative Tätigkeit auf. Eine Situation der Kommunikation zwischen irgend zwei Partnern, in die nicht ein Moment der Umgestaltung (und das bedeutet, entweder den Partner oder sich selbst durch Vermittlung des Partners zum Objekt nehmen), des Erkennens und des Wertens eingeschlossen wäre, ist nicht vorstellbar. Für jede der anderen Tätigkeitsarten läßt sich Ähnliches finden.

Soll man daraus schließen, daß das Kagansche Konzept der Tätigkeitsklassifikation ohne Erkenntniswert ist? Nach Ansicht des Verfassers muß man zu einer ganz anderen Konsequenz kommen:

*„Tätigkeit" ist überhaupt kein empirischer Begriff*, der sich unmittelbar mit empirischen Daten bzw. mit sinnlichen Abbildern der Wirklichkeit belegen ließe. Es handelt sich um ein theoretisches Konstrukt, dessen Verbindung mit der Empirie keine unmittelbare ist, sondern über die Observablen des theoretischen Systems, in dem dieses Konstrukt figuriert, hergestellt wird. Judin sieht die erste Funktion der Kategorie Tätigkeit nicht darin, daß sie Sachverhalte beschreibt, sondern daß sie als erklärendes Prinzip der sozialen Wirklichkeit fungiert und daher auf Observable bezogen werden muß.[28] Welches diese Observablen sind und welche Beobachtungs- bzw. Meßvorschriften ihnen zugeordnet werden können, ist ein ganz und gar nichttriviales Problem, das sich so lange nicht eindeutig lösen läßt, wie das theoretische System selbst nur in Fragmenten vorliegt. Die Behauptung vom nichtempirischen Charakter des Tätigkeitsbegriffs wird übrigens durch ein wissenschaftshistorisches Faktum gestützt: das Dilemma, in das die behavioristische Psychologie mit dem Versuch geriet, dem Begriff der Tätigkeit des Individuums durch deren faktische Identifizierung mit dem beobachtbaren Verhalten eine unmittelbar empirische Bedeutung zu geben. Kagans Klassifikation gibt ein *System theoretisch idealisierter Grundtypen von Tätigkeit*, die als Elemente für die Beschreibung wirklicher Vorgänge genutzt werden können; jede derartige Beschreibung wird aber als ein Kompositum aus mehreren solchen abstrakt-theoretischen Elementen auftreten müssen. Die theoretische Leistung ist eben das Herausarbeiten der Differenzierungen, durch die der beobachtete Vorgang als reiche Totalität von Bestimmungen faßbar wird. Die Unterscheidung von umgestaltender und kommunikativer Tätigkeit beispielsweise ist wichtig, um das Wesen sozialistischer Demokratie im Leitungsprozeß verständlich zu machen: vordergründig und an der Oberfläche ist das Verhältnis zwischen dem Leiter, der die Weisung erteilt, und dem Mitarbeiter, der sie ausführt, ein Verhältnis von Subjekt und Objekt, eine Spielart umgestaltender Tätigkeit — und diese Bestimmung ist der sozialistischen Leitung objektiv eigen, ohne sie würde sie ihre Bestimmtheit, ihre direktive

28 Vgl. E. G. Judin, Dejatel'nost' kak objasnitel'nyj princip i kak predmet naučnogo izučenija, a.a.O., S. 66.

Wirksamkeit verlieren; zugleich aber — und diese Bestimmung ist die tieferliegende, übergreifende, drückt den Klasseninhalt des Prozesses aus — ist das Verhältnis von Leiter und Mitarbeitern im Sozialismus Kommunikation zwischen gleichberechtigten Subjekten auf der Grundlage gemeinsamer Klasseninteressen.

Das Gesagte gilt in vollem Maße für die Kategorie „*wissenschaftliche Tätigkeit*". Die Herausbildung eines effektiven Verhältnisses von Empirischem und Theoretischem steckt in der Wissenschaftswissenschaft noch in den Schwierigkeiten des Anfangs. Daraus resultiert eine gelegentlich spürbare Tendenz, der Kategorie „wissenschaftliche Tätigkeit", um sie für die Untersuchung realer Vorgänge operabler zu machen, unmittelbar empirische Prädikate beizulegen und sie damit gleichsam als empirisches Äquivalent für die unmittelbarer Operationalisierung nicht zugängliche Kategorie „Wissenschaft" zu behandeln. So verständlich der Wunsch ist, mit dem direkten Wirklichkeitsbezug einer grundlegenden Kategorie mit einem Schlag zu erreichen, was erst mit dem Ausbau einer leistungsfähigen Theorie der Wissenschaft und eines damit korrelierten Systems empirischer Forschungsverfahren erreicht werden kann, so sehr behindern solche Intentionen die Entfaltung des theoretischen Systems der Wissenschaftswissenschaft und damit auch das Heranwachsen der Möglichkeiten, die „realen Prozesse" des wissenschaftlichen Vorgehens als geordnete Totalität vieler Bestimmungen zu erfassen. Insofern ist die methodologische Lehre, die Marx anläßlich einer kritischen Auseinandersetzung mit der Behandlung des Mehrwertes bei Adam Smith formuliert, für die Wissenschaftswissenschaft von aktuellem Interesse: „Weil Adam zwar der Sache nach, aber nicht ausdrücklich in der Form einer bestimmten, von ihren besondren Formen unterschiednen Kategorie den Mehrwert entwickelt, wirft er ihn hernach direkt mit der weiterentwickelten Form des Profits unmittelbar zusammen ... Der grobe Empirismus schlägt in falsche Metaphysik, Scholastik um, die sich abquält, unleugbare empirische Phänomene direkt, durch einfache formelle Abstraktion, aus dem allgemeinen Gesetz herzuleiten oder ihm gemäß zurechtzuräsonieren."[29] Und an anderer Stelle sagt Marx über Smith, „daß er die allgemeine abstrakte Form mit keiner ihrer besondren Formen unmittelbar zusammenwerfen durfte. Wie bei ihm, so bleibt bei allen späteren bürgerlichen Ökonomen der Mangel an theoretischem Sinn für Auffassung der Formunterschiede der ökonomischen Verhältnisse Regel, im groben Zugreifen nach und Interesse für den empirisch vorliegenden Stoff".[30]

Wir behandeln daher den Begriff „wissenschaftliche Tätigkeit" — immer vorausgesetzt, daß sich die Übertragung der Kategorie Tätigkeit auf die Sphäre der Wissenschaft inhaltlich rechtfertigen läßt — als einen wissenschafts*theoretischen* Begriff, von dem der Weg zur Empirie nicht über die direkte Belegung, sondern über die Entfaltung des theoretischen Gebäudes der Wissenschaftswissenschaft (oder, in speziellen Untersuchungen, auch über das Gebäude einer speziellen

[29] K. Marx, Theorien über den Mehrwert, in: MEW, Bd. 26.1, Berlin 1971, S. 60—61.
[30] Ebenda, S. 63—64.

Theorie der Tätigkeit, etwa der Psychologie oder Sozialpsychologie) führt. Insofern erachten wir das Kagansche Schema auch für einen relevanten Ausgangspunkt.

Nun finden wir in diesem Schema „wissenschaftliche Tätigkeit" allerdings nicht unter den grundlegenden Tätigkeitsarten. Wir gehen jedoch mit Sicherheit nicht fehl, wenn wir wissenschaftliche Tätigkeit als Erkenntnistätigkeit ansehen, obwohl diese Sicht weder genügend präzis noch genügend vollständig ist. Daher knüpfen wir an dieser Stelle an das Schema an.

## 2.3. Erkennen

Hier bewegen wir uns auf gut bearbeitetem Terrain. Die Funktion des menschlichen Bewußtseins, die Welt zu erkennen, wird in ihren grundlegenden Bestimmungen von der Erkenntnistheorie untersucht.

### 2.3.1. Objektivität als charakteristische Erkenntnishaltung

Die wichtigste Entwicklungsbesonderheit des sprachlich ausgeformten menschlichen Bewußtseins gegenüber der tierischen Psyche ist seine Fähigkeit, die Welt erkennend widerzuspiegeln, sie *unter der Form des Objekts*, d. h. objektiv abzubilden. Diese Fähigkeit ist Produkt und Vermittlung der Arbeit. Sie ist demzufolge selbst historisch und entwickelt sich mit der Arbeit und ihren gesellschaftlichen Formen unbegrenzt weiter. Der Nachweis, daß die Sphäre des Erkennbaren, der Kreis der Zusammenhänge der Wirklichkeit, zu denen ein objektiv abbildendes Verhalten jeweils möglich ist, grundlegend vom Stand der Produktivkräfte und Produktionsverhältnisse der Gesellschaft abhängt — eine Determination, die wesenbestimmend, aber nicht starr und linear ist, wie zahlreiche Beispiele wissenschaftlicher Ideen belegen, die „ihrer Zeit voraus" waren — und daß die alte materialistische These von der Erkennbarkeit der Welt als Richtungscharakteristikum eines wohlbestimmten historischen Prozesses aufgefaßt werden muß, gehört zu den größten Leistungen des Marxismus-Leninismus auf dem Gebiet der Erkenntnistheorie.

Weil die Fähigkeit des Erkennens für das menschliche Bewußtsein konstitutiv ist, bildet die Erkenntnistheorie kein peripheres Anwendungsgebiet der marxistisch-leninistischen Philosophie, sondern eine Seite ihres weltanschaulichen Kerns. Wenn wir Wissenschaft als Erkenntnis fassen und die Erklärung des Wesens von Erkenntnis in der philosophischen Erkenntnistheorie suchen, dann ist es evident, daß in der Bezugnahme auf die Erkenntnistheorie eine der wichtigsten Anschlußstellen der Wissenschaftswissenschaft an die Weltanschauung des Marxismus-Leninismus liegt. Ohne diese Bezugnahme ist eine marxistische Theorie der Wissenschaftswissenschaft unmöglich. Erkenntnistheorie ist insofern für jede Disziplin grundlegend, als sie das Vorgehen dieser Disziplin im Verhältnis zu ihrem Gegenstand auf die materialistische Lösung der philosophischen Grundfrage bezieht und eben durch diese problemreiche Beziehung die fachwissenschaftliche Arbeit selbst bewußter macht. Für die Wissenschaftswissenschaft ist sie darüber hinaus in besonderer Weise fundamental: die Bestimmung der Spezifik von „Wissenschaft" muß als Konkretisierung von „Erkenntnis" aufgebaut werden, und wenn der abstraktere Basisbegriff — mit der philosophischen Entscheidung, die in seiner Bestimmung steckt (das ist der springende Punkt!) — nicht bewußt an den Anfang gestellt wird, dann bleibt die ganze Theorie der Wissenschaftswissenschaft zwangsläufig an der Oberfläche.[31] Ohne Festlegung auf die materialistische Widerspiegelungstheorie ist beispielsweise das vieldiskutierte Problem des Verhältnisses von Kognitivem und Sozialem so unbestimmt, daß ihm jeder beliebige philosophische Standpunkt unterschoben werden kann.

Zum Verhältnis von Wissenschaftswissenschaft und philosophischer Erkenntnistheorie sollen hier noch zwei generelle Bemerkungen gemacht werden.

Die erste betrifft den Umstand, daß sich die erkenntnistheoretischen Arbeiten zum großen Teil ausschließlich mit der wissenschaftlichen Erkenntnis befassen. Diese Tatsache führt zu der Tendenz, die wissenschaftswissenschaftliche Theorienbildung an solchen Charakteristika ansetzen zu lassen, an denen Wissenschaft als Verausgabung von Arbeitskraft und Handhabung von Arbeitsmitteln, als kooperativer Prozeß der Erzeugung praktisch nutzbarer Ergebnisse usw. erscheint, und dort, wo wissenschaftliches Vorgehen in einem abstrakten Rahmen behandelt wird, in der Methodologie, neigt die Wissenschaftswissenschaft dazu, im Verhältnis zur philosophischen Erkenntnistheorie nicht konkretisierende, sondern schlechthin *andere* Vorstellungen zu entwickeln, in denen der Begriff der ideellen Abbildung keine konstitutive Rolle spielt. Die wissenschaftliche Erkenntnis ist unzweifelhaft bevorzugter Gegenstand der philosophischen Erkenntnistheorie, und insofern unterscheiden sich die empirischen Untersuchungsfelder von Erkenntnistheorie und Wissenschaftswissenschaft auf der Dingebene zunächst einmal nicht (anders verhält es sich auf der Ebene der Eigenschaften und Relationen). Eine Identifizierung des Gegenstandes der Erkenntnistheorie mit der wissenschaftlichen Erkenntnis wäre jedoch philosophisch bedenklich. Nach Ansicht des Verfassers kann die bevorzugte Orientierung der Erkenntnistheorie auf die Wissenschaft nicht mit dem Gedanken gerechtfertigt werden, die Wissenschaft sei ihr eigentliches Objekt; vielmehr ist die Wissenschaft als spezialisierter und in neuerer Zeit auch professionalisierter Bereich von Tätigkeiten, in denen sich die Erkenntnisfunktion des menschlichen Bewußtseins individualisiert darstellt, für die Erkenntnistheorie das Modellobjekt, an dem diese Funktion in reiner Form zu studieren ist, so daß sich die Erkenntniskomponente der materiell-produktiven

[31] Vgl. H. Hörz, Erkenntnistheoretische Bedingungen und Implikationen des wissenschaftlichen Schöpfertums, in: DZfPh, 3/1975.

Arbeit, der Kunst, der verschiedensten Bereiche des praktischen Lebens genauer analysieren läßt. Gegenstand der Erkenntnistheorie wäre demnach die *Erkenntniskomponente der gesellschaftlichen Gesamttätigkeit* in der Wechselwirkung ihrer Bestandteile, unter denen die Wissenschaft natürlich einen besonderen Platz einnimmt. Die Wissenschaftswissenschaft hat es demgegenüber mit dem Bereich der gesellschaftlichen Gesamttätigkeit zu tun, der auf das Erkennen spezialisiert ist, in dem das Erkennen in individualisierter und institutionalisierter Gestalt auftritt. Daraus wird deutlich, daß eine „Arbeitsteilung" zwischen philosophischer Erkenntnistheorie und Wissenschaftswissenschaft unbefriedigend ist, die etwa nach folgendem Schema vorgeht: Erstere behandelt die Wissenschaft als Erkennen; letztere beschränkt sich darauf, alle konkreteren, detaillierteren Charakteristika der Wissenschaft zu untersuchen, die „oberhalb" ihrer Bestimmung als Erkennen liegen. Vielmehr muß die Wissenschaftswissenschaft ihre eigene Begriffsbildung bis zur philosophischen Wesensbestimmung der wissenschaftlichen Erkenntnis vertiefen; sie darf nur nicht dabei stehenbleiben, sondern muß zur gedanklichen Reproduktion der wissenschaftlichen Aktivitäten in ihrer Konkretheit fortschreiten. In relationaler Hinsicht sind also die Unterschiede von Erkenntnistheorie und Wissenschaftswissenschaft auch bei Einbau prinzipieller Aussagen über das Wesen der Wissenschaft als Erkenntnis in die letztere hinreichend klar bestimmt.

Die zweite Bemerkung betrifft die Intention der Wissenschaftswissenschaft, sich zur Bestimmung der Spezifik wissenschaftlicher *Tätigkeit* auf die Erkenntnistheorie zu stützen. Dazu ist es notwendig, daß die Erkenntnistheorie selbst das Erkennen als subjektive Tätigkeit behandelt und die Auffassung ihres eigenen Gegenstandes nicht etwa auf das Produkt der Erkenntnistätigkeit verkürzt (vergleiche die Doppeldeutigkeit von „Erkenntnis" in der deutschen Sprache als „Erkennen" und als „Wissen", als Tätigkeit und als Produkt). Eine solche Betrachtungsweise entspricht dem marxistischen philosophischen Ansatz: Der Inhalt jedes Subjekt-Objekt-Verhältnisses ist Bewegung, Wechselwirkung zwischen der subjektiven Tätigkeit und der „Rückantwort" des Objekts; die Bestimmung des Subjekt-Objekt-Verhältnisses als Invariante ist demgegenüber sekundär. Andererseits darf die Unterscheidung zwischen dem Tätigkeits- und dem Resultataspekt der Erkenntnis in der Erkenntnistheorie nicht übertrieben werden. Wie jede Bewegung, so ist auch subjektive Tätigkeit nicht anders zu fassen als durch Kennzeichnung von Anfangs-, Zwischen- und Resultatzuständen und Projektion der geordneten Zustandsfolge auf eine als Kontinuum mit Richtungssinn vorgestellte Zeit. Daher können weder die Erkenntnistätigkeit noch das Wissen als absolute Ausgangspunkte bei der Widerspiegelung des Erkenntnisprozesses angesehen werden. Vielmehr sind sie in Beziehung aufeinander zu untersuchen, und das Fortschreiten in dem Verständnis dieser Beziehung bedeutet auch vertieften Einblick in ihre beiden Pole. Diese Bemerkung, die zunächst die Erkenntnistheorie im allgemeinen betrifft, ist speziell wichtig für die werdende Wissenschaftswissenschaft. Die Einsicht in die Notwendigkeit, zu einem Tätigkeitskonzept der Wissenschaft überzugehen, verführt leicht zu der Intention, die Wissenschaft „*nicht* als Wissen, *sondern* als Tätigkeit“ abzubilden. Daraus entspringt die Tendenz einer operationalisierenden oder soziologisierenden Veräußerlichung der Wissenschaftsauffassung, die zwar allgemein mit der Gegenstandsspezifik von Wissenschaft als Erkenntnis rechnet, aber nicht über Gegenstandsvariable verfügt, mittels derer die Abhängigkeit der Formbestimmtheit wissenschaftlicher Tätigkeiten vom Unterschied ihrer Erkenntnisinhalte zum Ausdruck gebracht werden kann. Die Unumgänglichkeit, differenzierte Kennzeichnungen des gegenständlichen Inhalts in die Betrachtung einzubeziehen, macht sich schon bei einigen „traditionellen“ Problemen der Wissenschaftswissenschaft geltend, so beim Problem der Aufgliederung der Forschung in Arten; die Frage nach der Substanz der Unterscheidung von Grundlagenforschung, angewandter Forschung und Entwicklung beispielsweise hat bisher kaum mehr als eine pragmatische Antwort gefunden. Eine konsequentere Programmformel wäre daher die Forderung, Wissenschaft „ *nicht nur* als Wissen, sondern als Tätigkeit, deren notwendiges Bestimmungsstück das Wissen ist“, abzubilden. In der modernen marxistischen Literatur gibt es dazu ein tragfähiges theoretisches Konzept: die von M. G. Jaroševskij entwickelte Konzeption der wissenschaftlichen Tätigkeit.[32]

Das ausgezeichnete Merkmal des erkennenden Verhaltens zur Welt ist Objektivität, in der lebendigen Erkenntnistätigkeit ausgeprägt als Haltung des erkennenden Subjekts gegenüber seinem Objekt, im fertigen Wissen vergegenständlicht als Eigenschaft dieses Wissens, objektiv wahr zu sein. Daher ist das Wahrheitsproblem das zentrale Problem der Erkenntnistheorie.[33] Objektivität ist eine positiv-bestätigende, seine Existenz respektierende Haltung zum Objekt, die sich im Absehen von jeder Projektion der Bedürfnisse und Interessen des Subjekts auf die Beschaffenheit des Objekts äußert. Die praktische Wechselwirkung mit dem Objekt, ohne die es keine objektive Erkenntnis gibt, wird als ein Mittel verstanden, den Gegenstand, so wie er ist, besser zu begreifen, nicht aber als Mittel, die Intention des Subjekts nach bedürfnis- und interessengemäßer Veränderung des Objekts zu verwirklichen. Bereits Hegel stellt fest: „Das *theoretische* Bewußtsein betrachtet das, was ist, und läßt es, wie es ist ... Ich lasse den Gegenstand, wie er ist, und suche meine Vorstellungen ihm gemäß zu machen . . . Das Gesetz für unser Bewußtsein, inwiefern es theoretisch ist, ist nicht vollkommen passiv, sondern es muß seine Thätigkeit darauf richten, das Gegenständliche zu empfangen.“[34] Überall dort, wo die Wechselwirkung von Subjekt und Objekt, die die Möglichkeit des Erkennens hervorbringt, nicht im normalen Lebensprozeß der Gesellschaft erfolgt und daher vom erkennenden Subjekt schon fertig vorgefunden wird, sondern wo zu Erkenntniszwecken praktische Attacken auf das Objekt unter-

[32] Vgl. M. G. Jaroševskij, Struktura naučnoj dejatel'nosti, in: Voprosy filosofii, 11/1974.

[33] Vgl. K. Wagner/G. Terton/K.-H. Schwabe, Zur marxistisch-leninistischen Wahrheitstheorie, Berlin 1974; V. A. Štoff/L. A. Mikešina, Problema istiny, in: Filosofskie nauki, 2/1976.

[34] G. W. F. Hegel, Philosophische Propädeutik, in: Sämtliche Werke, Hrsg. H. Glockner, Bd. 3, a.a.O., S. 34.

nommen werden müssen, ist es stets schwierig, von den im Ergebnis solcher Angriffe gewonnen Daten auf die „eigentliche Beschaffenheit“ des Objekts zu schließen. Diese Schwierigkeit eklatiert bisweilen in erkenntnistheoretischer Problematik; ein klassisches Beispiel ist die Debatte um das Wesen der Messung in der Quantenphysik, in weniger zugespitzter Form begegnet man diesem Problem bei der methodischen Vorbereitung, Durchführung und Auswertung soziologischer Befragungen. Der grundlegende Vorgang, der Objektivität als Haltung konstituiert, ist die *Abstraktion von allen Interessen und Bedürfnissen des Subjekts bis auf ein einziges:* das Objekt so widerzuspiegeln, wie es ist. *Diese* Abstraktion — und nicht die Klassenbildung im Objektbereich selbst — macht die Grundlage der Objektivität aus. Daher ist Objektivität kein bevorzugtes Attribut der Wissenschaft, sondern das konstitutive Merkmal menschlicher Erkenntnis überhaupt. Der Fortschritt der Erkenntnis zur Wissenschaftlichkeit ist notwendig, nicht um Objektivität schlechthin zu erreichen, sondern um Objektivität gegenüber den tieferliegenden Zusammenhängen der Wirklichkeit zu gewährleisten.

Nun ist, wie der Marxismus gezeigt hat, der übergreifende Zusammenhang des gesellschaftlichen Lebens praktischer Natur. „Alles gesellschaftliche Leben ist wesentlich *praktisch.*“[35] Die Vorgänge des Erkennens liegen *innerhalb* des Zusammenhangs der Produktion und Reproduktion der materiellen Grundlagen des gesellschaftlichen Daseins. Zusammenhänge des praktischen Handelns sind aber stets ihrer elementaren Charakteristik nach bedürfnis- und interessenbestimmt: praktisches Handeln ist veränderndes Handeln, und es erfolgt, weil Zustand bzw. Tendenzen des Objekts den Intentionen des Subjekts nicht genügen und durch diese Handlungen mit jenen Intentionen in Übereinstimmung gebracht werden sollen.

Pragmatisch läßt sich diese finale Einbettung des Erkennens in die Praxis leicht formulieren: das Erkennen erkundet den Zustand und damit die *Veränderbarkeit* des Objekts, damit die praktischen Handlungen so entworfen werden können, daß sie tatsächlich die angestrebte *Veränderung* des Objekts gewährleisten. Näher betrachtet, weist die Existenz des Erkennens *im* Zusammenhang des praktischen Lebens eine fundamentale dialektische Bestimmtheit auf. Die Besonderheit des Teils, des Erkennens, gegenüber dem Ganzen, dem praktischen Leben der Gesellschaft, besteht darin, die auf wirkliche Veränderung des Objekts gerichtete Bestimmung des Ganzen zu negieren. Anders gesagt, die Praxis erreicht die effektive Realisierbarkeit ihres Ziels, die Wirklichkeit zu verändern, nur vermittels der Negation dieses Ziels. Jede Vermittlung erzeugt die relative Selbständigkeit der Bewegung des Vermittelten. Die Vermittlung der Abhängigkeit des Erkennens von der Praxis durch die Negation der Subjektivität der letzteren hebt die Abhängigkeit des Erkennens von der Praxis nicht auf (wie es idealistische Auffassungen von der Erkenntnis meinen), verleiht aber dem Erkennen innerhalb dieser Abhängigkeit eine vermittelte und damit relativ selbständige Bewegung, deren Eigen-

[35] K. Marx, Thesen über Feuerbach, in: MEW, Bd. 3, Berlin 1959, S. 7.

ständigkeit sich durch das Anknüpfen aktueller Erkenntnisakte an die Resultate früherer Erkenntnistätigkeiten noch verstärkt.[36]

Damit ist deutlich, daß es vom historischen Entwicklungsniveau der Subjekte gesellschaftlicher Praxis abhängt, wann zu welchen Bereichen der Wirklichkeit eine objektive Erkenntnishaltung möglich wird. Objektivität wird vom Geschichtsprozeß im buchstäblichen Sinn produziert. Da die ökonomischen Verhältnisse der grundlegenden Sphäre der gesellschaftlichen Praxis, der materiellen Produktion, in der bisherigen Geschichte seit der Auflösung der Urgemeinschaft Verhältnisse von Klassen sind, figurieren Klasseninteressen bislang als die entscheidenden Determinanten, die den Raum der sozialökonomisch möglichen Objektivität bestimmen.[37] Damit wurzelt die Erkenntnisentwicklung in der Entwicklung der materiellen Produktion mit ihren technologischen, ökonomischen und sozialen Verhältnissen; diese Abhängigkeit darf man weder ignorieren (auf dieser Ignoranz beruhen die Konzeptionen „autonomer" Wissens- bzw. Wissenschaftsentwicklung) noch vereinseitigen, indem etwa nur die technologischen oder nur die ökonomischen und sozialen Verhältnisse als die einzig bestimmenden Determinanten herausgegriffen werden. Die Vereinseitigung der Abhängigkeit der Erkenntnisentwicklung von der Entwicklung der materiellen Produktion durch Reduktion der Komplexität der letzteren ist ein durchaus geläufiges Verfahren der bürgerlichen Ideologie. Vom Stand der technologischen Verhältnisse, der Produktivkräfte losgelöst, erscheinen Klasseninteressen als ein bloß negativer Faktor, der eine als unhistorisch, anthropologisch gegeben gedachte ursprüngliche Objektivität des Erkennens beeinträchtigt; in diesem Schema urteilte die Wissenssoziologie. In der marxistischen Auffassung von der Klassenbedingtheit des Erkennens ist die Begründung der Existenz der Klassen selbst in der Produktionsweise materieller Güter selbstverständlich vorausgesetzt; ohne diese Voraussetzung würde der Begriff des Klasseninteresses zu einer subjektivistischen Mystifikation. Andererseits kommt mit dem Verlust des Prestiges rein immanenter Konzeptionen der Erkenntnisentwicklung die Abhängigkeit der Erkenntnismöglichkeiten vom Entwicklungsniveau der Produktivkräfte der materiellen Produktion zunehmend in das Blickfeld bürgerlicher Erkenntnis- und Wissenschaftstheoretiker. Die wissenschaftshistorische Analyse nimmt von solchen Zusammenhängen in wachsendem Maße Notiz. Da die aufgewiesenen Abhängigkeiten wesentlich sind und zum Unterschied von den hypertrophen Ideen der Wissenssoziologie häufig zutreffen, kann der Eindruck einer Bewegung der betreffenden Theoretiker zum historischen Materialismus in der Erkenntnistheorie entstehen. Inwieweit in einzelnen Fällen eine solche Tendenz tatsächlich vorliegt, kann nur die konkrete Untersuchung zeigen. Generell hat aber die Anerkennung der Abhängigkeit der Erkenntnisentwicklung von der Produktivkräfteentwicklung mit dem

[36] Vgl. V. I. Metlov, Dialektika osnovanij i razvitija naučnogo snanija, in: Voprosy filosofii, 1/1976.

[37] Siehe T. S. Stoitschew, Wissenschaft und Ideologie, in: DZfPh, 5/1976.

historischen Materialismus dann nichts zu tun, wenn die Vermittlung durch die Produktionsverhältnisse geflissentlich ausgespart wird. Vom faktischen Material her zeigen wissenschaftshistoriographische Nachweise solcher Abhängigkeiten das *Resultat* der Vermittlung in Abstraktion von ihrem *Mechanismus*; eine solche Abstraktion ist selbstverständlich zulässig, doch die Verkehrung setzt dann ein, wenn auf der theoretischen Ebene die Nichtexistenz oder Unwesentlichkeit dieser Vermittlung behauptet wird — dann verwandeln sich solche Arbeiten in wissenschaftshistorische Versionen technokratischer Konzeptionen.

Der eigentliche theoretische Mangel solcher Vorstellungen beruht darauf, daß ein bestimmtes Niveau der Produktivkräfte ein Potential des Handelns verkörpert, aber für sich genommen keine Triebkräfte birgt, um von der Möglichkeit zur Wirklichkeit praktischer Tätigkeiten und — darin eingeschlossen — Erkenntnistätigkeiten überzugehen. Die unmittelbare Quelle der bestimmenden Interessen, über die Bedürfnisse handlungskonstitutiv werden, sind die Produktionsverhältnisse, und solange das Erkennen *unmittelbar* auf die Produktivkräfte bezogen wird, bleiben die subjektiven Intentionen des Erkennens und damit seine Wirklichkeit aus dem Erklärungskontext ausgespart.

Daher betrachtet der Marxismus-Leninismus als die grundlegenden Verhältnisse der Praxis, die den historischen Raum und die historischen Grenzen objektiver Erkenntnishaltung bestimmen, den *Komplex* der technologischen, ökonomischen und sozialen Verhältnisse der materiellen Produktion — einen Komplex, der aus wohlunterschiedenen Schichten besteht, aber in *diesem* Zusammenhang als ein Ganzes figuriert. Objektivität als Haltung, die Erkenntnis ausmacht, ist damit auch nicht nur negativ bestimmt — als Abwesenheit subjektiv bedingter Verzerrungen in der Sicht des Objekts —, sondern zugleich und vor allem positiv als tatsächliche Erzeugung von Wahrheit über einem bestimmten Objektbereich. Die „ideologiekritischen" Darstellungen des Objektivitätsproblems unterstellen stillschweigend eine passive tabula-rasa-Auffassung von der Erkenntnis, als hinge es nicht von der aus der gesellschaftlichen Praxis resultierenden aktiven Erkenntnishaltung ab, was sich jeweils erkennen läßt, sondern nur von einem vorurteilsfreien „reinen Schauen". Indes genügt es nicht, daß Faktoren ausgeschaltet sind, die die subjektivistische Verzerrung und Verkehrung eines Gegenstandes hervorrufen könnten; der Gegenstand muß auch positiv denkmöglich werden. Und wenn beides gegeben ist — das positive Vermögen des Subjekts, einen Gegenstand abzubilden, und seine Fähigkeit, von der Projektion seiner Wertorientierung auf diesen Gegenstand abzusehen —, dann hängt das Maß erreichbarer Objektivität noch immer von dem Vermögen des Erkenntnissubjekts ab, aktiv empirischen Zugang zu diesem Gegenstand zu gewinnen. In welchem Maße das insbesondere in den Naturwissenschaften vom Aufwand bedeutender Mittel für Forschungstechnik abhängig ist, bedarf keiner Erläuterung; es ist aber auch zu berücksichtigen, daß Stattfinden und Ausmaß des empirischen Zugangs zu bestimmten Erkenntnisgegenständen nicht einfach eine direkte Folge des allgemeinen technologischen Niveaus sind, sondern von der politischen Prioritätenfolge und von den gesellschaftlichen Verhältnissen überhaupt abhängen. In diesem Sinn ist für das von der sozialistischen Produktionsweise erzeugte Maß an Objektivität nicht nur charakteristisch, daß der gesellschaftliche Gesamtzusammenhang aus dem Bereich ideologischer Verkehrung in die Sphäre objektiver Abbildbarkeit übergeht, sondern beispielsweise auch, daß die sozialistische ökonomische Integration mit der ihr entsprechenden internationalen Verflechtung der Wissenschaftspotentiale allen Teilnehmerländern einen direkten empirischen Zugang zu Untersuchungsgebieten sichert, die nur mit großem technischem und ökonomischem Aufwand erschließbar sind.

Das Verhältnis zwischen dem Grad erreichbarer Objektivität und den technologischen, ökonomischen und sozialen Verhältnissen des Erkenntnissubjekts wird in bezug auf die wissenschaftliche Erkenntnis seit langem als Problem von Wissenschaftlichkeit und Parteilichkeit diskutiert. Hier haben alle Feststellungen Gültigkeit, die für das Erkennen überhaupt gelten. Zugleich ist die Untersuchung dieses Zusammenhanges, auf die Eigenart wissenschaftlichen Erkennens bezogen, der einzige Weg, um zu einer nicht-immanenten, gesellschaftswissenschaftlichen Theorie der Wissenschaftsentwicklung zu gelangen. Außerdem ist allein der Nachweis, daß die materielle Produktion in der Komplexität ihrer technologischen, ökonomischen und sozialen Verhältnisse Erkenntnismöglichkeiten und Erkenntniszwecke produziert, wie sie es tut und welche es jeweils sind, der einzige Weg, um der Gefahr formalistischer Entleerung in der Wissenschaftswissenschaft zu entgehen.

Die Parteilichkeit des erkennenden Subjekts, die von praktischen Interessen — in ihrer Grundlage Klasseninteressen — bestimmte Haltung äußern sich im Wertbezug des Erkennens[38]: darin, welche Gegenstände der objektiven Abbildung durch eben dieses Subjekt fähig sind, und darin, wie die objektiver Abbildung zugänglichen Gegenstände nach der Bedeutsamkeit für dieses Subjekt geordnet sind. Weil ein bestimmter Typ gesellschaftlicher Praxis eine objektive Erkenntnishaltung gegenüber einem ihm entsprechenden Kreis von Gegenständen ermöglicht, ist es nicht möglich, ein Phasenmodell des Erkennens zu akzeptieren, demzufolge Phasen der Wertung, in denen die Parteilichkeit des Erkenntnisprozesses zutagetritt (Auswahl des Untersuchungsobjekts und des Untersuchungsziels, Einschätzung des Resultats nach seiner Bedeutsamkeit), mit Phasen alternieren, in denen die Parteilichkeit der Analyse ausgeschaltet ist und Objektivität als Haltung zum Objekt herrscht. Objektivität ist auch eine subjektive Haltung und daher aus der Interessenlage des Subjekts verständlich. Wertendes und erkennendes Verhalten sind zwei Seiten der Erkenntnistätigkeit, die eine auf die Wiedergabe des Objekts „an sich", die andere auf die Relation der Bedeutsamkeit des Objekts für das Subjekt gerichtet. Wissenschaftliche Objektivität tritt immer als die andere Seite historisch bestimmter Typen von Parteilichkeit auf; beide erscheinen nicht als abwechselnde Haltungen, sondern als Einheit von Gegensätzen. Andererseits gibt es Formen von Parteilichkeit, die die objektive Erkenntnishaltung zu bestimmten Gegenständen verhindern; für Feudale und

38 Siehe O. G. Drobnizkij, Nauka i cennosti, in: Filosofskie nauki, 4/1973.

Klerus des Mittelalters war die Einsicht in die Existenz objektiv-realer Gesetze der Natur verschlossen, für bürgerliche Denker ist der Entwicklungszusammenhang der Gesellschaft nicht objektiv faßbar. Wenn die Praxis mit Zusammenhängen zu tun hat, die vom vorausgesetzten Klassenstandpunkt objektiver Erkenntnis nicht zugänglich sind, über die aber zur Durchsetzung praktischer Zwecke ideologische Vorstellungen notwendig sind, entstehen Konflikte von Wissenschaft und Ideologie.

Natürlich sind Themenwahl, Durchführung der Untersuchung und Bewertung des Resultats wohlunterschiedene Phasen des wissenschaftlichen Vorgehens. Das Grundmerkmal dieses Unterschiedes ist aber nicht, daß die Vorgänge der Themenwahl und der Resultatbewertung Äußerungen von Parteilichkeit, die Untersuchungen selbst hingegen Domäne wissenschaftlicher Objektivität sind. Zutreffend ist nur, daß ohne objektive Durchführung der zugehörigen Untersuchungen vom wissenschaftlichen Charakter des gesamten Vorgehens keine Rede sein kann und daß ein Gegenstand auch bei vollkommen subjektivistischer Begründung der Themenwahl wissenschaftlich objektiv abgebildet werden kann. Zumindest der Möglichkeit nach sind die wertbezogenen Initial- und Finalvorgänge wissenschaftlicher Untersuchungen selbst mit objektiven Erkenntnisvorgängen verbunden. Das Objekt des Erkennens ist *hier* nicht der eigentliche Untersuchungsgegenstand, sondern das Verhältnis der subjektiven Interessen zum Untersuchungsgegenstand bzw. zu seinem ideellen Abbild.

Der gesellschaftlichen Stellung der Arbeiterklasse als Subjekt des geschichtlichen Kampfes um eine klassenlose Gesellschaft entspricht es, den Raum objektiven Erkennens bis zum Erkennen ihrer Klasseninteressen, zur Subjektivität ihres praktischen Handelns als revolutionäre Klasse auszudehnen. Darin eingeschlossen ist die objektive Haltung zum Entwicklungszusammenhang der Gesellschaft, den dieses Handeln auf dem Weg zum Kommunismus praktisch vermittelt. Daß die Arbeiterklasse ihre wirklichen Interessen wissenschaftlich *erkennen* muß, bedeutet nicht, daß diese Interessen von den Erkenntnisvorgängen gesetzt würden; sie bleiben eine selbständige Quelle von Werten, die nicht auf Erkenntnis reduzierbar sind, obwohl sie durch Erkenntnis erschlossen werden müssen. Eine reduktionistische Lösung des Problems von Erkennen und Werten, von Objektivität und Subjektivität ist nicht möglich. Deshalb ist auch im Sozialismus, der geschichtlich bisher höchsten Form rationalen gesellschaftlichen Verhaltens, die Vermittlung objektiven Wissens nicht automatisch Quelle progressiver Wertorientierungen und Motive der Individuen, obwohl doch jeder dieser Werte selbst objektiv-erkennend begründet ist; auch bei Wissenschaftlern ersetzt die Qualifizierung nicht die ideologische Erziehungsarbeit.

Der Gedanke, daß der mögliche Raum objektiven Erkennens von den gesellschaftlichen Verhältnissen des erkennenden Subjekts abhängt und damit im Wesen klassenbestimmt ist, darf nicht vulgarisiert aufgefaßt werden. Eine unangemessene Deutung dieser Aussage wäre beispielsweise, unter allen möglichen Erkenntnissen einer Epoche nur diejenigen als klassenbedingt anzusehen, die allein vom Horizont der progressiven Klassen zu gewinnen sind, während solche, die ebensogut auf reaktionären Klassenpositionen erreicht bzw. akzeptiert werden können, als klassenneutral gelten. Klassenbedingtheit und Ideologiecharakter von Erkenntnis sind nicht ein und dasselbe. Die Übergänge von einer Gesellschaftsordnung zur nächsthöheren, zumindest in der Neuzeit, sind mit dem Erreichen qualitativ höherer Niveaus der Objektivität des Erkennens verbunden, die die vorhergehenden Niveaus dialektisch aufheben und in aufgehobener Form einschließen. Der Erkenntnishorizont der Arbeiterklasse ist nicht ein schlechthin anderer, sondern ein höherer als der der Bourgeoisie; daraus — und nicht aus einer vorgeblichen Indifferenz des Erkennens vom „science"-Typ oder des mathematischen Erkennens — erklären sich die wechselseitige Kommunizierbarkeit und Akzeptierbarkeit solcher Kenntnisse, die dem Objektivitätsrahmen der Bourgeoisie zugänglich sind, zwischen Sozialismus und Kapitalismus — ein Zusammenhang, der in der Außenpolitik der sozialistischen Staaten als einer der Faktoren genutzt wird, die geeignet sind, die politischen Beziehungen der friedlichen Koexistenz zu „materialisieren". Die von den historisch aufeinander folgenden Gesellschaftsordnungen erzeugten Objektivitätsräume kumulieren tendenziell; dabei ist zu beachten, daß das Maximum an Objektivität gegenüber Erkenntnisgegenständen von weltanschaulicher Relevanz, dessen eine ausbeutende Klasse fähig ist, in der Regel nicht im Endstadium der von ihr repräsentierten Gesellschaftsordnung erreicht wird, sondern im Zenit ihrer Progressivität. Daher bildet die geschichtliche Kumulation von Erkenntnisobjektivität nicht notwendig ein zeitliches Kontinuum — aber zeitliche Diskontinuitäten beeinträchtigen nicht die kumulierende Tendenz des Gesamtprozesses.

Die Fähigkeit des Erkenntnissubjekts, den Gegenstand der Abbildung objektiv zu sehen und damit zum Erkenntnisgegenstand zu machen, ist zweifellos verbunden mit seiner Fähigkeit, sich selbst, seine Subjektivität objektiv wahrzunehmen. Beide Seiten sind untrennbar zusammenhängende Seiten der Erkenntnisdisposition, die der Geschichtsprozeß produziert. Man kann vermuten, daß der von der kapitalistischen Produktionsweise bewirkte Sprung in der objektiven Sicht der Natur immanent verbunden ist mit einem entsprechenden Sprung in der objektiven Sicht der Subjektivität des Individuums und des gesellschaftlichen Zusammenhangs seines Handelns. Die feudale Produktionsweise mit ihrer starren Ständeordnung war nicht imstande, die Abstraktion des in seinem Wesen von lokalen und ständischen Bindungen unabhängigen Individuums hervorzubringen, die sich aus der mit der Durchsetzung der kapitalistischen Produktionsweise erfolgenden Verallgemeinerung der Warenwirtschaft zwingend ergab. Daß die Objektivität gegenüber der menschlichen Persönlichkeit unter der Voraussetzung einer bürgerlichen Klassenposition nicht die Schwelle der Wissenschaftlichkeit überschreiten konnte, ändert nichts daran, daß die progressiven bürgerlichen Lehren vom Menschen im Vergleich zur feudalreligiösen Ideologie einen immensen Fortschritt in der Objektivität menschlicher Selbsterkenntnis darstellten. Ein wissenschaftliches Bild vom Menschen erfordert die Erkenntnis des Prinzips, das den Zusammenhang aller Seiten des gesellschaftlichen Lebens bestimmt, also die materialistische Geschichtsauffassung. Während dieses Niveau der Erkenntnis durch die bürgerlichen Klassenschranken prinzipiell verschlossen wird, ist es durchaus möglich, die inneren Funktionszusammenhänge einzelner Seiten der kapitalistischen Gesellschaft auf bürgerlichem Boden wissenschaftlich abzubilden. Die klassische bürgerliche Ökonomie war ein typisches gesellschaftstheoretisches System mittlerer Reichweite; Marx und Engels haben nicht nur seine Grenzen kritisch analysiert, sondern auch seine positive Bedeutung herausgestellt. Die Wissenschaftlichkeit der klassischen bürgerlichen Ökonomie ist an die Beachtung ihres Status als sozialwissenschaftliche Disziplin mittlerer Reichweite gebunden; erstens an die Abstraktion vom historischen Zusammenhang der kapitalistischen Wirtschaft und die Beschränkung auf deren rein funktionelle Beschreibung; zweitens an die Abstraktion der ökonomischen Verhältnisse von ihrem Zusammenhang mit allen anderen Arten gesellschaftlicher Verhältnisse. Sobald an die Stelle der Abstraktion vom historischen Zusammenhang ein Urteil über diesen Zusammenhang gesetzt wird (etwa die Behauptung, die in den Lehren von Smith und Ricardo funktionell untersuchten Produktionsverhältnisse seien die der menschlichen Natur gemäßen Verhältnisse des Wirtschaftslebens), wird zu einem Erkenntnisgegenstand übergegangen, der außerhalb des vom bürgerlichen Klasseninteresse gewährleisteten Objektivitätsraumes liegt, und damit schlägt die wissenschaftliche Theorie mittlerer Reichweite in unwissenschaftliche ökonomische und soziale Apologetik um.

Diese Bemerkungen sollen darauf hinweisen, daß sich Objektivität gegenüber Erkenntnisgegenständen und Selbsterkenntnis des Subjekts in einem realen und dabei widersprüchlichen Zusammenhang entwickeln. Dabei erscheint die menschliche Subjektivität in zwei unterschiedenen Relationen. Im Prozeß der Selbsterkenntnis spaltet sich die menschliche Subjektivität gleichsam auf; einmal bildet sie wie in jedem Erkenntnisvorgang dessen subjektive Seite, zum anderen aber nimmt sie eine in die Form des Objekts transformierte Gestalt an. Das Resultat der Selbsterkenntnis geht aber in die inneren Bestimmungen der Subjektivität ein und dient in der zweiten Relation als ein Mittel, um die Objektivität des Erkennens zu gewährleisten oder zu erhöhen, denn das Subjekt des Erkennens kann gegenüber einem Objekt nur so weit von sich selbst abstrahieren und damit objektiv sein, als es sich selbst weiß.

Der Entwicklungsstand der Gesellschaft äußert sich im Maß der von ihr real erreichten, tatsächlich produzierten und nicht nur eingebildeten Freiheit.[39] Die Freiheit der Gesellschaft erscheint in den verschiedenen Bereichen des gesellschaftlichen Lebens auf differenzierte Weise. Im Bereich des Erkennens ist ihr primäres Charakteristikum nicht die Möglichkeit der Wahl zwischen verschiedenen Erkenntnisgegenständen; die Verabsolutierung dieses Merkmals wäre nichts weiter als eine Projektion des beschränkten Horizonts des bürgerlichen

[39] Vgl. T. I. Oiserman, Determinismus und Freiheit, in: DZfPh, 12/1971.

Liberalismus in den Bereich der Erkenntnistheorie. Entscheidend ist vielmehr das geschichtlich produzierte Maß an Objektivität des Erkenntnissubjekts, bestimmt sowohl durch das Vermögen, seine Stellung im praktischen Lebensprozeß der Gesellschaft zu erkennen und von seinen dadurch geprägten subjektiven Intentionen gegenüber dem Objekt zu abstrahieren, als auch durch die positive Disposition des Subjekts für die adäquate Abbildung bestimmter Gegenstände.

Wir hatten schon gesagt, daß Objektivität als konstitutive Haltung des Erkennens einen gewissen Grad des Absehens des Subjekts von sich selbst, aber keineswegs notwendig Wissenschaft voraussetzt. Ein für viele Situationen des Alltagslebens erforderliches Maß an Objektivität stellt sich bereits auf der vorbegrifflichen Ebene des Erkennens ein. Die Garantie dafür, daß ein abgebildetes Merkmal des Objekts keine subjektive Fiktion ist, bleibt jedoch auf der Ebene singulärer, vor-begrifflicher Erfahrung minimal, und je mehr das Leben aus einem bornierten Kreis stereotyper Erfahrungen heraustritt, um so größer werden die Anforderungen an die Begrifflichkeit des Erkennens. Die Bildung von Objektklassen nach gemeinsamen Merkmalen erhöht die Objektivitätsgarantie des Erkennens beträchtlich. Man muß aber betonen, daß die Begriffsbildung die Objektivität der Erkenntnishaltung nicht erzeugt, sondern ein Mittel ihrer effektiven Realisierung ist.

Der Sprung in der Realisierung von Objektivität, den die Wissenschaft vollzieht, ist damit verbunden, daß sie gesetzmäßige Zusammenhänge zwischen den von Begriffen abgebildeten Klassen und Erscheinungen erkundet. Damit diese Zusammenhänge in reiner Form erfaßt werden können, müssen die Begriffe, deren man sich dabei bedient, theoretischen Charakter tragen. Daraus ergeben sich spezifische methodologische Forderungen an die Klassenbildung als einen systematischen, kontrollierten Prozeß. Der wichtigste Fortschritt der Begriffsbildung, der auf dem Niveau der Wissenschaft erzielt wird, ist die mit der Forderung an die Begriffe, zur Abbildung gesetzmäßiger Zusammenhänge zu dienen, verbundene weitgehende Garantie der *Wesentlichkeit* der ausgewählten klassenbildenden Merkmale. Gegenüber allen Zusammenhängen der Wirklichkeit, die über die oberflächlichen Zusammenhänge der im Alltagsleben erfahrbaren Erscheinungswelt hinausgehen, ist Wissenschaft somit das einzige Mittel, um Objektivität zu realisieren. Auf vorwissenschaftlichem Niveau ist das materialistische Postulat von der Erkennbarkeit der Welt nicht realisierbar. Der Übergang des Erkennens auf die Ebene der Wissenschaftlichkeit ist der Weg der Gesellschaft, die Sphäre der Objektivität unbegrenzt auszudehnen.

Damit ist das erkenntnistheoretische Fundament der Wissenschaftswissenschaft skizziert. Die theoretische Grundaufgabe der Wissenschaftswissenschaft besteht demzufolge darin, *den gesetzmäßigen Zusammenhang zwischen dem Niveau historisch produzierter Objektivität gegenüber der Wirklichkeit und den daraus resultierenden Möglichkeiten wissenschaftlichen Erkennens aufzuweisen.* Selbstverständlich stehen dabei die bereits erzeugten und weiter in Ausbildung begriffenen Verhältnisse des Sozialismus im Vordergrund. Uns scheint, daß in dieser Hinsicht die Aufgabe der Wissenschaftswissenschaft zu eng gesehen wird, wenn man sie auf die Untersuchung der neuen sozialen Form des Wissenschaftsbetriebes und ihrer Realisierung im Leitungssystem bei Absehen von den Erkenntnisinhalten beschränkt. Unseres Erachtens besteht der erste und grundlegende Vorzug des Sozialismus auf dem Gebiet des Erkennens darin, daß die höhere Produktionsweise und der mit ihr verbundene neue Typ gesellschaftlicher Praxis eine höhere Stufe von Objektivität hervorbringen, die eine neue Schicht von Zusammenhängen der Erkenntnis zugänglich macht. Von diesem neuen Raum objektiven Erkennens sind uns bislang vor allem die allgemeinen Konturen bekannt. Aus seiner Untersuchung im einzelnen werden sich Einsichten ergeben, die — kombiniert mit Schlußfolgerungen über die adäquaten sozialen Formen des Erkennens — für die weitere Erkenntnisstrategie der sozialistischen Gesellschaft in fundamentalem Sinne praktikabel sind. Hier sei beiläufig darauf verwiesen, daß die oft für primär gehaltene Frage, welche Erkenntnisrichtungen gemäß den Interessen der sozialistischen Gesellschaft auszuwählen sind, wissenschaftlich abgeleitet ist gegenüber der tieferliegenden Frage, welche Erkenntnisrichtungen objektiv möglich sind, *welche neuen Erkenntnishorizonte die sozialistische Produktionsweise erschließt.* Wenn Erkenntnistheorie und Wissenschaftswissenschaft diese Problematik nicht als fundamental anerkennen und sich ihr mit dem gebührenden Nachdruck zuwenden, wird ihre praktische gesellschaftliche Wirksamkeit bei aller Bemühung eher symptomatisch als strategisch bleiben.

Die Untersuchung des qualitativ neuen Objektivitätshorizonts, den die sozialistische Praxis real erzeugt, ist gemeinsames Anliegen von Wissenschaftswissenschaft und Erkenntnistheorie, denn die Konsequenzen betreffen die gesellschaftliche Erkenntnis im ganzen und den Platz der Wissenschaft in ihr und nicht nur die Wissenschaft allein. Die in der Konstituierungsphase der Wissenschaftswissenschaft als Mittel der Selbstverständigung verständliche Hervorhebung ihres Unterschiedes von der philosophischen Erkenntnistheorie sollte heute einem betonten Zusammenwirken in der Bearbeitung dieses grundlegenden Komplexes Platz machen. Das allgemeinste Merkmal des für die Arbeiterklasse, für den Sozialismus charakteristischen Objektivitätsniveaus besteht bekanntlich darin, daß der historische Gesamtzusammenhang des gesellschaftlichen Daseins und damit das Individuum mit seiner Subjektivität objektiver Untersuchung zugänglich wird. Das bedeutet eine Revolution in der Gesellschaftserkenntnis, ihren Übergang von einem im ganzen vorwissenschaftlichen zum wissenschaftlichen Stadium; diese Revolution wurde mit dem Marxismus-Leninismus vollzogen. Für die Naturerkenntnis scheint dieser historische Vorgang dagegen auf den ersten Blick irrelevant zu sein, und der Einfluß der neuen gesellschaftlichen Verhältnisse auf ihren Erkenntnisinhalt scheint nur pragmatisch determiniert. In der Tat: soweit die Natur in vollständiger Abstraktion von der Gesellschaft betrachtet werden kann, ermöglichen die kapitalistischen Verhältnisse unbeschränkt die objektive Erkenntnis ihrer Gesetzmäßigkeit. Vor allem ältere Formen der bürgerlichen Ideologie produzierten Tabus für die Naturerkenntnis dort, wo sie auf Zusammenhänge mit der Gesellschaftserkenntnis wies oder zu weisen drohte. Das war besonders dort der Fall, wo ausgesprochene Entwicklungsgesetzmäßigkeiten der Natur untersucht wurden. Die materialistische Dialektik als Entwicklungslehre konnte hier ideologisch und heuristisch sehr wirksam ansetzen. Heute jedoch haben die Entwicklung der Erkenntnis und der Produktivkraft der Arbeit und nicht zuletzt die Situation des welthistorischen wirtschaftlichen Wettstreits mit dem Sozialismus die bürgerlichen Ideologen (ungeachtet mancher Rückfälle) im wesentlichen gezwungen, auf Tabus dieser Art zu verzichten; in einem früher weltanschaulich so brisanten Feld wie der chemischen Evolution und der Entstehung des Lebens werden heute von bürgerlichen Wissenschaftlern weiterreichende Theorien vertreten. Erst dort, wo der Entwicklungszusammenhang aus der Natur in die Gesellschaft führt — beim Problem der Anthropogenese —, stößt die Anwendung des Entwicklungsgedankens auf die Klassenschranken des bürgerlichen Horizonts. Man muß jedoch zugleich die andere Seite dieses Zusammenhangs sehen: die Aufrechterhaltung der Abstraktion der Natur von ihrem Zusammenhang mit der Gesellschaft ist unter Bedingungen kapitalistischer Verhältnisse Objektivitätsgarantie für die Naturerkenntnis. Das fundamental Neue, das der Objektivitätshorizont des Sozialismus für ausnahmslos alle Disziplinen bringt, besteht darin, daß die Abstraktion der Natur von ihrem Zusammenhang mit der Gesellschaft aufgehoben werden kann, ohne den Bereich wissenschaftlicher Objektivität zu verlassen. Das bedeutet unzweifelhaft eine entscheidende Bereicherung der Naturerkenntnis selbst.

Der Verfasser ist der Ansicht, daß die Konturen dieses Bereiches, der ein völlig neues Feld objektiv zugänglicher Zusammenhänge repräsentiert, erst in den allerersten Anfängen ausgeleuchtet sind. Das wissenschaftspolitische Prinzip des Zusammenwirkens von Natur- und Gesellschaftswissenschaften ist die normative Wendung der Aussage, daß der Sozialismus der gesellschaftlichen Gesamterkenntnis einen prinzipiell neuen Horizont eröffnet, der für jeden ihrer Teile Konsequenzen hat.

### 2.3.2. Ist Erkennen Tätigkeit?

Da Wissenschaft die spezialisierte, höchstentwickelte Form des gesellschaftlichen Erkennens ist, wird die Frage, inwieweit wir wissenschaftliche Aktivität als eine Tätigkeit behandeln dürfen, bereits auf der Ebene der Erkenntnistheorie entschieden. Würde erkenntnistheoretisch gezeigt werden können, daß sich Erkennen nicht als eine Tätigkeit auffassen läßt, dann wäre keinerlei wissenschaftswissenschaftliche Argumentation imstande, die Deutung von Wissenschaft als Tätigkeit zu rechtfertigen. Zur Behandlung dieser Frage stützen wir uns auf die im ersten Abschnitt dieses Kapitels entwickelte Fassung des allgemeinen Tätigkeitsbegriffs. Irgendeine differenzierte Vorstellung von wissenschaftlicher Aktivität wird nicht unterstellt. Es genügt die Annahme, daß das spezifische Geschäft der Wissenschaft das Erkennen auf einem bestimmten, weiter oben kurz skizzierten Niveau ist. Die Tatsache, daß in der wirklichen, entfalteten Gestalt des Wissenschaftsbetriebes eine Vielzahl notwendiger Handlungen auftritt, die nicht unmittelbar Erkennen darstellen, bleibt hier außer Betracht.

Die subjektive Intention von Tätigkeit wurde mit Hilfe der Kategorien Zweck und Ziel bestimmt. Das Ziel ist das am meisten selektive Apriori-Charakteristikum für die Spezifik einer Tätigkeit, denn es verweist auf das erwartete Resultat, um dessentwillen die Tätigkeit ausgeführt wird; der Zweck ist demgegenüber — als Relation des erwarteten Resultats zu den Interessen und Bedürfnissen des Subjekts — ein stärker vermitteltes, weniger selektives Charakteristikum. Da der genetische Prototyp aller Tätigkeit die praktische Arbeitstätigkeit ist, berufen wir uns zur Bestimmung dessen, was als Ziel einer Tätigkeit anzusehen ist, auf die diesbezügliche Analyse der Arbeitstätigkeit. Dazu heißt es in der Formulierung von Marx: „Wir unterstellen die Arbeit in einer Form, worin sie dem Menschen ausschließlich angehört... Am Ende des Arbeitsprozesses kommt ein Resultat heraus, das beim Beginn desselben schon in der Vorstellung des Arbeiters, also schon ideell vorhanden war."[40] Der generelle Begriff des Zieles von Tätigkeiten wird in der philosophischen Literatur in eben diesem Sinne bestimmt. Nach dem von G. Klaus und M. Buhr herausgegebenen „Philosophischen Wörterbuch" beispielsweise ist Ziel ein „gedanklich vorweggenommener zukünftiger Zustand bzw. relativer Endpunkt einer Entwicklung, der aus einem Feld objektiver Möglichkeiten vom Menschen auf Grund einer Entscheidung bewußt ausgewählt (qualitative Bestimmung des Zieles) und festgelegt (quantitative Bestimmung des Zieles) wird und nur durch aktives Handeln des Menschen verwirklicht werden kann".[41] Der springende Punkt ist hier das Merkmal der „gedanklichen Vorwegnahme", der Antizipation. Das andere wesentliche Charakteristikum, die Realisierbarkeit ausschließlich durch menschliches Handeln, ist in unserem Zusammenhang nicht problematisch, denn es zeigt an, daß der Begriff des Zieles auf die Kategorie der Tätigkeit bezogen wird — und eben dies ist der Rahmen unserer Argumentation.

Die Identifizierung des Zieles von Tätigkeiten mit der gedanklichen Antizipation des beabsichtigten Resultats bringt uns in Hinblick auf die Erkenntnis sofort in ernste Schwierigkeiten. Wenn Tätigkeit auf ein materielles Resultat abzielt, dann macht ein noch so vollständiges Vorab-Gedankenbild des angestrebten Resultates die Tätigkeit zu seiner Erreichung nicht überflüssig; der Gedanke allein bewirkt noch nichts. Je präziser der beabsichtigte Zustand und die Bedingungen seiner Herstellung im voraus bekannt sind, um so effektiver kann die Tätigkeit verlaufen. Im Fall des Erkennens aber ist die gedankliche

[40] K. Marx, Das Kapital, Erster Band, in: MEW, Bd. 23, a.a.O., S. 193. Der in diesem Zusammenhang von Marx verwendete Terminus „Zweck" vereinigt beide Aspekte, die in unserer Darstellung mit Hilfe der Begriffe „Zweck" und „Ziel" unterschieden worden sind; in unserem Kontext hat „Zweck" eine engere Bedeutung als bei Marx.

[41] G. Klaus/M. Buhr (Hrsg.), Philosophisches Wörterbuch, Bd. 2, Leipzig 1974, S. 1327.

Antizipation des Resultats mit dem Resultat selbst substantiell identisch, und je genauer antizipiert wird, um so überflüssiger wird die Tätigkeit, die doch mittels eben dieser gedanklichen Vorwegnahme gesteuert werden sollte. Daher ist die Übertragung des Tätigkeitsbegriffs auf das Erkennen alles andere als trivial. Die Schwierigkeit, vor der wir hier stehen, ist nicht nur theoretischer Natur. Sie findet sich in sehr praktischer Gestalt in der Wissenschaftsplanung wieder. Bevor wie sie erörtern, sei noch einmal daran erinnert, daß die Entscheidung über die Möglichkeit, wissenschaftliche Aktivität als Tätigkeit aufzufassen, keine Entscheidung über die Möglichkeit von Wissenschaftswissenschaft als Disziplin mit einem einheitlichen theoretischen Fundament ist. Für den Aufbau dieses theoretischen Fundaments sind auch andere konzeptuale Ausgangspunkte denkbar. Entsprechend unserer in Kapitel 1 geführten Argumentation zugunsten der Tätigkeitsauffassung von Wissenschaft würde jedoch die erwiesene Unmöglichkeit, wissenschaftliche Aktivität theoretisch konsistent als Tätigkeit zu fassen, die zu erwartende Praktikabilität der Wissenschaftswissenschaft für Wissenschaftspolitik und -leitung stark beeinträchtigen.

Bezüglich der Schwierigkeit des Zielbegriffs kann man zwei mögliche Haltungen einnehmen: Man kann sich ihr frontal stellen, oder man kann versuchen, sie zu umgehen.

Zunächst sollen drei denkbare Möglichkeiten des Ausweichens erörtert werden.

1. Ein großer Teil der Erkenntnisvorgänge in der Gesellschaft erbringt Resultate, die für die Gesellschaft nicht qualitativ neu sind und die, gesellschaftlich gesehen, Identifizierungsleistungen im Rahmen des vorhandenen Wissens oder Aneignungsleistungen in bezug auf dieses Wissen sind. Wenn etwa das Ziel gestellt wird, ein Thermometer abzulesen, dann kann mit Gewißheit vorausgesetzt werden, daß eine Temperatur angezeigt wird; subjektiv ungewiß ist lediglich ihr genauer numerischer Wert. Auch die Unkenntnis des numerischen Wertes der Temperatur, die die Tätigkeit des Ablesens veranlaßt, ist eine wirkliche Erkenntnisunbestimmtheit, und damit kann das eigentliche Resultat im Ziel nicht enthalten sein. Dennoch ist diese Zielunbestimmtheit so minimal, daß die Bestimmtheit der auszuführenden Operation und die Gewißheit der Zielerreichung mittels dieser Operation in keiner Weise beeinträchtigt werden. Daher kann man in bezug auf die Ausführung der Tätigkeit die Aufforderung, eine klar umrissene Unbestimmtheit zu eliminieren, als vollgültiges Substitut für die gedankliche Vorwegnahme des Resultats bei praktischen Tätigkeiten ansehen und daher als ein Ziel auffassen (oder als ein Quasi-Ziel, das in der Bestimmtheit seiner direktiven Wirkung einem echten Ziel äquivalent ist). Daher bestehen keine Bedenken, solche Identifizierungsleistungen, die — oft in viel komplizierterer Gestalt als in unserem einfachen Demonstrationsbeispiel — in alle Arbeitsprozesse und überhaupt in alle praktischen Tätigkeiten eingelagert sind, selbst als Tätigkeiten zu interpretieren. Etwas anders gelagert ist die individuelle Aneignung von Wissen, über das die Gesellschaft bereits verfügt. Diese Aneignung,

sobald sie über äußerliches und formelles Lernen hinausgeht, ist für das Individuum ein wirklicher Erkenntnisprozeß. Dadurch, daß das Resultat dem lernenden Individuum verfügbar und jederzeit zugänglich ist, verliert er diesen Charakter nicht. Während sich das äußerliche, formelle Lernen normiert abarbeiten läßt, ist die individuelle Realisation des gesellschaftlich bereits verfügbaren Wissensinhaltes mit Unbestimmtheit behaftet, um deren weitestmögliche Reduktion im Lernprozeß sich ein ganzer Kreis pädagogischer Wissenschaftler bemüht. Der Zielunbestimmtheit des wissenschaftlichen Erkennens entspricht bei der individuellen Aufnahme seiner Resultate in gewissem Maße die Unbestimmtheit des Grades an Verstehen des anzueignenden Wissens, der mit einem gegebenen Aufwand an Zeit und Arbeitskraft erreicht werden kann. Die Tatsache jedoch, daß die lernend vom Individuum anzueignenden Kenntnisse bereits vorher gesellschaftlich vorhanden sind, macht es möglich, auf Lernvorgänge in der Gesellschaft den Begriff des Zieles anzuwenden und sie damit als eine Tätigkeit anzusehen: eine Tätigkeit, die wohl immanente Unbestimmtheiten aufweist, aber solche, die sich weitgehend auf die Wahl zwischen mehreren vorab wohlbestimmten Ablaufvarianten einschränken lassen (programmiertes Lernen). Unter allen Tätigkeiten, die Erkenntnis erzeugen bzw. transformieren, dominieren Identifizierungsleistungen und Lernleistungen der erwähnten Art in der Gesellschaft quantitativ; auf den Identifizierungsleistungen beruhen alle nichtinnovativen Anwendungen des vorhandenen Wissens, und auf den Lernleistungen beruhen alle Qualifizierungsprozesse. Die unproblematischen Modifikationen am Zielbegriff, die es gestatten, die reproduktiven Erkenntnisaktivitäten und damit „fast alle" Erkenntnisaktivitäten als Tätigkeiten anzusehen, lösen das Problem jedoch nicht. In allen diesen Fällen ist ein Rahmen gesellschaftlich *vorhandener* Erkenntnisresultate vorausgesetzt, und die Basis, auf der alle reproduktiven Erkenntnistätigkeiten beruhen, sind die Vorgänge, die diesen Rahmen geschaffen haben und ihn erweitern. Erst wenn man *diese* Vorgänge sinnvoll als Tätigkeiten interpretieren kann, ist man berechtigt, die Frage nach der Deutbarkeit des Erkennens als Tätigkeit vorbehaltlos zu bejahen.

2. Weiterhin könnte man annehmen, daß in allen Erkenntnisvorgängen — so, wie es in vielen ja tatsächlich geschieht — im Prinzip das Ergebnis als *mögliches Resultat* als Vermutung oder Hypothese gedanklich vorweggenommen werden könnte bzw. daß man sogar das vollständige Feld aller möglichen Resultate im voraus konstruieren könnte, aus dem dann der Erkenntnisakt die eine zutreffende Variante selektiert. Dann wäre der Begriff des Zieles als gedankliche Antizipation des Resultats voll zutreffend, zugleich aber wäre die Notwendigkeit, die Erkenntnistätigkeit selbst durchzuführen, durch die Zielbestimmung nicht aufgehoben. Die diskutierte Schwierigkeit ist jedoch auch dadurch nur scheinbar beseitigt. Einmal ist es völlig ungerechtfertigt, nur die Vorgänge der Überprüfung von Vermutungen oder Hypothesen in Betracht zu ziehen; das eigentliche Problem, wie inhaltlich neue Erkenntnis zustande kommt, wird dadurch nicht aufgelöst, sondern lediglich weitergeschoben — in den unreflektierten Bereich

der Hypothesenbildung. Dieser Betrachtungsweise hatte sich die neopositivistische Wissenschaftsmethodologie der 30er Jahre bedient. Zum andern wäre selbst bei Beschränkung auf Überprüfungsvorgänge und selbst unter der extrem unwahrscheinlichen Annahme, daß das Feld aller möglichen Resultate im Prinzip immer vorab vollständig konstruierbar sein muß, die Problematik des Zielbegriffs nicht bewältigt. Im Überprüfungsakt ist das *unmittelbare* Ziel eben nicht der in einer Hypothese ausgedrückte Erkenntnisinhalt, sondern Wissen darüber, ob eine bestimmte Hypothese bzw. welche aus einem Feld konkurrierender Hypothesen zutrifft und in welchem Grade. Wäre *dieses* Wissen bereits a priori verfügbar, dann bestünde in der Tat keinerlei Notwendigkeit, den Überprüfungsakt noch auszuführen. In der vor- und außerwissenschaftlichen Erkenntnis gilt Vergleichbares, nur läßt dieser Bereich keine prägnante methodologische Formulierung der Verhältnisse zu. Die mit der Übertragung des Zielbegriffs auf das Erkennen verbundene Schwierigkeit wird also in keiner Weise gemildert.

3. Schließlich könnte man erwarten, der Schwierigkeit dadurch Herr zu werden, daß man als Ziel des Erkennens nicht das unmittelbare Resultat nimmt, sondern den Effekt, den dieses nicht im voraus bekannte Resultat durch seine weitere Verwendung bewirken soll. Jedoch auch dieser Ausweg ist nicht gangbar, obwohl die Antizipation der Verwendungsweise eines noch nicht vorhandenen Erkenntnisresultates völlig legitim und eine wichtige Grundlage für Entscheidungen in der Wissenschaftsplanung ist. Erstens hängt es vom eigentlichen Erkenntnisresultat ab, ob die beabsichtigte Verwendung tatsächlich möglich ist. Zweitens kann keine bestimmte Verwendungsweise, auch wenn das Resultat ihre Vorwegnahme rechtfertigt, als Substitut der gedanklichen Antizipation des Resultats gelten, denn ein und dasselbe Erkenntnisresultat ist im Prinzip beliebig vieler unterschiedlicher Verwendungsweisen fähig und erhält in diesen Unterschieden seine Identität als Abbild eines objektiv-realen Gegenstandes. Die Bestimmung einer Zielkomponente, die die beabsichtigten Verwendungsweisen des angestrebten Resultates angibt, ist von wesentlicher Bedeutung für den Zusammenschluß der Erkenntnisplanung mit der Planung der praktischen Wirtschaftstätigkeit. Diese Zielkomponente, die der hier vorausgesetzten Definition des Zielbegriffs entspricht, ist jedoch nur sinnvoll in Verbindung mit einem eigentlichen Erkenntnisziel oder mit einer gedanklichen Orientierung, die in ihrer direktiven Wirksamkeit auf den Erkenntnisprozeß mit einem solchen Ziel vergleichbar ist. Auf jeden Fall kann die Angabe der beabsichtigten Verwendungsweise eines noch nicht vorhandenen Erkenntnisresultats für sich genommen nicht als Erkenntnisziel wirken; sie ist nichts weiter als Ausdruck eines gesellschaftlichen Bedürfnisses nach Erkenntnissen, die die Funktionsqualität haben sollen, eben diese Bedürfnisse zu befriedigen. Die sogenannte Ableitung von Erkenntniszielen aus praktischen Erfordernissen beginnt an dieser Stelle erst; bis dahin ist nichts weiter erreicht als die Bestimmung der Stellen, an denen die Praxis Erkenntnisbedürfnisse hat; die eigentlich schwierige Frage, ob und wie das gesellschaftliche System des Erkennens imstande ist, diese Bedürfnisse so zu

rezipieren, daß als „Antwortreaktion" entsprechende Erkenntnisaktivitäten ausgelöst werden, ist damit noch keinesfalls entschieden. Die Ähnlichkeit der antizipierten Verwendungsweise eines Erkenntnisresultats mit dem Ziel einer materiellen Arbeitstätigkeit ist überhaupt nur äußerlich; eine solche Zielvorstellung kann als gedankliche Vorwegnahme einer erreichbaren Verwendungsweise nur unter der Bedingung gelten, daß ein Erkenntnisresultat mit den erforderlichen Eigenschaften erzielt wird, und in diesen Bedingungen reproduzieren sich alle Schwierigkeiten, die einer Übertragung des gewöhnlichen Zielbegriffs auf das Erkennen entgegenstehen.

Eventuell ließen sich noch weitere mögliche Wege angeben, um das Problem zu umgehen; es ist jedoch kaum zu erwarten, daß sie effektiver sein würden als die drei diskutierten Varianten. Daher bleibt keine andere Wahl, als die Schwierigkeit frontal anzugehen.

Wir können diese Schwierigkeit als ein Dilemma formulieren. Einerseits würde die Angabe eines Zieles, das das Resultat gedanklich vorwegnimmt, die Erkenntnistätigkeit selbst überflüssig machen. Andererseits kann Erkenntnis nicht durch zielloses Suchen gewonnen werden. Das vieldiskutierte Phänomen der Zufallsentdeckungen ist natürlich nicht zu leugnen; aber ebenso sicher ist, daß jener Faktor, der aus einer zufälligen, nicht absichtlich herbeigeführten Beobachtung eine Entdeckung macht, die vorgeprägte Fähigkeit des Beobachters ist, den wissenschaftlichen Sinn des festgestellten Faktums zu erfassen; dies aber hat zweifellos etwas mit zielstrebiger Erwartung zu tun.

Damit stehen wir vor der Alternative zweier möglicher Deutungen:

1. Erkennen ist eine gesellschaftliche Aktivität, auf die der Begriff des Zieles nicht anzuwenden ist und die man daher nicht als Tätigkeit betrachten kann; damit ist auch die Übertragung der theoretischen Mittel, mit denen Tätigkeiten abgebildet werden, auf das Erkennen blockiert. Jeder zielstrebigen Tätigkeit ist ein Prozeß der Zielbildung vorgelagert, der Erkennen einschließt; wollte man dieses Erkennen als Tätigkeit interpretieren, so müßte der Prozeß der Bildung seines Zieles in Betracht gezogen werden usw. — man würde also in einen unendlichen Regreß getrieben.

2. Erkennen ist gesellschaftliche Tätigkeit; es kann als Tätigkeit aufgefaßt werden durch Bestimmung des Begriffs „Erkenntnisziel" als sinnvolle Modifikation des Zielbegriffs, der bei der Abbildung praktischer Erkenntnistätigkeiten angewandt wird.

Die Annahme der ersten Alternative hätte schwerwiegende und nach Meinung des Verfassers nicht zu akzeptierende Konsequenzen weltanschaulichen Charakters. Sie würde nämlich die Unmöglichkeit bedeuten, die Gesamtheit aller sozialen Lebensäußerungen des Menschen — die ja nicht einfach nebeneinander bestehen, sondern in ihrer Wechselbeziehung den gesellschaftlichen Zusammenhang erzeugen und reproduzieren und insofern ein Ganzes bilden — mit einem einheitlichen Begriff abzubilden. Mehr noch: nicht einmal der Bereich der Arbeit in der Produktion materieller Güter ließe sich vollständig als Tätigkeit fassen, sondern nur seine ausführende Komponente, während seine innovative Komponente ausgeschlossen bleibt.

Daher liegt es nahe, die Lösung auf dem Weg der zweiten Alternative zu suchen. Das ist mit der Annahme verbunden, daß Marx die Bestimmung des Zieles als gedankliche Antizipation des Resultates nicht als allgemeine Bestimmung des Zieles von Tätigkeiten verwendet, sondern für das Ziel einer speziellen, in der Industrieproduktion aber bis zur Phase der Vollendung der wissenschaftlich-technischen Revolution wesentlichen Art von Tätigkeiten: die Arbeitstätigkeiten ausführenden Charakters. In der Marxschen Tätigkeitsauffassung ist daher ein allgemeineres Zielkonzept (unabhängig von der expliziten Verwendung des Terminus „Ziel") zu vermuten.

Welche Modifikation des „gewöhnlichen" Zielbegriffs könnte man nun als akzeptabel ansehen, ohne daß damit der Tätigkeitsbegriff selbst entleert wird? Zunächst scheint es möglich, das Merkmal der gedanklichen Resultatsvorwegnahme als konstitutives Merkmal des Zielbegriffs beizubehalten, aber die Forderung nach Vollständigkeit der Antizipation abzuschwächen. Es wäre demzufolge auch eine partielle Antizipation als Ziel anzusehen. Zugunsten dieser Überlegung spricht die Tatsache, daß das materielle Resultat einer Tätigkeit wie jedes Fragment der materiellen Welt unerschöpflich ist, eine unendliche Vielzahl von Merkmalen besitzt, während in seine gedankliche Vorwegnahme selbstverständlich nur endlich viele Merkmale eingehen. Daher ist eine vollständige Antizipation des Resultates nirgends möglich, jedes Ziel ist nur partielle Vorwegnahme, und der Unterschied von verschiedenen Arten von Zielen ist nur graduell, liegt nur im Grad der Unvollständigkeit.

Wenn man annimmt, daß am Anfang der Erkenntnistätigkeiten Probleme stehen — eine Annahme, die in den Grenzen gerechtfertigt ist, in denen sich die Herausarbeitung der Probleme selbst aus den betrachteten Erkenntnisprozessen ausklammern läßt —, dann läßt sich die partielle Vorwegnahme des Resultats als ein Merkmal des Problems ansehen, und das Problem erscheint für Erkenntnistätigkeiten als Zieläquivalent. Das wird besonders deutlich bei der Darstellung des Problems als Kompositum von Aussagen und Fragen. Unter den Aussagen befinden sich notwendig solche, die den als sicher erachteten Rahmen des Wissens angeben, der im Resultat unverändert wiedererscheinen soll, und damit den Raum bestimmen, in dem die Problemlösung zu suchen ist. Nun kann es freilich im Prozeß der Untersuchung geschehen, daß der vorausgesetzte Rahmen selbst problematisiert wird; in diesem Fall wird das ursprüngliche Problem durch ein tieferliegendes untersetzt, dessen Bewältigung Bedingung für seine eigene Lösung ist. Es bedeutet jedoch nicht, daß die generelle Eigenschaft des Problems, als partielle Antizipation des Resultats aufzutreten, in Frage gestellt wird. Auch jenes angenommene tieferliegende Problem muß in einem Rahmen von als gültig erachteten Annahmen formuliert werden; das Infragestellen jeglichen Wissens ist kein Problem mehr, das positive Erkenntnistätigkeiten orientieren könnte, sondern nackter, unfruchtbarer Skeptizismus.

Diese Überlegung hatte den Verfasser bewogen, eine zweikomponentige Darstellung von Zielen wissenschaftlicher Erkenntnistätigkeiten vorzuschlagen: als System aus einer Problemkomponente, die als unmittelbares Erkenntnisziel figuriert, und einer funktionellen Zielkomponente, die die Verwendungsweise des Resultates antizipiert. Der Vorschlag selbst erscheint auch heute noch überlegenswert; die zu seinen Gunsten vorgebrachte Argumentation ist jedoch revisionsbedürftig.

Wenn wir das Entscheidende am Zielcharakter des Problems in der partiellen Antizipation des Resultates sehen, stoßen wir sofort auf die folgende Komplikation. Bei einem wohlformulierten Problem — besonders dann, wenn es als Aussagen-Fragen-Komplex dargestellt ist — sind die als sicher angenommenen Voraussetzungen, von denen erwartet wird, daß sie auch im Resultatzustand gültig sein werden, und zu beseitigende Erkenntnisdefizite deutlich voneinander geschieden. Das Problem ist nicht mit seiner eigenen Lösung identisch, und es ist daher auch keine Antizipation dieser Lösung. Das, was im Problem als Antizipation des Resultates auftritt, ist genau das Wissen, das im Resultat nur wiedererscheint, nur reproduziert wird. Möglicherweise ist es in diesem Fall gar nicht gerechtfertigt, von Reproduktion zu sprechen; man vergleiche die Analyse des kapitalistischen Produktionsprozesses, in der Marx darauf verweist, daß der Wert des verbrauchten konstanten Kapitals strenggenommen nicht reproduziert, sondern nur übertragen wird[42]; *das* Wissen, das im Problemlösungsprozeß *neu* produziert wird, wird nicht antizipiert.

Zwischen der Resultatantizipation in der ausführenden Arbeitstätigkeit und im Erkennen besteht nicht nur ein quantitativer Unterschied im Grad der Vollständigkeit, sondern vor allen Dingen eine qualitative Differenz. Praktische Arbeitstätigkeiten können in ihren Zielen ihr Resultat mehr oder minder vollständig vorwegnehmen — immer aber werden *wesentliche* Züge des Resultatzustandes, der im Vergleich zum Ausgangszustand von der Tätigkeit *neu* herzustellen ist, angegeben. Beim Erkennen ist gerade das nicht der Fall. Das Wesentliche, um dessentwillen es unternommen wird, das von ihr neu zu erzeugende Wissen (der „Wissenszuwachs"), kann nicht *vor* ihrer Ausführung antizipiert werden.

Noch ein weiteres Argument ist hier von Bedeutung. Von der (relativ) vollständigen gedanklichen Vorwegnahme des Resultatzustandes bis zum vollständigen Fehlen jeder Antizipation ist ein Kontinuum unvollständiger Antizipation denkbar. Dieses Kontinuum trägt in sich keine Marke, die das teilbestimmte Ziel von der faktischen Ziellosigkeit scheidet. Daher bleibt die Frage offen, wie weit man eigentlich die Forderung nach Vollständigkeit der Resultatantizipation „abschwächen" darf, ohne den Zielbegriff selbst ad absurdum zu führen.

Insgesamt läßt sich konstatieren, daß die Möglichkeit des Übergangs von der vollständigen zur partiellen Resultatantizipation keinen Weg eröffnet, um einen

[42] Vgl. K. Marx, Das Kapital, Erster Band, in: MEW, Bd. 23, a.a.O., S. 221.

Zielbegriff für das Erkennen zu konstituieren. Daher muß die Fragestellung selbst vertieft werden. Wir betrachten, wie früher ausgeführt, Tätigkeit als subjektiv initiierte Subjekt-Objekt-Wechselwirkung, und nehmen als Modell zunächst wieder die einfache ausführende Arbeitstätigkeit. Welche Funktionen übt eigentlich die gedankliche Antizipation des Ergebnisses im Gesamtsystem der Tätigkeit aus? Die wesentlichen Funktionen sind nicht unverbindlich-prognostischer, sondern direktiver Natur. Dabei sind zwei hervorzuheben:

1. Die Antizipation des Resultates orientiert die subjektive Tätigkeit auf einen bestimmten Gegenstandsbereich, den sie zu ihrem Objekt macht (gegenständlich-orientierende Funktion).

2. Die Antizipation des Resultates orientiert die subjektive Tätigkeit auf eine bestimmte Art und Weise des Operierens im Gegenstandsbereich (methodisch-orientierende Funktion).

Die methodisch-orientierende Funktion ist der gegenständlich-orientierenden Funktion untergeordnet. Ohne Orientierung auf einen bestimmten Gegenstand ist keinerlei Tätigkeit möglich; die methodische Orientierung hingegen kann unter Umständen zunächst minimal sein, und erst der tätige Umgang mit dem Gegenstand selbst lehrt das geeignete Vorgehen.

Wir können daher die Bestimmung „Ziel einer Tätigkeit ist die gedankliche Vorwegnahme ihres Resultats“ funktionell umformulieren in: „Ziel einer Tätigkeit ist die gegenständliche und methodische Orientierung der subjektiven Aktivität.“ Die methodische Seite des Zieles kann differenzierter betrachtet werden; dann unterscheidet man die dem Ziel zugerechnete methodische Orientierung (wie soll mit dem Gegenstand operiert werden?) und die eigentlich methodischen Gebilde (Prinzipien und Methoden), die den Weg des Vorgehens bestimmen und gegenüber verschiedenen Zielen invariant sind. Eine solche Umformulierung ist gerechtfertigt, denn im Rahmen eines Systems — und „Tätigkeit“ wird als ein System aufgefaßt — ist die funktionelle Charakteristik eines Elements immer fundamentaler als seine substantielle.

Es ist nun möglich, daß diese Umformulierung des Zielbegriffs durch Hervorhebung der grundlegenden Funktionen des Zieles zugleich dessen echte Verallgemeinerung darstellt. Das ist dann der Fall, wenn es andere gedankliche Gebilde gibt, die auf die Aktivität des Subjekts gegenständlich und methodisch orientierend wirken, obwohl sie keine Antizipation des Resultates darstellen, bzw. die diese Wirkung nicht durch die ihnen eigenen Züge von Resultatantizipation ausüben. In der Tat üben in Erkenntnisprozessen die Probleme genau diese Funktionen aus, und sie können deshalb als funktionell äquivalent mit den Resultatantizipationen ausführender Arbeitstätigkeiten betrachtet werden. Die Äquivalenz gilt nur für die Funktionen der Gegenstandsorientierung und der methodischen Orientierung (und auch hier nur qualitativ), nicht aber beispielsweise für die prognostische Funktion. Die Aussagen über die als gesichert angenommenen Voraussetzungen, die ein Problem enthält und auf denen die Problemfragen aufbauen, orientieren die subjektive Aktivität nicht wegen ihres antizipatorischen

Inhalts, sondern deshalb, weil sie unmittelbar die Umgrenzungen des Gegenstandsbereiches angeben, innerhalb dessen die Lösungssuche erfolgen soll. Sie machen es überhaupt erst möglich, die Problemunbestimmtheit selbst als „Wissen vom Nichtwissen" zu formulieren und damit an das vorhandene Wissen anzuschließen, so daß zielstrebige Erkenntnistätigkeiten ausgelöst werden.

Wir werden hier wieder daran erinnert, daß Marx und Engels die menschliche Tätigkeit primär als gegenständliche bestimmen und daß für sie Bewußtheit und Gegenständlichkeit einer Tätigkeit zwei Seiten ein und derselben Sache sind. Bewußtes Vorgehen ist in erster Linie die vom Subjekt her erfolgende Orientierung der Tätigkeit auf den Gegenstand, in zweiter Linie und davon abgeleitet die Bestimmung der Operationsweise und des Weges und die Disposition über die erforderlichen Mittel und Bedingungen. Kritisch bemerkt Marx gegenüber Feuerbach, er fasse „die menschliche Tätigkeit selbst nicht als *gegenständliche* Tätigkeit"[43], und schreibt an anderer Stelle: „Das Tier ist unmittelbar eins mit seiner Lebenstätigkeit. Es unterscheidet sich nicht von ihr. Es ist *sie*. Der Mensch macht seine Lebenstätigkeit selbst zum Gegenstand seines Wollens und seines Bewußtseins. Er hat bewußte Lebenstätigkeit."[44] Indem der Mensch den Gegenstand seiner Tätigkeit bewußt bestimmt, macht er seine eigene Tätigkeit zum Gegenstand, verhält sich zu ihr, statt einfach in ihr zu sein. „Daß der Mensch ein *leibliches*, naturkräftiges, lebendiges, wirkliches, sinnliches, gegenständliches Wesen ist, heißt, daß er *wirkliche, sinnliche Gegenstände* zum Gegenstand seines Wesens, seiner Lebensäußerung hat oder daß er nur an wirklichen, sinnlichen Gegenständen sein Leben *äußern* kann."[45] Zur determinierenden Rolle der Gegenstandsorientiertheit für den Ablauf von Erkenntnistätigkeiten sei schließlich noch eine frühe, in der Literatur wenig beachtete Äußerung von Marx angeführt: „Sehen wir nun selbst vom *Subjektiven* ab, nämlich davon, daß ein und derselbe Gegenstand in den verschiedenen Individuen sich verschieden bricht und seine verschiedenen Seiten in ebenso viele verschiedene geistige Charaktere umsetzt; soll denn der *Charakter des Gegenstandes* gar keinen, auch nicht den geringsten Einfluß auf die Untersuchung ausüben? Zur Wahrheit gehört nicht nur das Resultat, sondern auch der Weg. Die Untersuchung der Wahrheit muß selbst wahr sein, die wahre Untersuchung ist die entfaltete Wahrheit, deren auseinandergestreute Glieder sich im Resultat zusammenfassen. Und die Art der Untersuchung sollte nicht nach dem Gegenstand sich verändern?"[46]

Wir können also den Schluß ziehen, daß in der Marxschen Auffassung die gegenständliche Orientierung ein tieferes, allgemeineres Charakteristikum der Tätigkeit ist als die Orientierung durch die gedankliche Vorwegnahme des Resultates.

[43] K. Marx, Thesen über Feuerbach, in: MEW, Bd. 3, a.a.O., S. 5.

[44] K. Marx, Ökonomisch-philosophische Manuskripte, in: MEW, Ergänzungsband, Erster Teil, a.a.O., S. 516.

[45] Ebenda, S. 578.

[46] K. Marx, Bemerkungen über die neueste preußische Zensurinstruktion, in: MEW, Bd. 1, Berlin 1972, S. 7.

Letztere tritt in bestimmten Arten von Tätigkeiten als Mittel auf, durch das sich erstere realisiert. Das Ziel einer Tätigkeit ist danach in seiner allgemeinen Bestimmung, prozessual formuliert, die gedankliche Orientierung der subjektiven Aktivität auf einen bestimmten Gegenstand und auf ein bestimmtes methodisches Vorgehen gegenüber diesem Gegenstand bzw., dinglich formuliert, ein „gedankliches Gebilde“, das diese Orientierung bewirkt. Die Antizipation des Resultates ist ein spezieller Fall eines Zieles. Damit ist die erörterte Schwierigkeit behoben, und es ist nachgewiesen, daß Erkennen als Tätigkeit behandelt werden darf, und zwar nicht durch Konvention oder Kompromiß, sondern im vollen Sinn dieser Kategorie. Das aber bedeutet nichts anderes, als daß sich alle gesellschaftswissenschaftlichen Aussagen über die Tätigkeit und ihre gesellschaftlichen Verhältnisse innerhalb bestimmter Gesellschaftsordnungen auf den Bereich der Erkenntnistätigkeiten anwenden lassen. Diese Anwendung ist nicht äußerlich, sondern von der Sache selbst gefordert. Damit sie effektiv ist, muß allerdings der spezifische Gegenstandsbezug des Erkennens (der konzentriert in der weiter oben diskutierten Kategorie „Objektivität“ zum Ausdruck kommt) beachtet werden.

Auf diese Weise ist auch dem wissenschaftstheoretischen Anliegen Genüge getan. Wir haben zwar vom Erkennen im allgemeinen gesprochen, haben aber bei der Erörterung der Frage, ob Erkennen Tätigkeit sei, stets vorausgesetzt, daß Erkennen *neues* Wissen zum Ergebnis hat. Wenn vom wissenschaftlichen Erkennen die Rede ist, dann geht es wohl um eine weitere Spezifikation des Gegenstandes und der Eigenschaften seines Abbildes, aber nicht um eine Abänderung der Neuheitsforderung. Eben diese war es jedoch, die die Schwierigkeiten der Übertragung des Zielbegriffes auf das Erkennen hervorgerufen hatte. Daher ist die Wissenschaftswissenschaft legitimiert, die Prozesse des wissenschaftlichen Erkennens theoretisch korrekt als Tätigkeiten aufzufassen. Das Tätigkeitskonzept der Wissenschaft ist kein pragmatisches Manöver, sondern ein theoretisch gerechtfertigter Ansatz.

Die diskutierten Argumentationen haben für die Wissenschaftswissenschaft nicht nur theoretische Bedeutung. Wenn Kenntnisse über Zusammenhänge von Ziel, Bedingungen, Mitteln und Ablauf von Tätigkeiten aus anderen Gebieten auf den Bereich der wissenschaftlichen Tätigkeiten übertragen werden, dann ist es praktisch wichtig zu unterscheiden, welche dieser Aussagen für Ziele überhaupt und welche nur für Ziele mit dem Charakter der Resultatsantizipation gelten. Bei letzteren ist die Übertragbarkeit auf jeden Fall problematisch. Wenn die Gegenstandsorientierung durch Probleme gegeben ist, so werden die Konsequenzen für das methodische Vorgehen, den Ablauf, die Aufwendungen usw. weniger bestimmt sein als bei einer Gegenstandsorientierung durch Resultatantizipation. Die Wissenschaftsplanung verbessert sich dann nicht durch Ignorieren dieser Unbestimmtheiten, sondern durch ihre positive Analyse und den Einbau eines den nichtreduzierbaren Unbestimmtheiten entsprechenden Maßes an Elastizitäten und Disponibilitäten in den tatsächlichen Ablauf des Wissenschaftsbetriebes. Das grundlegende Zielcharakteristikum einer wissenschaftlichen Erkenntnistätigkeit ist ihre Gegenstandsorientierung; sie ist auch der Ausgangspunkt für ihre Planung, wobei — und das macht diese Festellung nichttrivial — ein wissenschaftlicher Erkenntnisgegenstand durch sogenannte Themen nur sehr mangelhaft umrissen ist und die Angabe von Themen mit ausführlichen Begründungen ihrer Bedeutung eine viel geringere gegenstandsorientierende Wirkung hat als eine entwickelte Problemformulierung. Von der Gegenstandscharakteristik hängt es ab, wie genau die Schrittfolge des methodischen Vorgehens und die metrischen Parameter des wissenschaftlichen Arbeitsprozesses (Aufwand, Arbeitskräfte, Zeit usw.) überhaupt begründet bestimmbar sind — nicht umgekehrt. Es ist keineswegs effektiv, zuerst einen Rahmen für die Bestimmtheit der metrischen Parameter zu fixieren und dann die Untersuchung des Gegenstandes in diesen Rahmen zu stellen. Für die Beherrschung der wissenschaftlichen Erkenntnistätigkeiten ist daher die vor einigen Jahren von K. Hager unter Berufung auf sowjetische Autoren getroffene Feststellung sehr wesentlich, „daß sich die Planung der Grundlagenforschung beschränken sollte auf die Auswahl der perspektivreichsten Forschungsrichtungen und die Schaffung günstiger Bedingungen für die schöpferische Arbeit der kompetenten Wissenschaftler, die auf diesem Gebiet arbeiten"[47]. Auch dort, wo sich die Planung wissenschaftlicher Erkenntnistätigkeiten nicht darauf beschränken kann, sondern fortschreiten muß zu detaillierten metrischen Bestimmungen, sind diese beiden Positionen die grundlegenden.

[47] K. Hager, Sozialismus und wissenschaftlich-technische Revolution, Berlin 1972, S. 45.

# 3. Das Verhältnis von Wissenschaft und Arbeit

Bevor wir uns der Frage zuwenden, inwieweit Wissenschaft selbst als Arbeit zu behandeln ist, wollen wir kurz die Abhängigkeiten der wissenschaftlichen Tätigkeit von der produktiven Arbeit resümieren.

## 3.1. Die Hierarchie der Abhängigkeiten der Wissenschaft von der produktiven Arbeit

### 3.1.1. Historisch-genetische Abhängigkeit

Über diese Frage besteht grundsätzliche empirische und theoretische Klarheit. Sie ist von den Klassikern des Marxismus-Leninismus im Zusammenhang mit der Begründung der Philosophie des dialektischen und historischen Materialismus gelöst worden; neuere Arbeiten zum Verhältnis von Praxis und Erkenntnis haben die erreichten Positionen expliziert, systematisiert und mit zeitgenössischem Material angereichert. Über die faktische Rolle der Arbeit bei der Entstehung der
Thema gebotenen Anordnung zu nennen.
Wissenschaft überhaupt und bei der späteren Herausbildung verschiedener wissenschaftlicher Disziplinen ist freilich noch viel sorgfältige historische Forschung zu leisten; da das Ziel dieser Skizze jedoch kein wissenschaftshistorisches ist, braucht dem Bekannten nichts Grundsätzliches hinzugefügt zu werden, doch ist es angebracht, das für unsere weitere Argumentation Erforderliche in der vom

Meine Auffassung zur Datierung des Ursprungs der Wissenschaft läuft darauf hinaus, ihren Anfang in der Systematisierung und Theoretisierung der während der Urgemeinschaft angesammelten praktischen Produktions- und Lebenserfahrungen der Gesellschaft zu sehen, ihn also unter gesellschaftlichen Bedingungen zu suchen, in denen erstmalig Interessen und Möglichkeiten vorhanden waren, diese Systematisierung und Theoretisierung vorzunehmen und das Erreichte mit einiger Zuverlässigkeit zu tradieren. Das gilt ganz gewiß für die Hochkulturen der Sklavenhaltergesellschaft, insbesondere für das antike Griechenland. Sehr wahrscheinlich hat man aber den Bogen weiter zu spannen und von

Frühformen der Wissenschaft auch dort zu sprechen, wo in der späten Urgemeinschaft die traditionellen Gesellschaftsformen sich zu zersetzen begannen, Elemente der Klassendifferenzierung auftraten und sich Siedlungskonzentrationen mit spezifischen Organisations- und Kontrollproblemen entwickelten, beispielsweise in den alten vorderasiatischen Stromkulturen, aber nicht unbedingt nur dort. Derartige Formen der Systematisierung und Theoretisierung praktischer Erfahrungen wären als echte Frühformen der Wissenschaft anzusehen ganz unabhängig davon, ob und wie vollständig ihr Resultat in den Traditionsstrom einging, der die geistige Voraussetzung der griechischen Antike bildete, und erst recht unabhängig davon, ob von diesen Formen eine direkte Traditionslinie zur experimentierenden Naturwissenschaft der Neuzeit mit ihren analytischen Theorien führte. Auf diese Betrachtungsweise drängt die zunehmende Überwindung des klassischen bürgerlichen Eurozentrismus in der internationalen Wissenschaftshistoriographie, die maßgeblich von marxistischer Seite angeregt worden ist.

Die erste, einfachste und grundlegendste Abhängigkeit der Wissenschaft von der Arbeit besteht also darin, daß *die Arbeit die Wissenschaft historisch ermöglicht hat.* Wissenschaftliche Tätigkeit ist immer theoriebezogen, auch wenn sie empirisch erfolgt; selbst dann, wenn das Sammeln von Tatsachen in keinem sichtbaren inhaltlichen Zusammenhang zu einer vorhandenen Theorie steht, legitimiert es sich als zur Wissenschaft gehörig durch seine Intention, diese Tatsachen letztendlich theoretisch zu organisieren, sei es durch einen doch noch zu findenden Anschluß an eine vorhandene Theorie, sei es durch Schaffung einer neuen nach dem allgemeinen Vorbild der bereits geschaffenen Theorien. Ohne diese Intention löst sich das Sammeln faktischer Daten nicht aus der praktischen Lebenstätigkeit, wird nicht zur Empirie als einer Seite der Wissenschaft. Das theoretische Verhalten, ohne das es keine Wissenschaft geben kann, ist ein historisches Produkt; es realisiert sich auch dann, wenn der Wissenschaftler als Beobachter und Experimentator dem Untersuchungsgegenstand direkt gegenübertritt, durch die kritische Reflexion der Erfahrung und erst über diese Vermittlung durch ein objektives Verhalten zum Gegenstand der Beobachtung. Unter gesellschaftlichen Bedingungen, die bis auf die zur physischen und demographischen Reproduktion unbedingt notwendige Zeit faktisch die gesamte Lebenszeit des Individuums mit schwerer körperlicher Arbeit füllen, kann eine solche kritisch-reflektierende Haltung zur Erfahrung nicht zustande kommen, auch wenn das Volumen der akkumulierten praktischen Erfahrung bedeutend ist. Auch die gleichmäßige Verteilung der langsam entstehenden kleinen Differenz zwischen tatsächlicher und notwendiger Arbeit auf alle Mitglieder der Gesellschaft hätte eine solche Haltung nicht erzeugen können. Deshalb war die — allein auf der Basis des ausschließlichen Eigentums an den entscheidenden Produktionsbedingungen unter Einschluß der Produzenten selbst, also von ökonomischen und sozialen Verhältnissen der Ausbeutung des Menschen durch den Menschen mögliche — Usurpierung der Gesamtheit des von der Gesellschaft erzeugten Mehrprodukts und daher des ganzen Volumens der von der Gesellschaft bis dahin produzierten echten Freizeit (d. h. Zeit, die über das zur physischen Reproduktion der Arbeitskraft unbedingt notwendige Maß hinausgeht und zur freien Entwicklung des Individuums bereitsteht) durch wenige und nicht ihre Gleichverteilung auf alle Mitglieder der Gesellschaft der einzige Weg, auf dem Wissenschaft entstehen konnte. Das Ermöglichen von Wissenschaft überhaupt wie auch das Herbeiführen entscheidender Schritte in der Entwicklung der Wissenschaft, besonders augenfällig die aus der Herausbildung der kapitalistischen Produktionsweise hervorgegangene experimentierende Naturwissenschaft der Neuzeit, zählen zu den Kriterien, an denen die objektive historische Fortschrittlichkeit von Ausbeuterordnungen zu messen ist, ebenso wie die hemmende oder deformierende Wirkung antagonistischer Produktionsweisen auf die Entwicklung der Wissenschaft als eine Wesenskraft des gesellschaftlichen Menschen zu den zuverlässigsten Anzeigern für die geschichtliche Überfälligkeit der jeweiligen Ordnung bzw. in der Gegenwart der Ausbeutergesellschaft überhaupt zählt.

Der hier vertretene Standpunkt versteht das Erscheinen von Wissenschaft als ein Phänomen gesellschaftlicher *Arbeitsteilung*, als eine Seite der direkt mit der Spaltung der Gesellschaft in antagonistische Klassen verbundenen Trennung von körperlicher und geistiger Arbeit. So unbestreitbar es ist, daß die Wissenschaft ihrem Ursprung nach die zu einer besonderen Tätigkeitsart verselbständigte Erkenntniskomponente des Arbeitsprozesses überhaupt ist, so unfruchtbar wäre es, das Moment dieser Verselbständigung nicht als konstitutiv anzusehen und den Standpunkt zu vertreten, Wissenschaft sei ebenso wie die Arbeit und als deren Bestandteil von Anfang an in der Menschheitsgeschichte enthalten, und die Frage nach dem Faktum, den Bedingungen und der Gesetzmäßigkeit ihrer Entstehung sei daher sinnlos. Man kann gewiß zur rationalen Rekonstruktion des Wortgebrauchs von „Wissenschaft" verschiedene Standpunkte vertreten, aber die Tatsache des qualitativen Sprunges, den der Übergang von der Urgemeinschaft zur Klassengesellschaft in der gesellschaftlichen Erkenntnis hervorgerufen hat, ist historisch erwiesen. Ein Teil des gesellschaftlichen Wissens nahm theoretisierte und systematisierte, intersubjektiv prüfbare Gestalt an (die antike Mathematik und die Aristotelische Logik sind Belege dafür, daß die Eigenschaft der personenunabhängigen Darstellung und intersubjektiven Prüfbarkeit des Wissens nicht erst Errungenschaften der experimentierenden Naturwissenschaft waren). Die unmittelbare Grundlage dafür, das Wissen aus der Rezeption der traditionellen Arbeitsverfahren und aus der poetischen Bildhaftigkeit der Mythologie in die rationale Form theoretischer Systeme zu überführen, war die relative Verselbständigung der Erkenntnistätigkeit; wenn wir eine Tätigkeit, die Wissen mit den angedeuteten Qualitäten erzeugt, als Wissenschaft bezeichnen, so legen wir damit nicht einfach die Verwendungsweise für einen Terminus fest, sondern handeln in der Tradition des Selbstverständnisses von Wissenschaft und seiner Reflexion in der progressiven Philosophie.

Die außerordentliche Rolle, die die Erzeugung von verfügbarem Mehrprodukt und die Scheidung der Gesellschaft in Klassen für die Herausbildung von Wissenschaft spielte, wird auch aus folgender Überlegung deutlich. Die gesellschaftliche

Entwicklung der Urgemeinschaft war von der Ansammlung von Wissen begleitet — von der Tradierung von Beobachtungen aus der Arbeit und den zwischenmenschlichen Beziehungen, von der Stabilisierung bewährter Verfahren und Normen der Produktion und des Gemeinschaftslebens, von der Ausbildung mythologischer Erklärungen über Zusammenhänge, die den Horizont des rational Beherrschbaren überschritten. Dieses Wissen — der geistige Rohstoff der späteren Wissenschaft — enthielt im Prozeß seiner allmählichen Akkumulation anscheinend keine zwingenden Notwendigkeiten der Theoretisierung, etwa herangereifte Widersprüche zwischen dem Volumen des angesammelten Wissens und dem Vermögen der gebräuchlichen Tradierungsformen, dieses Wissen in der Generationenfolge weiterzugeben. Wissensinhalte, an die die wissenschaftliche Tätigkeit hätte anknüpfen können, bestanden in Gestalt von Arbeits- und Alltagserfahrungen und mythologischen Vorstellungen schon lange, bevor wissenschaftliche Tätigkeiten tatsächlich auftraten. Möglichkeit wissenschaftlicher Tätigkeit und Interesse an ihr — beide als sozial-historische Produkte verstanden — und nicht innere Widersprüche der Erkenntnisentwicklung waren offenbar entscheidend dafür, die schon lange latente Möglichkeit des Entstehens von Wissenschaft zu realisieren. Beide aber sind Produkte der Entwicklung der gesellschaftlichen Arbeit: die Möglichkeit wissenschaftlicher Tätigkeit direkt durch die Erzeugung von Mehrprodukt und Freizeit; das Interesse an ihr indirekt über das der ökonomisch ermöglichten Lebensweise der Sklavenhalter entsprechende System der von ihnen akzeptierten Normen und Werte des Lebens. Besondere Umstände — wie die geographische Lage, die Vielfalt der Handelsverbindungen usw. — sind nicht als eigentliche Ursache der Herausbildung von Wissenschaft bei den Völkern des Altertums anzusehen; sie tragen aber dazu bei, der frühen Wissenschaft gerade im klassischen Griechenland eine glanzvolle Blütezeit zu ermöglichen. So erzeugte die Entwicklung der gesellschaftlichen Arbeit gesetzmäßig die Bedingungen, unter denen die praktischen Erfahrungen systematisiert und theoretisiert und die Mythen rationalisiert werden konnten und beide in der Wissenschaft eine Verbindung eingingen, die die Qualität jeder der beiden Seiten entscheidend veränderte. Eben weil die Entwicklung der Arbeit in jeder Hinsicht die Möglichkeit von Wissenschaft schuf, ist die Wissenschaft des Altertums — ohne das Verdienst der genialen Denker, deren Namen uns überliefert sind, im geringsten zu schmälern — kollektives Produkt des Volkes und Fazit der bis dahin zurückgelegten Menschheitsgeschichte.

Die hier vertretene Auffassung, daß nicht der *Umfang* des von der Gesellschaft akkumulierten Wissensschatzes, sondern die von der Entwicklung der Arbeit bedingte Änderung der Qualität des *Verhaltens* zu diesem entscheidend für die Entstehung der Wissenschaft war, ermöglicht einen plausiblen Zugang zu den Besonderheiten, die die Wissenschaft in ihrem Frühstadium aufwies, und zugleich eine begründete Zurückweisung der einseitigen Vorstellung, die Entstehung der Wissenschaft überhaupt sei mit dem Aufkommen der modernen Naturwissenschaft identisch, und alles Frühere sei bestenfalls als Vorwissenschaft zu betrachten —

eine Vorstellung, die den extremen und schädlichen Gedanken impliziert, die Beschäftigung mit jedem beliebigen Gegenstandsbereich, insbesondere auch mit gesellschaftlichen Gegenständen, müsse strikt nach dem Modell der Naturwissenschaften gestaltet sein, um auf das Prädikat der Wissenschaftlichkeit Anspruch erheben zu können. Vertreter dieses Standpunktes pflegen der antiken Wissenschaft das Fehlen einer systematischen Empirie, den Mangel an planmäßigem Experimentieren zum Vorwurf zu machen und sie als eine im ganzen spekulative, nicht oder noch nicht wissenschaftliche Phase der Erkenntnisgeschichte zu betrachten. Abgesehen davon, daß die Verbindungen der Wissenschaft des Altertums mit praktischem Probieren, mit technischen Entwürfen und mit systematischem Beobachten der Natur in dem Antike-Bild des deutschen Bildungsbürgertums des 19. Jahrhunderts heruntergespielt worden sind, muß es jedem, der wissenschaftliche Abbildung der Wirklichkeit ausschließlich an planmäßiges Experimentieren bindet, als ein paradoxes Phänomen erscheinen, daß die griechische Wissenschaft trotz des weitgehenden Fehlens dieses Attributs bis in die Gegenwart befruchtende Wirkungen auf den Erkenntnisfortschritt ausübt[1]. Woher kommen diese Wirkungen, die sich mit der Zunahme des zeitlichen Abstandes von der Formulierung der antiken Ideen nicht abzuschwächen, sondern eher zu vervielfachen scheinen? Dieses Phänomen wäre ein Wunder, wenn die Denker des Altertums tatsächlich keinen anderen Ausgangspunkt gehabt hätten als ihren eigenen Intellekt und die Erfahrungen ihres unmittelbaren Lebenskreises.

In der Tat verfügten sie aber über die bisherige geschichtliche Gesamterfahrung der Menschheit in konzentrierter Form: denn die Sprache ist ebenso Akkumulator gesellschaftlicher Erfahrung wie Kommunikationsmittel und Erkenntniswerkzeug. Die Tatsache, daß die antike Wissenschaft aus diesem enormen Erfahrungsreservoir schöpfte, ist offensichtlich der eigentliche Grund für die erstaunliche Lebenskraft ihrer Ideen. Damit die in der Sprache verborgenen Schätze aber gehoben werden können, muß man sich reflektierend zu ihr verhalten, muß sie selbst bewußt zum Objekt des Erkennens machen. Das ist nicht möglich, solange für jene, die sich ihrer bedienen, ihre Funktion als Kommunikationsmittel des praktischen Lebens alle anderen Funktionen überdeckt, weil die Individuen ganz und gar in den Prozeß der Produktion und Reproduktion des praktischen Lebens eingebunden sind. Subjekt zu werden gegenüber der Praxis selbst und damit auch gegenüber den sprachlichen Mitteln, mit denen sich die Praxis als gesellschaftlicher Prozeß verwirklicht, verlangt ein gewisses Heraustreten aus dieser Bindung, das durch die Bildung der Klassengesellschaft und die Erzeugung eines von den Verpflichtungen der praktischen Arbeit freien Personenkreises erstmals ermöglicht wurde. Auf diesem Wege begann die Umformung der in der Sprache akkumulierten Erfahrung in wissenschaftliches Wissen.

[1] Diese Wirkungen übt sie nicht durch ihr Faktenmaterial aus, sondern durch ihre fundamentalen Ideen, und sie werden speziell von Vertretern solcher Gebiete bescheinigt, die als Prototypen exakter Naturwissenschaft gelten.

Es ist wichtig, sich darüber zu verständigen, was dieser Prozeß für das Werden der Wissenschaft bedeutete. Die sprachliche Realität kann nicht außersprachlich vernünftig reflektiert werden. Das reflektierende Verhalten zur Sprache als Akkumulator geschichtlicher Erfahrung verwirklicht sich über die innere Differenzierung der Sprache selbst, über das Entstehen einer Schicht in der Sprache, die sich — auch wenn sie zunächst die gleichen Termini und die gleiche Grammatik aufweist wie die Sprache der praktischen Alltagskommunikation — von dieser funktionell abhebt (als *spezialisiertes* Erkenntniswerkzeug) und dadurch schließlich auch (als *theoretische* Sprache) einen anderen Erkenntnisinhalt annimmt. Wissenschaft tritt nicht dadurch ein, daß der Mensch durch seine Erfahrung zum Subjekt des Erkennens wird, sondern dadurch, daß sich der Mensch gegenüber seiner im praktischen Alltagsleben gesammelten Erfahrung zum kritisch-reflektierenden Subjekt entwickelt und sich damit aus dem Netz dieser Erfahrungen heraushebt. Dadurch entsteht zweifellos ein neues Verhältnis des erkennenden Menschen zur objektiven Realität, aber dieses Verhältnis entsteht nicht unmittelbar, sondern ist — unter dem Aspekt der menschlichen Tätigkeit gesehen — *vermittelt* primär durch eine Weiterentwicklung des Verhaltens zur Sprache und damit des sprachlichen Verhaltens selbst. Das theoretische reflektierende Verhalten ist keine Naturgabe des Menschen, es ist auch kein ursprüngliches Ingrediens der Arbeit wie die Alltagssprache, aber es ist ein historisches Produkt der Entwicklung des gesellschaftlichen Arbeitsprozesses.

Damit wird eine ausdrückliche Kontraposition zu jeder empiristischen Deutung des Wesens und der Entstehung von Wissenschaft vertreten. Die Erweiterung des empirischen Horizonts der Gesellschaft war nicht Ausgangspunkt, sondern Folge der Entstehung von Wissenschaft; von diesem Punkt an war allerdings die Erweiterung des empirischen Horizonts ständige Leistung des Funktionierens von Wissenschaft. Wenn sich wissenschaftliche Tätigkeit der Empirie zuwendet, so tut sie das nicht in blindem Vertrauen, sondern auf objektive, kritisch-reflektierende Weise. Kritisches Verhalten zu den verwendeten sprachlichen Mitteln ist daher auch für den beobachtenden und messenden Naturwissenschaftler *Voraussetzung* objektiven Verhaltens zur Empirie. Jeder wesentliche Fortschritt in der Objektivität des wissenschaftlichen Erkennens — und die Entstehung der experimentierenden Naturwissenschaft zählt zu den größten Fortschritten dieser Art — war und ist vermittelt durch einen Fortschritt im Sprachverhalten. Die Auswirkungen der Mathematik auf die Entwicklung der Erkenntnis in den „empirischen Wissenschaften" legen dafür Zeugnis ab. Allerdings darf man hier den Begriff der Sprache nicht eingeschränkt nehmen; Sprache ist zu verstehen als unmittelbare materielle und gesellschaftliche Wirklichkeit des Gedankens, als universelles Medium des zwischenmenschlichen Verkehrs, das Mittler der Produktion und Reproduktion des materiellen Lebens der Gesellschaft ist, von deren Entwicklung abhängt und deren Differenziertheit und Vielschichtigkeit in ihrer eigenen Differenzierung abbildet. Progressive Veränderungen des sprachlichen Verhaltens — darunter auch jene, die die Wissenschaft hervorgerufen haben und die wesentliche Fortschritte in der wissenschaftlichen Erkenntnis ermöglichen — können nicht unmittelbar aus der Gegenstand-Abbild-Relation erklärt werden. Das bedeutet aber durchaus nicht, daß man sie subjektivistisch deuten müßte — ihre Notwendigkeit gründet sich auf die Entwicklung der Produktion und Reproduktion des materiellen Lebens der Gesellschaft. Nur so wird sich letzten Endes erklären lassen, warum die Entwicklung der Arbeit, des „Stoffwechsels" zwischen Gesellschaft und Natur, mit historischer Notwendigkeit die Wissenschaft zu einer Zeit erzeugte, als zum Funktionieren dieses „Stoffwechsels" selbst noch gar keine Wissenschaft vonnöten war.

Damit ist auch der hier vertretene Standpunkt begründet, daß Wissenschaft als besondere gesellschaftliche Erscheinung in der Frühzeit der Klassengesellschaft und nicht erst mit dem Kapitalismus ins Leben trat. Das reflektierende Verhalten zur Sprache, dessen Herausbildung die Entstehung der Wissenschaft vermittelte, betraf in erster Linie die Sprache als universellen Speicher von Erfahrung über alle Sphären der Wirklichkeit, mit denen die Gesellschaft in ihrer bisherigen Geschichte in Berührung gekommen war; erst daraus wuchs das Interesse an der Sprache als einem speziellen Untersuchungsgegenstand (einer Erscheinung mit einer bestimmten elementaren Zusammensetzung, gewissen Strukturen und einem Ensemble gesellschaftlicher Funktionen) hervor. In der Frühzeit der Klassengesellschaft entstand die Wissenschaft als eine spezifische Art gesellschaftlicher Tätigkeiten, die sich von anderen Tätigkeitsarten durch relativ eigenständige Ziele, Normen und Methoden abhob und deren Besonderheit darin ihren konzentrierten Ausdruck fand, daß durch ein kritisch-reflektierendes Verhalten zu der sprachlich akkumulierten Alltagserfahrung ein theoretisches Verhältnis der erkennenden Menschen zur objektiven Realität (d. h. wissenschaftliche Objektivität) vermittelt wurde.

Daß also Arbeit Wissenschaft *historisch ermöglicht* hat, liegt auf der Hand. Dieser globale Ausdruck faßt aber eine ganze Reihe von Bestimmungen unterschiedlicher Evidenz zusammen. Erstens ist damit gesagt, daß die Arbeit in ihrer ganzen Geschichte ein großes Maß von Wissen über die Natur, die Gesellschaft und die Wechselwirkung beider hervorbrachte, das sprachlich fixiert war und tradiert wurde, aber in den praktischen Lebensprozeß einbezogen blieb, bis es zum empirischen Rohmaterial der Wissenschaft wurde, die eben durch diese historische Mitgift in die glückliche Lage versetzt wurde, sich auch bei „spekulativem" Vorgehen nicht in leerer und unfruchtbarer Spekulation erschöpfen zu müssen. Zweitens wird damit festgestellt, daß die geschichtliche Entwicklung der Arbeit gesetzmäßig bis zur Erzeugung von Mehrprodukt voranschritt und damit Zeit für wissenschaftliche Tätigkeit schuf, ebenso wie Subsistenzmittel für jene, die diese Tätigkeit ausübten. Drittens erzeugte die Entwicklung der Arbeit gesetzmäßig antagonistische Klassenverhältnisse und damit eine Gruppe von Individuen, die nicht nur die ökonomischen und sozialen Voraussetzungen zu wissenschaftlicher Tätigkeit monopolisierten, sondern auch ihrer gesellschaftlichen Interessenlage nach motiviert waren, das für wissenschaftliche Tätigkeit unumgängliche theoretische Verhalten bei sich auszubilden. Die beiden erstgenannten Zusammenhänge wird auch ein nichtmarxistischer Wissenschaftshistoriker ohne weiteres zugeben; um aber den Zusammenhang des wissenschaftlichen Verhaltens mit der produktiven Arbeit (einen Zusammenhang, der in der frühen Wissenschaft über die Produktionsverhältnisse vermittelt ist, denn produktive Arbeit und theoretisches Verhalten schließen hier einander aus) zu begründen, bedarf es des historischen Materialismus, und damit verlassen wir auch das Gebiet der trivialen Abhängigkeiten. Wenn die genannten drei Zusammenhänge zugegeben werden, dann kann man immer noch die Ansicht vertreten, die Entwicklung der Arbeit habe zwar die Wissenschaft historisch ermöglicht, aber seitdem diese Möglichkeit einmal eingetreten ist und stabil reproduziert wird, entwickele sich die Wissenschaft unabhängig von der Arbeit weiter.

Diesem Argumentationstyp tritt der folgende Teilabschnitt entgegen. Zuvor sei aber der Nachweis der historisch-genetischen Abhängigkeit vervollständigt. Bisher wurde von Bedingungen gesprochen, die die wissenschaftliche Tätigkeit ursprünglich ermöglicht haben, aber ihr selbst weitgehend äußerlich sind. Man muß jedoch berücksichtigen, daß die Grundstruktur der Wissenschaft als Tätigkeit, als zielstrebiges Handeln, als Prozeß zwischen Subjekt und Objekt selbst der Arbeit entstammt. Ziele und Bedingungen der wissenschaftlichen Tätigkeit haben ihre Spezifik gegenüber den Zielen und Bedingungen von Arbeitstätigkeiten in der materiellen Produktion, die sich aus der arbeitsteiligen Verselbständigung der Wissenschaft ergibt. Aber *daß* in der wissenschaftlichen Tätigkeit bewußt Ziele gestellt und Ziel-Bedingungs-Relationen beachtet werden müssen, um gesellschaftlich nutzbare Erkenntnis zu erzeugen, ist der Wissenschaft infolge ihrer historischen Herkunft aus dem Arbeitsprozeß eigen. In ihrer ganzen geschichtlichen Existenz trägt Wissenschaft, auch wenn sie in ihren Zielen zeitweise noch so weit von der produktiven Arbeit entfernt war, das Signum ihrer Herkunft in ihrer eigenen Anatomie, und sie kann diese Nabelschnur, die sie mit der produktiven Arbeit verbindet, nicht durchtrennen, ohne daß sie selbst zu existieren aufhört. Die Strukturidentität der wissenschaftlichen Tätigkeit mit der materiell-produktiven Arbeit (sofern man die allgemeinsten Strukturmerkmale beider nimmt) ist in dem Abschnitt über die charakteristischen Züge der wissenschaftlichen Tätigkeit erörtert worden. Sie bedeutet, wie gezeigt wurde, noch keineswegs, daß wissenschaftliche Tätigkeit unterallen Umständen aktuell Arbeit ist, aber sie erlaubt unseres Erachtens die Behauptung, daß immer, unter allen historischen Bedingungen ein gesellschaftliches Bezugssystem existiert, in dem die Beziehungen von Wissenschaft und materiell-produktiver Arbeit innere Beziehungen sind. Wenn sich die Argumentation für die Behauptung, daß die Wissenschaft von der materiell-produktiven Arbeit determiniert wird, im Hinweis auf die von der materiellen Produktion erzeugten Subsistenzmittel für die wissenschaftlich Tätigen und die aus ihr stammenden materiellen Mittel und Bedingungen der wissenschaftlichen Tätigkeit sowie auf die von ihr ausgehenden Forderungen nach Bereitstellung praktikabler Resultate beschränkt, dann hat man die entscheidende Position gegenüber dem wissenschaftstheoretischen „Immanentismus“ bereits kampflos aufgegeben. Die materiell-produktive Arbeit determiniert die Wissenschaft nicht nur durch die Bedingungen ihres Betriebes und nicht nur über ihre höchsten Ziele, sondern zuerst und vor allem in ihrem Wesen als menschliche Tätigkeit.

### 3.1.2. Abhängigkeit der Reproduktion und Entwicklung der Wissenschaft von der materiell-produktiven Arbeit

Wie die Gesellschaft über die Arbeit fortwährend in Stoffwechsel mit der Natur stehen muß, um existieren und sich entwickeln zu können, bedarf die wissenschaftliche Tätigkeit stets des Austausches mit der materiell-produktiven Arbeit. Über lange Perioden ihrer Geschichte, im Grunde bis zur industriellen Revolution und der ihr zugrundeliegenden technischen Umwälzung, verlief der belebende Strom sehr einseitig von der produktiven Arbeit zur Wissenschaft bei geringer und meist hochgradig vermittelter und pauschaler Rückkopplung, bis schließlich mit der kapitalistischen Großproduktion wissenschaftliche Tätigkeit und materiell-produktive Arbeit zu einem gemeinsam evolvierenden System mit voll ausgebildeter gegenseitiger Abhängigkeit der beiden Seiten wurden, freilich zugleich vom durch die Produktionsverhältnisse bedingten sozialen Gegensatz von körperlicher und geistiger Arbeit gespalten. Zum Unterschied von der historisch-genetischen Abhängigkeit geht es hier um laufende, prozessuale Abhängigkeit der wissenschaftlichen Tätigkeit von der simultan mit ihr existierenden materiellen Produktion.

So wie die primäre Produktion der Möglichkeit von Wissenschaft durch die produktive Arbeit Bedingung ihrer Entstehung war, so ist die Reproduktion dieser Möglichkeit Bedingung der kontinuierlichen Fortexistenz von Wissenschaft. Die Reproduktion der Möglichkeit von Wissenschaft hat die spezifische — d. h. bereits auf die Erfordernisse der Wissenschaft bezogene — Gestalt der Reproduktion des Potentials der wissenschaftlichen Tätigkeiten. Elementare Basis der Notwendigkeit, das Potential zu reproduzieren, um die Kontinuität der Wissenschaft zu sichern, ist der physische Verschleiß der sachlichen Potentialelemente bzw. der natürliche Generationswechsel der Kader. Soweit es um einfache Reproduktion geht, gibt die Funktionsdauer der Potentialbestandteile bis zum Verlust ihres ursprünglichen Gebrauchswertes die Maximalgröße der Zyklen an, innerhalb deren Erneuerung zu erfolgen hat. Das wissenschaftliche Wissen, das in Wissenschaftspotentialen enthalten und in erkenntnistheoretischer Abstraktion von physischem Verschleiß frei ist, existiert real nur in materiellen Substraten (entweder als Qualifikation in den Köpfen der wissenschaftlich Tätigen oder vergegenständlicht in Form von Geräten usw. oder dokumental in Form von geordneten Zeichengesamtheiten — in wissenschaftlichen Potentialen kommen in der Regel alle drei Daseinsformen des Wissens vor), und die Möglichkeit unbegrenzter Fortdauer, die in seiner Idealität liegt, kann nur durch Reproduktion seiner materiellen

Substanz realisiert werden. Diese Reproduktion verlangt ökonomischen Aufwand, der von der materiell-produktiven Arbeit entweder unmittelbar oder indirekt (über die Bereitstellung der für die Reproduktion der dabei verausgabten Arbeitskraft erforderlichen Subsistenzmittel) geschaffen werden muß.

Die Notwendigkeit der Reproduktion des Potentials der wissenschaftlichen Tätigkeiten unter Einsatz eines Teils der verfügbaren materiell-produktiven Gesamtarbeit ist eine triviale Tatsache. Wissenschaftstheoretisch wesentlich hingegen ist, für wie tiefgehend der Einfluß erachtet wird, der von dieser Abhängigkeit auf die wissenschaftliche Tätigkeit ausgeht. Die Reproduktion des Potentials wissenschaftlicher Tätigkeit (Wissenschaftspotential) hat unterscheidbare Schichten, von Reproduktionsleistungen unterschiedlicher Wissenschaftsspezifik, die sich grob in folgendes Schema gliedern lassen:

a) Wissenschaftsunspezifische Reproduktionsleistungen, die von der außerwissenschaftlichen Tätigkeit, insbesondere von der materiell-produktiven Arbeit vollbracht werden.
b) Wissenschaftsspezifische Reproduktionsleistungen, die von der außerwissenschaftlichen Tätigkeit, insbesondere von der materiell-produktiven Arbeit vollbracht werden.
c) Wissenschaftsspezifische Reproduktionsleistungen, die von der wissenschaftlichen Tätigkeit selbst vollbracht werden.

Auf den Reproduktionszusammenhang c), den Umschlag von Resultaten wissenschaftlicher Tätigkeit in das Potential künftiger wissenschaftlicher Tätigkeiten, soll an dieser Stelle nicht weiter eingegangen werden.

Die Gruppe a) der Reproduktionsleistungen für das Wissenschaftspotential vollbringt die materiell-produktive Arbeit in gleicher Weise wie entsprechende Reproduktionsleistungen für das Potential anderer gesellschaftlicher Tätigkeiten (Ermöglichen der demographischen Reproduktion als elementare Voraussetzung für die regelmäßige Erneuerung des Kaderpotentials der Wissenschaft; Produktion der Subsistenzmittel, deren der wissenschaftlich Tätige nicht auf Grund seiner professionellen Stellung, sondern als Individuum mit einem bestimmten sozialhistorisch gegebenen Bedürfnisniveau bedarf; Produktion unspezifischer sachlicher Voraussetzungen für die wissenschaftliche Tätigkeit). Durch diese Reproduktionsleistungen wirkt die materiell-produktive Arbeit generell ermöglichend und in Abhängigkeit von der absoluten und relativen Größe dieser Leistungen fördernd oder hemmend auf die Wissenschaftsentwicklung ein, steuert aber nicht deren Richtung. Daher bereitet das Faktum dieser „alltäglichen" Abhängigkeit der Wissenschaft von der materiell-produktiven Arbeit einer „immanenten" Wissenschaftsauffassung keinerlei Schwierigkeit: Ziel und Inhalt der wissenschaftlichen Tätigkeit erscheinen hier rein immanent bestimmt, solange nur die genannte Ebene der Produktionsabhängigkeit in Betracht gezogen wird; auch die Zielsteuerung der Wissenschaft (Prioritätensetzung, Themen- und Projektplanung usw.) läßt sich deuten, ohne daß die wissenschaftstheoretische Basis angegriffen wird, denn der gesellschaftliche Auftraggeber kann nur jene Ziele wählen (bei

Strafe des Mißerfolgs), die in der jeweiligen Situation real möglich sind, und diese Möglichkeiten werden von der Wissenschaft selbst produziert.

Von großem Interesse ist der Bereich der wissenschaftsspezifischen Reproduktionsleistungen, die die materiell-produktive Arbeit für die Erneuerung des Wissenschaftspotentials erbringt. Die Existenz dieser Schicht von Reproduktionszusammenhängen bedeutet, daß ein Teil der materiell-produktiven Arbeit nicht nur als abstrakte Arbeit (durch Erzeugung von Mehrprodukt), sondern auch als konkrete, gebrauchswertschaffende Arbeit auf die Bedürfnisse der wissenschaftlichen Tätigkeit eingestellt, ihr funktionell zugeordnet sein muß. Diese Abhängigkeit besteht spätestens seit dem Übergang der Naturwissenschaft zum systematischen Experimentieren unter Verwendung von Experimentalmitteln, die sich von den in der materiellen Produktion üblichen unterscheiden, und findet in der Gegenwart ihren signifikantesten Ausdruck in der Existenz und Entwicklung des wissenschaftlichen Gerätebaus als selbständiger Industriezweig. Durch diese Reproduktionsleistungen übt die materiell-produktive Arbeit über den generell ermöglichenden und den tempobeeinflussenden Effekt hinaus eine spezifische Steuerungswirkung auf die Wissenschaftsentwicklung aus. Ein großer Teil der Forschungstechnik wirkt auf den wissenschaftlichen Erkenntnisprozeß nicht nur ökonomisierend, indem es der Einsatz dieser Technik ermöglicht, absolut schneller oder mit weniger Aufwand an lebendiger Arbeit zu bestimmten Resultaten zu kommen als ohne diese Voraussetzungen; entscheidende Anteile der Forschungstechnik sind so beschaffen, daß ihr Fehlen bestimmte Erkenntnishorizonte vollkommen verschließt, so daß diese Mittel durch noch so großen Einsatz lebendiger Arbeit nicht substituierbar sind. Damit wird augenfällig, daß die materielle Produktion nicht nur die Möglichkeit determiniert, irgendwelche wissenschaftliche Tätigkeit auszuüben, sondern auch die Möglichkeit bestimmt, ob ganz bestimmte Erkenntnisse überhaupt zugänglich sind, und den Zeitpunkt, zu dem sie frühestens erreicht werden können. Für viele avancierte naturwissenschaftliche Gebiete ist das Vorhandensein einer „kritischen Masse" an modernster Forschungstechnik unabdingbare Voraussetzung dafür, sie überhaupt auf internationalem Niveau betreiben zu können; der hohe Aufwand, der dafür erbracht werden muß, gehört zu den wichtigsten Stimuli, die Spezialisierung und Konzentration der wissenschaftlichen Tätigkeit auch über Ländergrenzen hinweg notwendig machen und die Vorzüge der internationalen sozialistischen Wissenschaftskooperation begründen. Zielentscheidungen über Forschungsgebiete sind nur dann realistisch, wenn die entsprechenden wissenschaftsspezifischen Reproduktionsleistungen für das Potential dieser Gebiete gesichert sind. Die spezifischen und nichtspezifischen materiellen Mittel, derer sich die wissenschaftliche Tätigkeit bedienen muß, können das technische Niveau der materiellen Produktion nicht überschreiten; sie können wohl deren Spitzenleistungen darstellen, bleiben aber an ihren Stand gebunden. Damit bestimmt die materiell-produktive Arbeit die äußerste Grenze dessen, was in einer bestimmten historischen Situation überhaupt erkennbar ist, soweit die Erkenntnis von den eingesetzten materiellen Mitteln abhängt. Der äußerste

Erkenntnishorizont ist insofern eine historisch objektive Gegebenheit, über die sich die wissenschaftliche Erkenntnis nicht subjektiv hinwegsetzen kann; er hängt von der erreichten Produktivkraft der Arbeit ab und läßt sich nicht anders als durch die Erhöhung ihrer Produktivkraft erweitern — mit anderen Worten, seine Ausdehnung muß selbst *produziert* werden. Für Wissenschaftsgebiete, in denen nicht oder wenig experimentiert wird, ist diese Abhängigkeit nicht so deutlich; ebenso führen die Überlegungen zur Reproduktion des Wissenschaftspotentials auch nicht auf eine durch das Niveau der materiell-produktiven Arbeit bedingte historische Begrenzung des subjektiven Erkenntnisvermögens der wissenschaftlich Tätigen, so daß sich auf dieser Stufe der Betrachtung beispielsweise kein Argument gegen die Behauptung ergibt, die Möglichkeiten der Aufstellung von Hypothesen könnten den Möglichkeiten ihrer Überprüfung unbegrenzt vorauseilen.

Damit wissenschaftliche Tätigkeit kontinuierlich stattfinden kann, muß ein bestimmter Teil des Produkts der materiell-produktiven Arbeit für die Reproduktion des wissenschaftlichen Potentials aufgewandt werden, und zwar unabhängig von der ökonomischen Form dieses Aufwandes, unabhängig davon, ob er in der volkswirtschaftlichen Gesamtrechnung als Ersatz für verbrauchte produktive Fonds oder als zur Konsumtion oder Akkumulation bestimmter Teil des Nationaleinkommens erscheint. Wissenschaftsstatistische Untersuchungen lassen es für die Jahrhunderte seit dem Aufkommen des Kapitalismus wahrscheinlich, wirtschaftsstatistische Angaben für das letzte Jahrhundert gesichert erscheinen, daß dieser Reproduktionsaufwand nicht nur absolut, sondern auch anteilig im Verhältnis zum Gesamtprodukt der materiell-produktiven Arbeit wächst. Damit findet de facto eine Umverteilung der Ressourcen zwischen den verschiedenen Arten gesellschaftlicher Tätigkeit statt. Diese Umverteilung stellt sich für die Wissenschaft als extensives Potentialwachstum dar. In ihrer Grundtendenz ist sie ein historisch gesetzmäßiger Prozeß; das tatsächlich beobachtete Umverteilungstempo scheint jedoch bisher über dem Optimalwert gelegen zu haben, als erzwungene Bewegung der Anpassung an eine Situation, in der die Ergiebigkeit des Einsatzes von Wissenschaftspotential nicht im erforderlichen Maße wächst — aus Gründen, deren Aufdeckung und Beseitigung vorrangiges Anliegen der Intensivierungsstrategie in der sozialistischen Wissenschaftsentwicklung sein müssen. Bisher gibt es keine Theorie, die den Umverteilungsprozeß der Ressourcen beschreibt und die die für eine bestimmte Situation optimalen Werte für die Proportion der Ressourcenaufteilung und für die Geschwindigkeit der Proportionsverschiebung zu berechnen gestattet, so daß die effektive Höhe des jeweiligen Wissenschaftsaufwandes in der sozialistischen Gesellschaft durch Vergleich der für einen Zeitraum überhaupt verfügbaren Ressourcen mit den aggregierten Anforderungen und Auswahlentscheidungen nach einer von den grundlegenden Zielen des Sozialismus abhängigen Prioritätenskala auf halbtheoretischem Wege erfolgen muß.

Der Ansatz, der durch die Betrachtung des Wissenschaftsaufwandes als Reproduktionsaufwand für das Wissenschaftspotential nahegelegt wird, erscheint jedoch aussichtsreich: es wird nicht von einer isolierten Wachstumsbetrachtung des Systems „Wissenschaft“ ausgegangen, das Anforderungen an das andere System „Produktion“ stellt, sondern von vornherein von einem größeren Ganzen, dessen ganzheitliche Eigenschaften die Möglichkeiten des relativen Wachstums eines Teilsystems durch Ressourcenumverteilung bestimmen und begrenzen. Durch den Wechsel des Ausgangspunktes (vom „exponentiellen Wachstum des Wissenschaftsaufwandes“ zur „Umverteilung der gesellschaftlichen Ressourcen“) wird das Gesamtproblem, das in den Priceschen Wachstumsbetrachtungen vorwiegend negativ in Gestalt von „Paradoxien des Wachstums“ erschien, nunmehr positiv zugänglich. Die Modellierung, noch dazu in quantifizierender Form, wird unter diesen Voraussetzungen jedoch wesentlich schwieriger als bei einer isolierten Wachstumsbetrachtung, denn sie kann nicht unabhängig von den Verhältnissen konkreter Gesellschaftsordnungen durchgeführt werden. Ein einfaches Modell „Wissenschaft — Produktion“ mit positiver Rückkopplung genügt sicher nicht; in welchem Umfang aber die politischen, sozialökonomischen und soziokulturellen Vermittlungen zwischen Wissenschaft und materieller Produktion in Betracht gezogen werden müssen und *inwieweit* von ihnen abstrahiert werden kann, ist vorerst noch unklar.

Die Reproduktionsleistung der materiell-produktiven Arbeit für die Erneuerung des Wissenschaftspotentials hat einen wissenschaftsunspezifischen und einen wissenschaftsspezifischen Teil. Der wissenschaftsspezifische Teil wirkt unmittelbar steuernd über die Bestimmung konkret-historischer Erkenntnishorizonte; über ihn erfolgt nicht nur eine unspezifische, lediglich tempobeeinflussende, sondern auch eine spezifische, selektive, richtungsbeeinflussende Determination der Wissenschaft durch die materiell-produktive Arbeit. Man könnte vermuten, daß historische Verschiebungen im Verhältnis zwischen wissenschaftsunspezifischen und wissenschaftsspezifischen Reproduktionsleistungen, die die materiell-produktive Arbeit für die Erneuerung des Wissenschaftspotentials erbringt, als ein Kriterium dafür dienen können, inwieweit die ökonomische Basis der Gesellschaft die Wissenschaftsentwicklung richtungsselektiv determiniert. Untersuchungen dazu sind mir nicht bekannt. Man könnte annehmen, daß sich das Verhältnis tendenziell zugunsten der wissenschaftsspezifischen Reproduktionsleistungen verschiebt, weil die organische Zusammensetzung der für wissenschaftliche Tätigkeit eingesetzten Fonds, insbesondere auf naturwissenschaftlichem und naturwissenschaftlich-technischem Gebiet, nachweislich steigt, und zwar vor allem durch zunehmende Ausstattung mit Forschungstechnik. Der Anteil wissenschaftsspezifischer Reproduktionsleistungen drückt jedoch nicht nur diese Tendenz aus; zugleich ist er auch abhängig von dem Niveauabstand zwischen der technischen Ausstattung der Wissenschaft und der technischen Ausstattung der materiellen Produktion und anderer Lebensbereiche. Je kleiner dieser Abstand ist, um so geringer wird auch der Anteil wissenschaftsspezifischer Reproduktionsleistungen sein; ein kleiner Abstand im Niveau kann aber wiederum aus diametral entgegengesetzten Ursachen resultieren — einmal aus einem Rückstand der Wissenschaft, zum anderen aus einem hohen Grad von „Verwissenschaftlichung“ der Praxis, auf Grund dessen die Forschungstechnik in sehr kurzer Zeit zum üblichen Typ der Technik in der Produktions- und Lebenspraxis wird. Die Vermutung, daß die von der wachsenden organischen Zusammensetzung der Fonds in der Wissenschaft ausgehende Tendenz trotzdem dominant ist, muß deshalb empirisch geprüft werden.

Einem noch so diffizilen Nachweis der tempobestimmenden und richtungsselektiven Determination der Wissenschaftsentwicklung durch die von der materiell-produktiven Arbeit für die Erneuerung des Wissenschaftspotentials erbrachten Reproduktionsleistungen könnte ein Vertreter einer „immanenten“ oder „internalistischen“ Konzeption nun immer noch folgendes entgegnen: Jedes technische Verfahren in der Wissenschaft, von den Denkmethoden ganz zu schweigen, funktioniert stets im Rahmen von Ideen und Prinzipien, die der Anwendung solcher Mittel Sinn und Ziel geben und die es überhaupt erst ermöglichen, die mit ihrer Hilfe gewonnenen Resultate als Erkenntnisbeiträge zu „verstehen“. Teilweise sind diese sinngebenden Ausgangsideen expliziert und geordnet, beispielsweise in fundamentalen Theorien und Hypothesen, in Prinzipien, in philosophischen Kategorien, teilweise wirken sie aber auch unbewußt (oder besser, in der Terminologie M. G. Jaroševskijs „überbewußt“) und werden erst in kritischen Erkenntnissituationen oder bei nachträglicher wissenschaftshistorischer Rekonstruktion in die Sphäre bewußter Reflexion gezogen. Aspekte des Wirkens solcher Grundideen in der Wissenschaftsentwicklung sind, ungeachtet des konzeptionellen Gegensatzes der beiden Systeme, sowohl in der Paradigmentheorie von Th. S. Kuhn als auch in der Theorie der research programmes von I. Lakatos aufbereitet. Dies bedeutet nun, daß man die besprochenen Determinationswirkungen der materiell-produktiven Arbeit auf die Wissenschaftsentwicklung sämtlich interpretieren kann als Auswahlen, die im Feld der von der Wissenschaft selbst produzierten und durch ihre fundamentalen Ideen repräsentierten Erkenntnismöglichkeiten getroffen werden. Die Wissenschaft produziert danach also die Möglichkeiten ihres weiteren Voranschreitens autonom, die gesellschaftliche Praxis, insbesondere die der materiellen Produktion, bestimmt durch explizite (über Zielsetzung) und implizite (über Potentialreproduktion) Auswahl, welche Möglichkeiten aus diesem Fächer realisiert werden. Das Setzen von Möglichkeiten durch die von der materiell-produktiven Arbeit ausgehenden Determinationswirkungen erscheint nur als Ausdruck dessen, daß der Übergang von der Möglichkeit zur Wirklichkeit wissenschaftlicher Tätigkeit einen mehrstufigen Auswahlprozeß enthält.

Diese Deutung ist mit dem empirischen Erscheinungsbild der Wissenschaftswirklichkeit vereinbar. Würde beispielsweise die Forschung in einer Disziplin mit hochleistungsfähiger Forschungstechnik ausgestattet, auf deren sinnvolle Verwendung diese Disziplin durch ihre Erkenntnisentwicklung nicht vorbereitet ist, dann wäre dieser Aufwand nutzlos vertan. Wenn der in der Wissenschaft vorhandene Erkenntnisfundus es nicht zuläßt, zu einem praktischen Wissensbedarf ein adäquates Forschungsproblem zu formulieren, dann mag dieser

Bedarf der Praxis noch so dringend sein — zur Zeit erweist es sich aus innerwissenschaftlichen Gründen unmöglich, die benötigte Erkenntnis auf dem Weg des methodischen Vorgehens zu suchen. Daher kann sich eine immanente (im Grunde idealistische) Konzeption der Wissenschaftsentwicklung leicht den Realitäten der Wissenschaftsplanung bzw. -programmierung anpassen. Diese Anpassung erfolgt auf der Basis eines interaktionistischen Modells, dem zufolge Wissenschaft und Gesellschaft (auch spezieller: Wissenschaft und materielle Produktion) als selbständige Gebilde in intensiver Wechselwirkung stehen, wobei es möglich ist, beide Seiten als gleichberechtigt zu betrachten, aber ebenso auch, einer der beiden Richtungen steuernder Einwirkungen in diesem System die Dominanz gegenüber der anderen zuzuerkennen. Die Konzeption der „Wissenschaftsalternativen" von G. Böhme u. a. ist beispielsweise ein derartiges Anpassungsphänomen. Die Basis solcher Vorstellungen ist immer das Schema, dem zufolge die Wissenschaft in Gestalt ihrer fundamentalen Prinzipien (Einstellungen, Orientierungen) ihre grundlegenden Erkenntnismöglichkeiten autonom besitzt, während die gesellschaftliche Praxis — indirekt über Reproduktionsleistungen, direkt über Zielsteuerung — aus diesen Möglichkeiten wählt.

Der Nachweis, daß die Wissenschaftsentwicklung durch die materiell-produktive Arbeit determiniert ist, bleibt solange unvollständig und für Anpassungsbewegungen historisch-idealistischer Wissenschaftskonzeptionen offen, wie nicht die Produktion der grundlegenden subjektiven Erkenntnismöglichkeiten in der wissenschaftlichen Tätigkeit durch die materiell-produktive Arbeit erklärt wird. Diese Möglichkeiten verändern sich. Alle Änderungen, die auf der Basis unerschütterter grundlegender fachwissenschaftlicher Theorien erfolgen, in denen das kategoriale Gefüge des Erkennens unberührt bleibt, lassen sich zufriedenstellend interpretieren, ohne weltanschauliche Grundlagen bemühen zu müssen. Anders ist es jedoch in Erkenntnissituationen, in denen keine noch so tiefliegende Schicht subjektiver Voraussetzungen des Erkennens (Paradigmen, Forschungsprogramme, Weltbilder, allgemeinwissenschaftliche Begriffe, methodische Prinzipien — obwohl der Unterschied dieser Begriffe bedeutend ist, können sie hier als ein und dasselbe betrachtet werden: als im gesellschaftlichen Subjekt des Erkennens unter bestimmten historischen Bedingungen verkörperte Erkenntnismöglichkeiten) unberührt bleibt. Hier sind zwei Fragengruppen von ausgezeichnetem Interesse: die Umwälzung des gedanklichen Fundaments von bestehenden Disziplinen oder Disziplingruppen im Verlauf wissenschaftlicher Revolutionen und die primäre Bildung von Disziplinen, d. h. die Umwandlung einer Zone vorwissenschaftlichen Erfahrungskontakts des Menschen mit der objektiven Realität in einen Bereich wissenschaftlicher Tätigkeit mit gegenstandsbestimmter Spezifik. An dieser Stelle liegt der zwar nicht eklatanteste, aber doch tiefste Gegensatz zwischen marxistisch-leninistischer und bürgerlicher Wissenschaftsauffassung. Das Problem der Erzeugung prinzipiell neuer Erkenntnismöglichkeiten durch die materiell-produktive Arbeit ist deshalb so schwierig konkret zu lösen, weil vorausgesetzt werden kann, daß hier der Determinationszusammenhang von der materiellen

Produktion zur Wissenschaft notwendigerweise durch den ganzen Bau der gesellschaftlichen Beziehungen vermittelt ist, daß also die Produktion grundlegend neuer Erkenntnismöglichkeiten buchstäblich eine Leistung der ganzen Gesellschaft ist. Die berühmten Arbeiten von Gessen (über die sozialen Wurzeln der Mechanik Newtons) und von Ogura Kinnosuke (über die sozialen Grundlagen der Entstehung und Entwicklung der Mathematik) haben schon vor fast einem halben Jahrhundert die Vielschichtigkeit ebenso wie die Lösbarkeit dieses Problems demonstriert.

Läßt man alle modifizierenden wissenschaftshistorischen Umstände beiseite, so ergibt sich folgendes generelle Lösungskonzept. Jede Tätigkeit, die für ihr Subjekt die Verwirklichung subjektiv gewollter Zwecke darstellt und deren Resultat nach dem Grad der Übereinstimmung mit dem wohlbestimmten, durch eine endliche Menge von Merkmalen gegebenen Zweck beurteilt werden kann, ist zugleich materieller Prozeß der Wechselwirkung von Subjekt und Objekt. Unter diesem zweiten Aspekt kann ihr Resultat nicht nur vom gesetzten Zweck abweichen, sondern Ablauf und Ergebnis können auch Eigenschaften aufweisen, die nicht bewußt vorausgesetzt worden sind und mit dem Zweck der Handlung in keinem direkten Zusammenhang stehen. Die Tätigkeit ist aktiv und gegenüber ihrem Objekt selektiv, läßt — unabhängig davon, inwieweit das Tätigkeitssubjekt damit rechnet oder nicht — gewisse Züge des Objekts hervor- und andere zurücktreten. Tätigkeit ist insofern also praktisches Abstrahieren von ihrem Objekt, und ihr Ergebnis ist in bezug auf den ursprünglichen Zustand des Objekts dessen praktische Abstraktion. Damit wirkt ein Mechanismus, durch den stets gewisse Züge der objektiven Realität selektiv in die menschliche Lebenstätigkeit einbezogen werden, ehe sie der Gesellschaft wissenschaftlich bewußt sind. Wenn ein Bedürfnis besteht, solche praktischen Abstraktionen in die wissenschaftliche Erkenntnis einzubeziehen, und wenn bei diesem Versuch Problemsituationen auftreten, denen mit den vorhandenen Voraussetzungen real lösbare Probleme entsprechen, dann erzeugen die praktischen Abstraktionen der gesellschaftlichen Lebenstätigkeit in der Tat neue Erkenntnismöglichkeiten für das Subjekt. Die Idee, wonach die von der Praxis ausgehenden Determinationswirkungen lediglich aus den in der Wissenschaft ohnehin vorhandenen Möglichkeiten wählen, stellt sich als grundsätzlich falsch heraus, und zwar deshalb, weil hier das erkenntnistheoretische Prinzip des dialektischen Materialismus, demzufolge die Praxis als Grundlage des Erkennens anzusehen ist, in der wissenschaftstheoretischen Konzeptionsbildung umgangen wird. Die Möglichkeiten der materiellen Subjekt-Objekt-Wechselwirkung werden stets durch das Niveau der materiellen Produktion bestimmt; jede neuartige Einwirkung auf das Objekt zur Realisierung veränderter Zwecke (insbesondere auch jede durch wissenschaftliche Erkenntnis vermittelte Innovation in der menschlichen Tätigkeit) schafft zugleich mit der Zweckverwirklichung auch neue, bis dahin nicht subjektiv reflektierte praktische Abstraktionen, die nach Bedarf und Möglichkeit aus der Struktur der Tätigkeit abgehoben werden können. Vom Standpunkt der wissenschaftlichen Tätigkeit besteht also der einzige Weg, ihre subjektive Erkenntnismöglichkeit erweitert zu reproduzieren, darin, den Maßstab der Umsetzung ihrer Resultate in die Praxis zu vergrößern. Dazu gehört auch die Umsetzung in die Praxis des Experiments, deren Abhängigkeit von der Praxis der materiellen Produktion bekannt ist und die unter unserem Gesichtspunkt ein methodisches Verfahren zur gezielten Erzeugung praktischer Abstraktionen darstellt. Auf diesem Wege dürfte das schwierige Problem des Paradigmenwandels, der Ablösung von Forschungsprogrammen usw. lösbar sein.

Damit ergibt sich eine vielstufige Hierarchie von Abhängigkeiten der Wissenschaft von der materiell-produktiven Arbeit, die man folgendermaßen gliedern kann:

a) Determination der historischen Möglichkeit von Wissenschaft durch die Erzeugung disponibler gesellschaftlicher Zeit für wissenschaftliche Tätigkeit.
b) Determination der tatsächlichen historischen Entstehung von Wissenschaft durch Arbeitsteilung und genetische Übertragung der Grundstruktur zielstrebiger Arbeitstätigkeit auf das verselbständigte erkennende Verhältnis des Menschen zur Welt.
c) Determination der Erzeugung neuer subjektiver Möglichkeiten wissenschaftlichen Erkennens (insbesondere auch fundamentaler Ideen) durch die Produktion praktischer Abstraktionen, die über die bewußte Zweckverwirklichung und den vorausgesehenen Zielzustand der Arbeitstätigkeit hinausreichen.
d) Determination der allgemeinen Möglichkeit, des Umfangs und des Tempos der Fortführung wissenschaftlicher Tätigkeit in einem gegebenen Zeitabschnitt durch wissenschaftsunspezifische Reproduktionsleistungen für die Erneuerung des Wissenschaftspotentials.
e) Determination der Richtungen für die Fortführung wissenschaftlicher Tätigkeit durch wissenschaftsspezifische Reproduktionsleistungen für die Erneuerung des Wissenschaftspotentials.
f) Feindetermination der Richtungen für die Fortführung wissenschaftlicher Tätigkeit durch Zielsetzung.

In dieser Reihenfolge setzt jede der nachfolgenden Determinationsebenen jede der vorhergehenden als Realisierungsbedingung voraus. Die planmäßige Festlegung der Wissenschaftsziele erweist sich als Spitze einer Pyramide; für ihre Realistik ist Bedingung, daß sie die Verhältnisse in den tieferliegenden Determinationsebenen, soweit beeinflußbar, zieladäquat gestaltet und, soweit unbeeinflußbar, als Voraussetzungen für die Zielbestimmung selbst beachtet.

## 3.2. Der Übergang vom Tätigkeits- zum Arbeitskonzept der Wissenschaft

Auf den ersten Blick scheint es nicht mehr als ein Unterschied in der Sprechweise zu sein, wenn man entweder den Terminus „wissenschaftliche Tätigkeit“ oder den Terminus „wissenschaftliche Arbeit“ verwendet. Viele Darstellungen benutzen beide Termini in der Tat synonym. Bei Sawlin, Stscherbakow und Judelewitsch finden wir beispielsweise eine dreikomponentige Bestimmung der Wissenschaft; ihr zufolge ist Wissenschaft erstens „ein ausgearbeitetes System von Kenntnissen" und zweitens „eine Tätigkeit von Menschen" (die nähere Bestimmung der Kenntnisse und der Tätigkeit durch die genannten Autoren wird hier nicht erörtert). Drittens verstehen sie unter Wissenschaft „Einrichtungen und Organisationen, in denen wissenschaftliche Arbeit . . . geleistet wird"[2]. Offenkundig gilt der Übergang von der Charakteristik der Wissenschaft als Tätigkeit zu ihrer Kennzeichnung als Arbeit als vollkommen unproblematisch. In Arbeiten, die wie die genannte nicht das Ziel haben, die kategorialen Grundlagen des Wissenschaftsverständnisses zu erörtern, ist gegen einen synonymen Gebrauch von „Tätigkeit" und „Arbeit" nichts einzuwenden.

Sobald jedoch Grundlagenfragen ins Spiel kommen, ist der Unterschied beider Kategorien zu respektieren. Obwohl jede menschliche Tätigkeit und der Zusammenhang der verschiedenen menschlichen Tätigkeiten von der Arbeit abhängen, ist nicht jede menschliche Tätigkeit Arbeit. Mit dem Arbeitsbegriff wird eine Unterscheidung in der Gesamtheit der menschlichen Tätigkeiten gesetzt. Wäre es nicht so, dann würde die Feststellung, daß die Arbeit die Grundlage des menschlichen Lebens ist, bedeutungsleer sein. Der Begriff der Arbeit ist somit höherbestimmt und spezifischer als der Begriff der Tätigkeit.

Dies ist jedoch nicht der einzige Unterschied. Der Inhalt des Arbeitsbegriffs reduziert sich nicht darauf, eine — die grundlegende — Art menschlicher Tätigkeit abzubilden. Arbeit besitzt eine Tätigkeitskomponente, die lebendige Arbeit, bedeutet aber nicht nur diese Tätigkeit, sondern die Gesamtheit lebendiger und vergegenständlichter Arbeit. Diese Gesamtheit existiert in der Wechselwirkung beider Seiten, und diese Wechselwirkung konstituiert einen objektiv-realen Prozeß, in den subjektive Tätigkeit als Triebkraft, als treibendes Prinzip, aber zugleich als sich in der Prozeßfolge auflösende Vermittlung eingeschlossen ist. Die Vermittlung des Arbeitsprozesses durch lebendige Arbeit ist die historisch invariante Wesensbestimmung dieses Prozesses; ob aber die lebendige Arbeit der vergegenständlichten Arbeit subsumiert ist, der Besitzer der Arbeitskraft sich also nicht zum Subjekt des Arbeitsprozesses erhoben hat, oder ob die lebendige Arbeit die vergegenständlichte nicht nur technologisch, sondern auch ökonomisch anwendet und damit den objektiv-realen Arbeitsprozeß subjektiv bewußt beherrscht, das hängt vom Typ der Produktionsverhältnisse ab und kennzeichnet ihren wesentlichen Unterschied. Der Begriff der Arbeit als eine Grundkategorie des historischen Materialismus — das ist er nach Meinung des Verfassers zuerst, bevor er als ein speziell ökonomischer Begriff bestimmt werden kann — ist inhaltlich tiefer als der Begriff der Tätigkeit. Während der Tätigkeitsbegriff das Moment der subjektiven Aktivität in Subjekt-Objekt-Wechselwirkungen abbildet, drückt der Arbeits-

[2] P. M. Sawlin/A. I. Stscherbakow/N. A. Judelewitsch, Die Arbeit im Bereich der Wissenschaft, Berlin 1975, S. 15.

begriff den dialektischen Zusammenhang zweier Aspekte — der subjektiven Aktivität und des objektiv-realen Prozesses — in den Subjekt-Objekt-Beziehungen der grundlegenden gesellschaftlichen Lebenssphäre aus. Wenn also Wissenschaft bewußt und begründet als Arbeit aufgefaßt werden kann, dann ist damit eine Vertiefung des Wissenschaftsverständnisses selbst zu erwarten, weil mit dieser Deutung Zusammenhänge wesentlich werden, die bei der Interpretation von Wissenschaft als Tätigkeit außer acht gelassen bzw. als äußere behandelt werden konnten.

Wir gewannen den Begriff der wissenschaftlichen Tätigkeit dadurch, daß wir in den vorausgesetzten generellen Begriff der gesellschaftlichen Tätigkeit Spezifikationen einführten. Wissenschaft erschien als ein Sonderfall von Tätigkeit überhaupt. Nun ist aber die Tätigkeit einer gegebenen Gesellschaft nicht nur das abstrakt Allgemeine aller in ihr vorkommenden Tätigkeitsarten, sondern sie ist auch das Ganze, zu dem sich die verschiedenen Arten von Tätigkeit zusammenschließen. Vom Standpunkt einer Theorie der wissenschaftlichen Tätigkeit ist die Frage zentral, worin die Spezifik dieser Tätigkeit gegenüber anderen Tätigkeitsarten besteht, wie sie von anderen Tätigkeiten, insbesondere von der materiell-produktiven Arbeit, ermöglicht und determiniert wird und wie sie auf deren Anforderungen reagiert. Steht aber das Ganze der gesellschaftlichen Tätigkeit in einer bestimmten Gesellschaftsordnung im Mittelpunkt des Interesses, dann verschiebt sich das Zentrum der Fragen auf die Rolle der Wissenschaft innerhalb dieses Ganzen und, insbesondere, auf die ganzheitlichen Eigenschaften des Komplexes Wissenschaft-Produktion. Formell ausgedrückt: erschien die wissenschaftliche Tätigkeit zuerst als das System, das den eigentlichen Gegenstand der Untersuchung bildete und dessen innere Gliederung und Funktionsweise ebenso beachtet wurde wie seine Beziehungen zu übergeordneten Systemen, so erscheint sie nun als Element eines umfassenderen Systems, das jetzt seinerseits den Untersuchungsgegenstand darstellt.

Mit diesem Übergang wird der Rahmen der eigentlich wissenschaftswissenschaftlichen Problematik überschritten, und die Aufmerksamkeit konzentriert sich auf innere Zusammenhänge einer ganzen Gesellschaft, jedoch unter Voraussetzung des Wissens von der Spezifik der Wissenschaft und unter Rückwirkung auf dieses Wissen. Das Thema „Stellung der Wissenschaft im Sozialismus" etwa verbindet Wissenschaftswissenschaft und wissenschaftlichen Kommunismus auf der Grundlage dessen, daß ihre Gegenstände in einem Element-System-Zusammenhang stehen. Ein solches Hinausgehen der Wissenschaftswissenschaft über ihren unmittelbaren Gegenstandsbereich bei reflexivem Rückbezug auf sich selbst ist die normale Konsequenz ihrer Entwicklung und vollendet ihre Integration in das System der marxistisch-leninistischen Gesellschaftswissenschaften. Mit der Bezugnahme auf die Kategorie der Tätigkeit im Rahmen des dialektischen und historischen Materialismus versichert sich die Wissenschaftswissenschaft ihrer allgemeinen weltanschaulichen Basis als eine marxistisch-leninistische Gesellschaftswissenschaft. Mit der Herausarbeitung der Spezifik der wissenschaftlichen

Tätigkeit bestätigt sich die Wissenschaftswissenschaft als eine besondere, nach Gegenstand und Inhalt von allen anderen unterschiedene gesellschaftswissenschaftliche Disziplin. Mit der Einordnung ihres Bildes von der Eigenart der Wissenschaft in das Ganze der gesellschaftlichen Tätigkeit hebt die Wissenschaftswissenschaft ihre Besonderheit dialektisch auf, indem sie die Existenz jenes Besonderen, eben der Wissenschaft, aus dem funktionellen Zusammenhang der gesellschaftlichen Gesamttätigkeit erklärt; damit vollzieht sie zugleich einen weiteren, über die gedankliche Rekonstruktion ihres spezifischen Gegenstandes hinausführenden Schritt des Aufsteigens vom Abstrakten zum Konkreten.

Durch konsequente Verfolgung ihres eigenen Programms wird die Wissenschaft also dazu geführt, die wissenschaftliche Tätigkeit nicht nur mit anderen gesellschaftlichen Tätigkeiten zu vergleichen, sondern sie zum Ganzen der gesellschaftlichen Tätigkeit in Beziehung zu setzen. Ihre „innere Logik" orientiert sie darauf ebenso wie die praktischen Anforderungen, mit denen sie in der sozialistischen Wirklichkeit konfrontiert ist; ein anschaulicher Beleg dafür ist die heute verbreitet akzeptierte, aber im realen Prozeß durchaus nicht problemlos gewonnene Einsicht, daß Überleitungsvorgänge nicht ausreichend erkannt und beherrscht werden können, wenn man sie lediglich als spezielle Übergangsphasen von der Forschung zur Produktion ansieht, und daß es in diesem Zusammenhang vielmehr geboten ist, Forschung und Produktion als ganzheitliches System mit eigener Dynamik zu betrachten. Dieses Beispiel zeigt zugleich, daß die Effektivität von Untersuchungen entscheidend von der Qualität der Fragestellungen geprägt wird. Die Arbeit an den theoretischen Grundlagen der Wissenschaftswissenschaft eröffnet durchaus die Möglichkeit, den Erfordernissen der Praxis mit heuristisch weitreichenden Fragestellungen entgegenzukommen, statt sich von ihnen mit den dann unvermeidlichen Verzögerungen auf solche Probleme drängen zu lassen.

Mit der Beziehung der wissenschaftlichen Tätigkeit auf die gesellschaftliche Gesamttätigkeit ist ihre Beziehung auf die Arbeit als Grundlage dieses ganzen Tätigkeitssystems als Problem gestellt. Arbeit, „zunächst unabhängig von jeder bestimmten gesellschaftlichen Form" betrachtet, ist nach Marx „ein Prozeß zwischen Mensch und Natur, ein Prozeß, worin der Mensch seinen Stoffwechsel mit der Natur durch seine eigne Tat vermittelt, regelt und kontrolliert"[3]. Das Produkt der Arbeit (in Form der sogenannten Dienste der Vollzug der Arbeit selbst, die kein getrennt vom Arbeitsprozeß konsumierbares Produkt erzeugt) ist zunächst „ein Ding, das durch seine Eigenschaften menschliche Bedürfnisse irgendeiner Art befriedigt"[4]; die Nützlichkeit der konkreten Arbeit, ihr Bedürfnisbezug äußert sich in Gebrauchswerten.[5] „Als Bildnerin von Gebrauchswerten, als nützliche Arbeit, ist die Arbeit daher eine von allen Gesellschaftsformen unabhängige Existenzbedingung des Menschen, ewige Naturnotwendigkeit, um den

[3] K. Marx, Das Kapital, Erster Band, in: MEW, Bd. 23, Berlin 1962, S. 192.
[4] Ebenda, S. 49.
[5] Vgl.: Ebenda.

Stoffwechsel zwischen Mensch und Natur, also das menschliche Leben zu vermitteln."[6]

An diese bekannten Marx-Stellen und den Kontext, in dem sie stehen, sei hier ausdrücklich erinnert, weil sie den Zugang zu unserer Fragestellung eröffnen. Drei Denkmöglichkeiten bieten sich zunächst an:

1. Wissenschaftliche Tätigkeit steht zur Arbeit in Beziehung, ist aber selbst keine Arbeit.
2. Wissenschaftliche Tätigkeit ist Arbeit als eine besondere Arbeitsart *neben* anderen.
3. Wissenschaftliche Tätigkeit ist Arbeit als eine *Stufe* der gesellschaftlichen Gesamtarbeit, die ein Zwischenprodukt dieser Gesamtarbeit erzeugt.

Für alle drei Möglichkeiten lassen sich Argumente anführen. Die Tatsache, daß Wissenschaft für die Arbeit notwendig ist, bedeutet durchaus noch nicht zwingend, daß wissenschaftliche Tätigkeit selbst als Arbeit angesehen werden muß. Davon zeugt folgende einfache Überlegung: damit immer wieder neues gesellschaftliches Arbeitsvermögen erzeugt werden kann, ist das Spiel der Kinder — der Arbeitenden von morgen — absolut notwendig; das Spiel ist kein Ersatz für das noch nicht entwickelte Arbeitsvermögen des Kindes, sondern, unter anderem, die Entwicklung des Arbeitsvermögens selbst; während es ohne Schwierigkeiten möglich ist, das Spiel als eine Art menschlicher Tätigkeit zu verstehen, würde man es kaum akzeptieren, das Spiel nur deshalb, weil es die Reproduktion des menschlichen Arbeitsvermögens in der Generationenfolge notwendig vermittelt, selbst als Arbeit anzusehen. Zur zweiten Denkmöglichkeit lassen sich sehr weitreichende unterstützende Gründe angeben: das geistige Produkt der wissenschaftlichen Tätigkeit läßt sich leicht als Gebrauchswert interpretieren, denn das Entscheidende am Gebrauchswert ist nicht seine Materialität, sondern seine „Nützlichkeit", sein Bedürfnisbezug; der Bedürfnisbezug kann indirekt sein — auch materielle Arbeitsprodukte wie Rohstoffe oder Maschinen, die ausschließlich produktiv konsumiert werden, sind nach Marx Gebrauchswerte, und in Hinblick auf die Eigenschaft, ein Bedürfnis oder Erfordernis des weiteren Produktionsprozesses zu befriedigen, ist eine Maschine mit einem technischen Projekt vergleichbar. Von diesem Standpunkt her gäbe es also keine Hindernisse, um wissenschaftliche Tätigkeit als konkrete, gebrauchswertbildende Arbeit anzusehen, zumal im Fall der Forschung der konkrete, inhaltsspezifische Charakter bis zum Extrem der inhaltlichen Unikalität getrieben ist. Selbst wenn die produktive Nutzung beiseitegelassen wird, so muß man zumindest anerkennen, daß sich die Sphäre der menschlichen Bedürfnisse auch auf geistige Güter erstreckt und daß dem entwickelten Individuum die Aneignung wissenschaftlicher Erkenntnisse nicht weniger Genuß zu verschaffen vermag als die Rezeption eines Kunstwerks.

Eine Argumentation dieser Art, so einleuchtend sie erscheinen mag, führt auf einen Irrweg, auf dem nur noch die Wahl zwischen der uferlosen Ausdehnung

[6] Ebenda, S. 57.

des Arbeitsbegriffs und seiner letztendlichen Auflösung im Begriff der Tätigkeit und der rein konventionellen, sachlich nicht begründeten Abgrenzung der Sphäre der Arbeit von den übrigen Tätigkeiten bleibt. Beide Extreme sind unakzeptabel. Daher ist bereits die Ausgangsposition, Arbeit allein durch den sozialen Zweckbezug, die Relation zu Bedürfnissen zu identifizieren (die Überlegung bewegt sich noch in dem Bereich, in dem von der gesellschaftlichen Form abstrahiert werden kann), kritisch abzuändern. In der Tat ist die Kategorie Arbeit im Marxismus-Leninismus inhaltlich stärker bestimmt.

Die Grundbestimmung bleibt die Charakteristik der Arbeit als „Prozeß zwischen Mensch und Natur", als faktische materielle zweckmäßige Veränderung der Natur. Das fundamentale Merkmal der gesellschaftlichen Gesamtarbeit ist die Erzeugung *materieller* Gebrauchswerte als real veränderte, menschlichen Bedürfnissen assimilierte Natur. „Der Mensch kann in seiner Produktion nur verfahren, wie die Natur selbst, d. h. nur die Formen der Stoffe ändern."[7] Materielle Gebrauchswerte sind die Grundform aller produzierten Gebrauchswerte; es wäre trügerisch, den Begriff der Arbeit mit der qualitativen Erweiterung der Sphäre der menschlichen Bedürfnisse und der ihnen entsprechenden „Gebrauchswerte" automatisch auszudehnen und damit den *materiellen Prozeß zwischen Mensch und Natur* als obligatorisches Merkmal von Arbeit aufzugeben. Uns scheint, daß man den materiell-produktiven Charakter der gesellschaftlichen Aneignung der Natur als Grundbestimmung von Arbeit zu betrachten hat.

Nun ist freilich nicht zu bestreiten, daß der ganze Kosmos menschlicher Tätigkeiten — mit der einzigen Ausnahme des Revenueverzehrs parasitärer Klassen und Schichten und der zur Erhaltung der Macht reaktionär gewordener Ausbeuterklassen aufgewandten Aktivitäten im gesellschaftlichen Überbau — nicht nur von der materiell-produktiven Arbeit bedingt ist, sondern auch positiv bedingend auf sie zurückwirkt, für ihren Vollzug auf immer höherer Produktivitätsstufe unumgänglich notwendig ist. Um eine uferlose Ausweitung und damit inhaltliche Entleerung des Arbeitsbegriffes zu vermeiden, müssen in die Bestimmung dieser Notwendigkeit Gradationen eingeführt werden.

Der materiell-produktive Charakter ist, wie bereits betont, Grundbestimmung der gesellschaftlichen Gesamtarbeit. Da der „Gesamtarbeiter" arbeitsteilig funktioniert, verselbständigen sich in ihm Unterfunktionen, die die Vermittlung von materiell-produktiven Teilarbeitern zum selbständigen Inhalt haben, ohne daß die Arbeitskraft, die zu ihrer Realisierung verausgabt wird, direkt auf den Gegenstand der Teilarbeiten einwirkt. Da aber die Vermittlung der Teilarbeiten in einem arbeitsteiligen System spezifische Bedingung dafür ist, daß die Teilarbeiten selbst materiell-produktiv wirksam sein können, ist die Wahrnehmung dieser Vermittlung selbst produktive Arbeit. In diesem Sinne wird der Begriff des Gesamtarbeiters bei Marx eingeführt. Damit ist es möglich, Teilarbeiten, die nach ihrem unmittelbaren Inhalt nur sehr entfernt mit der Erzeugung eines materiellen Produkts zusam-

[7] Ebenda, S. 57

menhängen, infolge ihrer arbeitsteiligen Einbeziehung in den produktiven Gesamtkomplex selbst als produktive Arbeit anzusehen.

Die politische Ökonomie kennt nun bekanntlich die Unterscheidung von produktiver und nichtproduktiver Arbeit. Diese Unterscheidung ist nicht mehr ohne Berücksichtigung der gesellschaftlichen Form der Arbeit möglich. Der Ausgangspunkt der Bestimmung von Arbeit als produktiv ist elementar: Arbeit ist insofern produktiv, als sie Produktivkraft besitzt, die Natur praktisch menschlichen Bedürfnissen aneignet; auf dieser elementaren Ebene verwendet Marx die Prädikate „nützlich", „zweckmäßig produktiv" und „konkret" in bezug auf die Arbeit synonym.[8] Die Einführung der Kategorie „Produktivkraft" wird direkt angeschlossen: „Produktivkraft ist natürlich stets Produktivkraft nützlicher, konkreter Arbeit, und bestimmt in der Tat nur den Wirkungsgrad zweckmäßiger produktiver Tätigkeit in gegebenem Zeitraum."[9] Zugleich verweist Marx in einer Fußnote auf die Notwendigkeit, über diese elementare Bestimmung hinauszugehen und die Besonderheit der gesellschaftlichen Form zu beachten: „Diese Bestimmung produktiver Arbeit, wie sie sich vom Standpunkt des einfachen Arbeitsprozesses ergibt, reicht keineswegs hin für den kapitalistischen Produktionsprozeß."[10]

Das wesentliche spezifizierende Charakteristikum, das durch Berücksichtigung der gesellschaftlichen Form der Arbeit hinzutritt, ist das von den Produktionsverhältnissen ausgehende generelle ökonomische Ziel der Produktion. Für kapitalistische Verhältnisse gilt: „Produktive Arbeit im Sinn der kapitalistischen Produktion ist die Lohnarbeit, die im Austausch gegen den variablen Teil des Kapitals (den in Salair ausgelegten Teil des Kapitals) nicht nur diesen Teil des Kapitals reproduziert (oder den Wert ihres eignen Arbeitsvermögens), sondern außerdem Mehrwert für den Kapitalisten produziert. Nur dadurch wird Ware oder Geld in Kapital verwandelt, als Kapital produziert. Nur die Lohnarbeit ist produktiv, die Kapital produziert."[11] Mit der Elementarcharakteristik der produktiven Arbeit hängt diese gesellschaftlich formbestimmte Charakteristik insofern zusammen, als die Produktion von Kapital die Erzeugung von Mehrwert, diese aber die Bildung von Wert (Tauschwert) voraussetzt und dafür gilt: „Endlich kann kein Ding *Wert* sein, ohne Gebrauchsgegenstand zu sein. Ist es nutzlos, so ist auch die in ihm enthaltene Arbeit nutzlos, zählt nicht als Arbeit und bildet daher keinen Wert."[12]

Allerdings ist mit dem ökonomischen Ziel der kapitalistischen Produktion die Gleichgültigkeit gegen die Spezifik der erzeugten Gebrauchswerte schon gesetzt: „Denn der Gebrauchswert des Arbeitsvermögens besteht für den Kapitalisten als solchen nicht in seinem *wirklichen* Gebrauchswert, in der Nützlichkeit dieser

8 Vgl.: Ebenda, S. 56—68.
9 Ebenda, S. 60.
10 Ebenda, S. 196.
11 K. Marx, Theorien über den Mehrwert, in: MEW, Bd. 26.1, Berlin 1971, S. 122.
12 K. Marx, Das Kapital, Erster Band, in: MEW, Bd. 23, a.a.O., S. 55.

besondren konkreten Arbeit, daß sie Spinnarbeit, Webarbeit usw. ... Was ihn an der Ware interessiert, ist, daß sie mehr Tauschwert besitzt, als er für sie zahlte, und so ist der Gebrauchswert der Arbeit für ihn, daß er ein größres Quantum Arbeitszeit zurückerhält, als er in der Form des Salairs gezahlt hat."[13] Darin eingeschlossen ist das Vermögen des Kapitals, die Erweiterung der Bedürfnissphäre zu manipulieren, so daß die Menge der Gebrauchswerte, deren Erzeugung ökonomisch gesehen zugleich Produktion von Kapital ist, ständig anschwillt: „Der Gebrauchswert der Ware, worin sich die Arbeit eines produktiven Arbeiters verkörpert, mag von der futilsten Art sein. Diese stoffliche Bestimmung hängt mit dieser ihrer Eigenschaft gar nicht zusammen, die vielmehr nur ein bestimmtes gesellschaftliches Produktionsverhältnis ausdrückt. Es ist eine Bestimmung der Arbeit, die nicht aus ihrem Inhalt oder ihrem Resultat, sondern aus ihrer bestimmten gesellschaftlichen Form stammt."[14]

Damit ist die inhaltliche, konkrete Differenz der Arbeiten hinsichtlich ihrer Charakteristik, produktiv zu sein, als unwesentlich gesetzt, und darin besteht eine geschichtlich progressive Tendenz der kapitalistischen Produktionsweise; zugleich wird der Bereich der produktiven Arbeit unabhängig von ihrer stofflichen Natur auf jene begrenzt, die mehrwert- und kapitalbildend ist, und darin liegt eine historische Schranke des Kapitals. Wir heben die Tendenz, alle gebrauchswertbildenden Arbeiten ohne Unterschied produktiv werden zu lassen, die sich im Kapitalismus im Gegensatz (aber im dialektischen Gegensatz, d. h. zugleich von ihr bedingt) zu seiner Tendenz entfaltet, nur die mehrwertbildende Arbeit als produktive zu behandeln, hier ausdrücklich hervor, weil sie unseres Erachtens einen wesentlichen Zug der über die kapitalistische Form hinausweisenden Vergesellschaftung der Produktion ausdrückt.

In diesem Zusammenhang sind die Stellen bei Marx sehr aufschlußreich, die zeigen, daß die verschiedensten Arten von Tätigkeit unabhängig von ihrer Naturalform im kapitalistischen Sinn produktiv sein können. Marx würdigt die Leistung Adam Smith's, der den beschränkten Standpunkt der Physiokraten überwand, bei denen „die Agrikulturarbeit als die einzig produktive Arbeit aufgefaßt"[15] wurde. Er schreibt: „Schauspieler sind produktive Arbeiter, nicht sofern sie das Schauspiel produzieren, sondern increase their employer's wealth."[16] „Ein Schriftsteller ist ein produktiver Arbeiter, nicht sofern er Ideen produziert, sondern insofern er den Buchhändler bereichert, der den Verlag seiner Schriften betreibt, oder sofern er der Lohnarbeiter eines Kapitalisten ist."[17] Während das Produkt eines Schriftstellers von der Arbeit seiner Erzeugung getrennt genossen werden, also die Gestalt einer zirkulationsfähigen Ware annehmen kann, ist eine Theateraufführung nur mit der Produktion selbst konsumierbar (bzw. war es

[13] K. Marx, Theorien über den Mehrwert, in: MEW, Bd. 26.1, a.a.O., S. 126.
[14] Ebenda. S. 128.
[15] Ebenda, S. 17.
[16] K. Marx, Grundrisse der Kritik der politischen Ökonomie, Berlin 1953, S. 234.
[17] K. Marx, Theorien über den Mehrwert, in: MEW, Bd. 26.1, a.a.O., S. 128.

zumindest zu Marx' Zeit) und hat so die typische Form eines Dienstes, kann aber nichtsdestoweniger Mehrwert produzieren.

Demnach ist nichtproduktive oder unproduktive Arbeit in der kapitalistischen Produktion nicht mit unnützer Kräfteverausgabung gleichzusetzen; es handelt sich um eine Art gesellschaftlich notwendiger und nützlicher Arbeit, die nicht durch ihren konkreten Inhalt und nicht die Art ihres Resultates, sondern ausschließlich durch ihre ökonomische Stellung von der produktiven Arbeit unterschieden ist: „Damit ist auch absolut festgesetzt, was *unproduktive Arbeit* ist. Es ist Arbeit, die sich nicht gegen Kapital, sondern *unmittelbar* gegen Revenue austauscht . . ."[18] „An und für sich hat, wie gesagt, diese Unterscheidung zwischen produktiver und unproduktiver Arbeit nichts zu schaffen weder mit der besondren Spezialität der Arbeit noch mit dem besondren Gebrauchswert, worin sich diese Spezialität verkörpert."[19] Und noch einmal ganz klar die Hervorhebung dessen, daß ein dingliches, vom Arbeitsprozeß trennbares Produkt keine unabdingbare Notwendigkeit dafür ist, daß eine Arbeit als produktiv qualifiziert werden kann: „Wenn also einerseits ein Teil der sog. unproduktiven Arbeit sich in materiellen Gebrauchswerten verkörpert, die ebensogut Waren sein könnten . . ., so kann andrerseits ein Teil der bloßen Dienste, die keine objektive Gestalt annehmen — nicht als Sache getrenntes Dasein von den Dienstleistenden erhalten, auch nicht als Wertbestandteil in eine Ware eingehn —, gekauft werden mit Kapital (von dem *unmittelbaren* Käufer der Arbeit), ihr eignes Salair ersetzen und einen Profit abwerfen."[20]

Die gesellschaftliche Notwendigkeit der nichtproduktiven Arbeit besteht also in der Erzeugung von Bedingungen dafür, daß die produktive Arbeit erstens überhaupt stattfinden kann und daß sie zweitens stattfinden kann unter den gegebenen gesellschaftlichen Verhältnissen. Die erste Gruppe nichtproduktiver Arbeiten betrifft vor allem solche, die die allgemeinen Voraussetzungen für das Stattfinden produktiver Arbeit und das Arbeitsvermögen selbst schaffen, ohne daß sie selbst in ein kapitalistisches Produktionsverhältnis einbezogen sind (obwohl sie in der kapitalistischen Gesellschaft über die Staatsmacht politisch dominiert werden). Dabei gibt es einen sichtlichen Unterschied zwischen den Arbeiten, die die sachlichen, und jenen, die die personellen Voraussetzungen für die Produktion erzeugen. Arbeit zur Erzeugung von Produktionsmitteln ist im entwickelten Kapitalismus nahezu vollständig mehrwertbildende, ausgebeutete und somit produktive Arbeit. Die Arbeit zur Reproduktion des gesellschaftlichen Arbeitsvermögens ist es hingegen zum beträchtlichen Teil nicht. Die Arbeit des Lehrers oder des Arztes sind, soweit sie außerhalb der kapitalistischen Produktion verlaufen, niemals deshalb produktiv, weil sie Arbeitsvermögen für die kapitalistische Produktion erzeugen, sondern allenfalls deshalb, weil sie gegebenenfalls in Unternehmen geleistet werden, in denen Kapital angelegt ist, das sich mittels ihrer — in die-

18 Ebenda, S. 127.
19 Ebenda, S. 130.
20 Ebenda, S. 137.

sem Zusammenhang also ausgebeuteten — Arbeit verwertet. In diesem Sinne bemerkt Marx, „daß die Arbeit von Arzt und Schulmeister nicht unmittelbar den fonds schaffen, aus dem sie bezahlt werden, obgleich ihre Arbeiten in die Produktionskosten des Fonds eingehn, der überhaupt alle Werte schafft, nämlich in die Produktionskosten des Arbeitsvermögens“[21]. Die zweite Art nichtproduktiver Arbeit dient der Erhaltung der gesellschaftlichen Form der produktiven Arbeit; dazu zählt die gesamte Arbeit, die im Überbaubereich der Gesellschaft geleistet wird. Während die erste Art zumindest für Verhältnisse entwickelter Produktion auch eine „ewige Naturnotwendigkeit“ darstellt, ist die zweite an die jeweilige Gesellschaftsordnung gebunden und verändert mit dem revolutionären Übergang von einer Gesellschaftsordnung zur nächsthöheren grundsätzlich ihren Klasseninhalt.

Während also produktive und nichtproduktive Arbeit ökonomisch deutlich voneinander geschieden sind, ist die Unterscheidung von nichtproduktiver Arbeit und sonstiger menschlicher Tätigkeit — also von Tätigkeit, die Arbeit, und Tätigkeit, die nicht Arbeit ist — noch zu erklären. Für die Verhältnisse der kapitalistischen Wirtschaft ergibt sich diese Unterscheidung relativ leicht aus der zitierten Abgrenzung von produktiver und nichtproduktiver Arbeit bei Marx. Danach ist nichtproduktive Arbeit jene, die sich unmittelbar gegen Revenue austauscht, und Tätigkeit, die weder produktive noch nichtproduktive Arbeit ist, bleibt solche, die sich weder gegen Kapital noch gegen Revenue tauscht. Als charakteristisches Beispiel einer Tätigkeit, die unter den Voraussetzungen der kapitalistischen Warenproduktion keine produktive Arbeit ist und auch kaum die Tendenz hat, nichtproduktive Arbeit zu werden, mag wiederum das kindliche Spiel gelten, dessen Notwendigkeit für die Herausbildung des gesellschaftlichen Arbeitsvermögens unbestritten ist. Aber eigentlich ist der Unterschied von nichtproduktiver Arbeit und sonstiger Tätigkeit ein nur ökonomischer, nicht gegenständlich-inhaltlicher: sobald Tätigkeit für ihren Effekt einen Preis setzen und diesen Preis realisieren kann, erwirbt sie die Eigenschaft nichtproduktiver Arbeit. Für den Kreis inhaltlich verschiedener Tätigkeiten, deren Ausführung einen Preis haben kann, gibt es keine absolute Grenze. Wie Marx bemerkt, kann die Preisform „einen qualitativen Widerspruch beherbergen, so daß der Preis überhaupt aufhört, Wertausdruck zu sein, obgleich Geld nur die Wertform der Waren ist. Dinge, die an und für sich keine Waren sind, z. B. Gewissen, Ehre usw., können ihren Besitzern für Geld feil sein und so durch ihren Preis die Warenform erhalten. Ein Ding kann daher formell einen Preis haben, ohne einen Wert zu haben.“[22]

Erörtern wir zunächst im Rahmen der generellen Voraussetzung der angeführten Marx-Stellen, des Vorhandenseins kapitalistischer Produktionsweise, die Frage, ob und inwieweit wissenschaftliche Tätigkeit Arbeit sein kann. Die zuletzt angeführte Stelle läßt die Möglichkeit offen, daß wissenschaftliche Tätigkeit selbst dann, wenn sie sich nicht als wertbildende Arbeit auffassen läßt, einen Preis haben

21 Ebenda, S. 138.

22 K. Marx, Das Kapital, Erster Band, in: MEW, Bd. 23, a.a.O., S. 117.

und insofern als nichtproduktive Arbeit gelten kann. Wissenschaftliche Leistungen hatten in bescheidenem Maße seit jeher die Eigenschaft, gegen Revenue (bzw. unter Verhältnissen ohne entwickelte Warenproduktion auch gegen Naturalleistungen) austauschbar zu sein, aber diese Eigenart war für das Verständnis der Wissenschaft selbst ganz peripher. Eher als das Produkt der Erkenntnisproduktion war die wissenschaftliche Tätigkeit selbst als Dienstleistung — insbesondere in der Gestalt von Unterricht — dazu imstande. Für Erkenntnisresultate ist die Warenform extrem inadäquat; der Warencharakter einer Erkenntnis schließt ihre Publizität aus, und wenn der Übergang in die Publizität in der Form der Realisierung von Warenwert erfolgt, dann ist eben dieser Übergang die letzte Möglichkeit gewesen, diese Erkenntnis als Ware zu behandeln. Erst mit dem Übergang zur systematischen Erzeugung detaillierter Vorschriften für praktische Operationen, in denen die Erkenntnisfunktion nicht mehr dominiert, und nur für diese war es mit Hilfe entsprechender juristischer Institutionen (Patente etc.) möglich, Ergebnissen wissenschaftlicher Tätigkeit Warenform aufzuprägen.

Es scheint daher problematisch, wissenschaftliche Tätigkeit nur deshalb, weil sie sich — oft mehr gelegentlich als systematisch — entweder in ihren Resultaten oder in ihrer unmittelbaren Ausführung gegen Revenue tauscht, grundsätzlich als nichtproduktive Arbeit, also als Arbeit überhaupt, zu bestimmen. Diese Situation besteht im Grunde bis zum entwickelten Industriekapitalismus. Für sie ist die Amateurform des Wissenschaftsbetriebes charakteristisch, ebenso wie das Einsetzen der Professionalisierung der wissenschaftlichen Tätigkeit ihre Überwindung anzeigt. Eher könnte man sagen, daß zu den Erscheinungsformen des gesellschaftlichen Daseins der wissenschaftlichen Tätigkeit auch ihre Eigenschaft gehörte, in gewissem Maße als nichtproduktive Arbeit aufzutreten. In ihrer ökonomischen Charakteristik hat Wissenschaft — ungeachtet ihrer substantiellen Notwendigkeit für die Gesellschaftsentwicklung — bis in den Kapitalismus hinein überwiegend wohl eher den Charakter von freier, nicht mit dem Erwerb von Subsistenzmitteln verbundener Tätigkeit von Angehörigen besitzender Klassen und Schichten getragen als den Charakter von nichtproduktiver Arbeit. Auch wenn es sich als nötig erweisen sollte, diese Behauptung weiter abzuschwächen, so wird man doch auf jeden Fall sagen können, daß die Eigenschaft der Wissenschaft, als nichtproduktive Arbeit auftreten zu können, bis zum Kapitalismus für die wissenschaftliche Tätigkeit nicht ökonomisch wesensbestimmend war.

Nun ist bekannt und vielseitig untersucht, daß die Wissenschaft, von der auch in der früheren Geschichte punktuell und partiell Wirkungen auf die Steigerung der Produktivkraft der Arbeit ausgingen, mit der Entfaltung des Industriekapitalismus zu einer unumgänglich notwendigen Voraussetzung wurde, damit sich die Produktivkraft der Arbeit so entwickeln konnte, wie es den der kapitalistischen Produktionsweise immanenten Triebkräften entsprach. Zu dem Vermögen der Wissenschaft, mit systematischer Anwendung ihrer Erkenntnisse die Produktivkraft der Arbeit schneller und effektiver zu steigern, als es allein durch vorwissenschaftlich-technisches Probieren möglich gewesen wäre, gesellte sich zunehmend die Erzeugung qualitativ neuartiger produktiver Wirkungen aus wissenschaftlichen Erkenntnissen, die ohne Wissenschaft niemals erreichbar gewesen wären.

Es erscheint nun naheliegend zu behaupten, daß das Werden der Wissenschaft zur Produktivkraft (die Entfaltung ihrer Produktivkraftfunktion) und die Umwandlung der wissenschaftlichen Tätigkeit in produktive Arbeit ein und denselben Prozeß darstellen. Eine solche Identifizierung darf man jedoch nicht ungeprüft vornehmen, denn die These vom Werden der Wissenschaft zur Produktivkraft behauptet einen Vorgang in der Produktivkraftsphäre, in den technologischen Verhältnissen der Produktion, der zunächst unabhängig von ihren ökonomischen Verhältnissen beschrieben werden kann, während die Unterscheidung von produktiver und nichtproduktiver Arbeit durch die konkreten ökonomischen Verhältnisse festgelegt ist. Die Erzeugung von Produktivkraft selbst ist, wie an der Herausbildung des Arbeiters als der gesellschaftlichen Hauptproduktivkraft ersichtlich, nicht notwendig selbst produktive Arbeit. Daß eine Tätigkeit, die früher für die produktive Arbeit nicht relevant war, nunmehr zu einem Erfordernis dieser Arbeit wird, bedeutet noch nicht, daß sie sich selbst in produktive Arbeit verwandelt. Man vergleiche dazu die folgende aufschlußreiche Bemerkung von Marx: „Wie sich die Herrschaft des Kapitals entwickelte und in der Tat auch die nicht direkt auf Schöpfung des materiellen Reichtums bezüglichen Produktionssphären immer mehr von ihm abhängig wurden — namentlich die positiven Wissenschaften (Naturwissenschaften) als Mittel der materiellen Produktion dienstbar gemacht wurden —, glaubten sykophantische underlings der politischen Ökonomie jede Wirkungssphäre dadurch verherrlichen zu müssen und rechtfertigen, daß sie selbe 'im Zusammenhang' mit der Produktion des materiellen Reichtums darstellten — als Mittel für denselben — und jeden damit beehrten, daß sie ihn zum 'produktiven Arbeiter' im 'ersten' Sinn machten, nämlich zu einem labourer, der im Dienst des Kapitals arbeite, ihm in der einen oder andren Weise in seiner Bereicherung nützlich sei, etc. Da sind noch solche Leute wie Malthus vorzuziehn, die direkt die Notwendigkeit und Nützlichkeit ‚*unproduktiver* Arbeiter' und bloßer Parasiten verteidigen."[23]

Aus den angeführten Überlegungen von Marx läßt sich schlußfolgern, daß unter kapitalistischen Produktionsverhältnissen wissenschaftliche Tätigkeit in zwei Fällen produktive Arbeit werden kann:

erstens dann, wenn der Kapitalist wissenschaftliche Leistung kauft, um mit ihrer Hilfe lebendige Arbeit anzuwenden, also Mehrwert zu gewinnen;

zweitens dann, wenn wissenschaftliche Tätigkeit als Unterfunktion des von ein und demselben Kapital angewandten produktiven Gesamtarbeiters auftritt.

Gemeinsam ist beiden Fällen, daß sie objektiv den Eintritt der wissenschaftlichen Tätigkeit als arbeitsteilig gesondertes Glied in die produktive gesellschaftliche Gesamtarbeit ausdrücken. Ökonomisch gesehen sind sie recht verschieden. Im ersten Fall fungiert das wissenschaftliche Resultat als Bestandteil des konstanten

[23] K. Marx, Theorien über den Mehrwert, in: MEW, Bd. 26.1, a.a.O., S. 146.

Kapitals; der Kapitalist kauft es als Ware auf dem Warenmarkt, und die Arbeit zu seiner Herstellung ist nicht deshalb produktiv, weil sie etwa selbst Mehrwert bildet (es tut nichts zur Sache, ob sie vielleicht in Form einfach warenproduzierender Arbeit verausgabt worden ist und daher keinen Mehrwert erzeugt), sondern weil sie Kapital produziert hat. Im zweiten Fall kauft der Kapitalist die wissenschaftliche Arbeitskraft, sie bildet eine Komponente des variablen Kapitals, und die wissenschaftliche Tätigkeit muß als wert- und mehrwertbildende Arbeit angesehen werden, die insofern produktiv ist, als der von ihr erzeugte Wert wiederum kapitalisierbar ist.

Jede der beiden Bedingungen für sich würde genügen, um zu zeigen, daß die wissenschaftliche Tätigkeit, die unter sie fällt, unter kapitalistischen Verhältnissen produktive Arbeit ist — im ersten Fall vermittelt über die Warenzirkulation, im zweiten durch ihre unmittelbare Subsumtion unter das Kapital.

Die erste Bedingung hatte sich zumindest bis zur Entfaltung der kapitalistischen Großproduktion nicht als Regelfall herausgebildet. Darauf verwies Engels in einer frühen Arbeit (1843/44), in der er darauf aufmerksam machte, daß zu den Produktionskosten einer Ware neben Kapital und Arbeit eigentlich noch ein Drittes gehört, „woran der Ökonom nicht denkt, ich meine das geistige Element der Erfindung, des Gedankens, neben dem physischen der bloßen Arbeit. Was hat der Ökonom mit dem Erfindungsgeist zu schaffen? Sind ihm nicht alle Erfindungen ohne sein Zutun zugeflogen gekommen? Hat ihrer *eine* ihm etwas gekostet? Was also hat er bei der Berechnung seiner Produktionskosten sich darum zu kümmern? Ihm sind Land, Kapital, Arbeit die Bedingungen des Reichtums, und weiter braucht er nichts. Die Wissenschaft geht ihn nichts an. Ob sie ihm durch Berthollet, Davy, Liebig, Watt, Cartwright usw. Geschenke gemacht hat, die ihn und seine Produktion unendlich gehoben haben — was liegt ihm daran? Dergleichen weiß er nicht zu berechnen . . ."[24] Hinzuzufügen ist, daß jene Konkretisierungsstufe eines wissenschaftlichen Resultats, in der es für die Großproduktion erst eigentlich applikabel wird und somit als Element des konstanten Kapitals fungieren kann, nur in Ausnahmefällen in Einzelarbeit erreicht werden kann, so daß die Herstellung derartiger Ergebnisse in der Form kleiner Warenproduktion kaum jemals größere Verbreitung finden kann. Typischer — aber auch erst für die Mitte des 20. Jahrhunderts — sind in dieser Hinsicht schon spezialisierte kapitalistische Betriebe, die arbeitsteilig technische Projekte und andere Arten produktiv nutzbarer geistiger Leistungen als Waren erzeugen. Man kann aber wohl behaupten, daß das Auftreten von Ergebnissen wissenschaftlicher Tätigkeit in Warenform und die Einbeziehung dieser Waren über den Austausch in produktive Kapitale nicht typisch und verbreitet genug, waren die Feststellung zu rechtfertigen, die wissenschaftliche Tätigkeit sei im Kapitalismus wesentlich zu produktiver Arbeit geworden.

[24] F. Engels, Umrisse zu einer Kritik der Nationalökonomie, in: MEW, Bd. 1, Berlin 1959, S. 508—509.

Daher ist vor allem der zweite Fall zu berücksichtigen — die unmittelbare Einbeziehung wissenschaftlicher Tätigkeit in die von ein und demselben Kapital angewandte gesellschaftliche Gesamtarbeit. Der Kauf wissenschaftlicher Arbeitskraft anstelle abgeschlossener wissenschaftlicher Leistungen hat für das Kapital zunächst einmal den augenfälligen Vorteil, den gesamten Prozeß der Ideenproduktion von der Zielstellung her dirigieren zu können. Die Erfahrung der profitsteigernden Wirkung geschickt angewandter Erfindungen wie die Erschöpfung jenes anfänglichen Reservoirs von Erfindungen, die dem Kapitalisten „ohne sein Zutun zugeflogen" kommen, treiben ihn zu einer solchen Ausdehnung des von ihm ausgebeuteten produktiven Gesamtarbeiters. Eine solche Erweiterung des Begriffs der produktiven Arbeit ist bereits in der bürgerlichen politischen Ökonomie von Adam Smith konzipiert worden; Marx hebt hervor, daß Smith in die Arbeit, die sich in einer käuflichen und austauschbaren Ware realisiert, auch einschließt „alle intellektuellen Arbeiten, die direkt in der materiellen Produktion konsumiert werden. Nicht nur der direkte Handarbeiter oder Maschinenarbeiter, sondern overlooker, ingenieur, manager, commis etc., kurz, die Arbeit des ganzen Personals, das in einer bestimmten Sphäre der materiellen Produktion erheischt ist, um eine bestimmte Ware zu produzieren, dessen concours von Arbeiten (Kooperation) notwendig zur Herstellung der Waren ist."[25] An anderer Stelle bemerkt Marx: „Unter diese produktiven Arbeiter gehören natürlich alle, die zur Produktion der Ware d'une manière ou d'une autre mitarbeiten, vom eigentlichen Handarbeiter bis zum manager, engineer (als unterschieden vom Kapitalisten)."[26]

Worin besteht nun die Funktion der als produktive Arbeit unter der Botmäßigkeit des Kapitals agierenden wissenschaftlichen Erkenntnistätigkeit? Es ist auf den ersten Blick sichtbar, daß sie sich von den intellektuellen Tätigkeiten unterscheidet, die den kooperativen Charakter des Arbeitsprozesses und den Kreislauf des Kapitals schlechthin sichern. Alle jene müssen auch dann stattfinden, wenn der technologische Charakter der Gesamtarbeit unverändert bleibt. Der produktive Zweck des Einbaus wissenschaftlicher Erkenntnistätigkeit ist aber immer die Veränderung der technologischen Gestalt der Produktion, die Reproduktion des Kapitals auf *veränderter* technologischer Grundlage. Die Haupttendenz dieser innovativen Tätigkeit (wenn auch nicht zwingend das Resultat jeder einzelnen Erscheinungsform) ist dabei die Hebung der Produktivkraft der Arbeit. Da letztere Bedingung dafür ist, daß die Reproduktion des Kapitals auf der Stufe der Großproduktion stattfinden kann, wird die Einbeziehung wissenschaftlicher Tätigkeit in den produktiven Gesamtarbeiter wesentliche Bedingung dafür, daß vom Kapital angewandte Arbeit auf dieser technologischen Stufe überhaupt produktiv sein kann.

Die direkte Einbeziehung wissenschaftlicher Tätigkeit in die produktive Gesamtarbeit ist der Hauptweg, auf dem Wissenschaft wesentlich produktive Arbeit

25 K. Marx, Theorien über den Mehrwert, in: MEW, Bd. 26.1, a.a.O., S. 134.
26 Ebenda, S. 126—127.

wird, auf dem sich die Eigenschaft, produktive Arbeit zu sein, als ihr konstitutives Charakteristikum ausprägt. Wissenschaftliche Arbeit muß somit als wertbildende Arbeit angesehen werden; ein Teil des erzeugten Neuwertes in einem kapitalistischen Produktionsprozeß, der wissenschaftliche Arbeit einschließt, müßte somit dieser Arbeit zugeschrieben werden. Damit ist jedoch ein fundamentaler Widerspruch gesetzt. Damit Arbeit als wertbildend angesehen werden kann — Produktionsverhältnisse, unter denen das Arbeitsprodukt Wertform erhält, vorausgesetzt —, muß es möglich sein, den für ihre Ausführung unter den gesellschaftlich durchschnittlichen Arbeitsbedingungen erforderlichen Aufwand *gesellschaftlich notwendiger Arbeitszeit* zu bestimmen. Dafür gibt es zwei Möglichkeiten: erstens, wenn inhaltlich identische Arbeiten massenhaft auftreten, die gesellschaftlich notwendige Arbeitszeit mit Hilfe des Durchschnittsaufwandes zu bestimmen; zweitens, wenn die Durchschnittsbildung nicht möglich ist, aus Ziel und Bedingungen den notwendigen Aufwand herzuleiten. Für Forschungstätigkeiten ist, strenggenommen (obwohl das ökonomische Interesse natürlich zu Approximationen drängt), beides unmöglich. Die inhaltliche Unikalität und normative Nichtwiederholbarkeit schließt die Durchschnittsbildung aus. Die inhaltliche Neuartigkeit des geistigen Resultates schließt die Möglichkeit einer determinierten Apriori-Bestimmung des Aufwandes aus. Mit anderen Worten, wissenschaftliche Tätigkeit besitzt von vornherein technologische Eigenschaften, die ihrer ökonomischen Ausformung als wertbildende Tätigkeit inadäquat sind. Ihr Widerspruch, daß die kapitalistische Produktion, um existieren zu können, wissenschaftliche Tätigkeit als produktive Arbeit anwenden muß und zugleich ihren ökonomischen Voraussetzungen nach auf ausgebeuteter Arbeit beruht, deren wertbildende Potenz mit der Existenz wohlbestimmter Quanta gesellschaftlich notwendiger Arbeitszeit für jeden Produktionsprozeß verbunden ist, wirkt als ein Moment des Grundwiderspruchs der kapitalistischen Produktionsweise und trägt mit zunehmender Verwissenschaftlichung der Produktion erheblich zu dessen Verschärfung bei. Obwohl man ihn in abstrakter Form schon als Widerspruch zwischen der allgemeinen technologischen Voraussetzung der einfachen Warenproduktion (Existenz eindeutiger, bestimmter Zusammenhänge von Ziel, Bedingungen und Mitteln, Ablauf und Resultat) und der Integration wissenschaftlicher Tätigkeit in die Warenproduktion formulieren könnte, gewinnt er doch erst für die kapitalistische Stufe der Warenproduktion reale Existenz; der einfachen Warenproduktion fehlen die ökonomischen Voraussetzungen, um in nennenswertem Umfang Wissenschaft einbeziehen zu können.

Der Widerspruch von Wissenschaft und Warenproduktion hat daher, wenn er historisch zuerst auf den Plan tritt, antagonistischen Charakter. Dieser Antagonismus verschwindet mit der Beseitigung des kapitalistischen Privateigentums an Produktionsmitteln; daran kann kein Zweifel bestehen. Indes ist es die Ansicht des Verfassers, daß der Widerspruch von wissenschaftlicher Tätigkeit (als produktive Arbeit) und Warenproduktion damit nicht absolut aus der Welt geschafft wird. Er wird in eine nichtantagonistische Form überführt, die die Gesellschaft vermutlich bis in den reifen Kommunismus begleiten wird. Richtig ausgenutzt, ist er eine wesentliche Triebkraft der sozialistischen Wirtschaftsentwicklung, deren Beherrschung für die Intensivierung der Produktion entscheidend ist. Seine Existenz macht sich beispielsweise in Nichtübereinstimmungen zwischen den von den Ware-Wert-Beziehungen ausgehenden ökonomischen Stimuli und den objektiven gesellschaftlichen Anforderungen an das Tempo des wissenschaftlich-technischen Fortschritts in der Volkswirtschaft bemerkbar; damit bleibt für die Ökonomie stets das Problem auf der Tagesordnung, die Ware-Wert-Beziehungen so weiterzuentwickeln und zu vervollkommnen, daß sie das erforderliche Tempo und Ausmaß der Innovationen in der Volkswirtschaft auch tatsächlich fördern.

Das Problem des Verhältnisses von Wissenschaft und Warenproduktion ist in seiner historischen Dynamik in einigen Zügen mit den Widersprüchen zwischen Stadt und Land und zwischen körperlicher und geistiger Arbeit vergleichbar. Beiden nimmt die sozialistische Revolution ihren antagonistischen Charakter — sie werden in die nichtantagonistische Form wesentlicher Unterschiede transformiert, die nicht bestimmend für die kommunistische Gesellschaftsordnung im ganzen sind, aber nur in einem längeren historischen Prozeß überwunden werden können, der das sozialistische Stadium der kommunistischen Formation im wesentlichen in Anspruch nimmt. In vergleichbarer Weise dürfte sich auch das Verhältnis zwischen der Nichtexistenz gesellschaftlich notwendiger Arbeitszeitquanta für wissenschaftliche Problembildungs- und Problemlösungsprozesse und den Ware-Wert-Beziehungen in der Volkswirtschaft entwickeln, sofern man nicht meint, Ware-Wert-Beziehungen seien ein konstitutives Charakteristikum der kommunistischen Wirtschaft auch in ihrer voll entfalteten Form. Mit der Abstreifung der antagonistischen Gestalt beginnt zugleich der historische Weg der endgültigen Lösung dieses Widerspruchs. Er ist dadurch markiert, daß das Wertgesetz nicht das regulierende Grundgesetz der sozialistischen Wirtschaft ist, sondern daß seine Wirkungsbedingungen bewußt nach Kriterien gestaltet und vervollkommnet werden können, die aus dem — seinerseits nicht in Ware-Wert-Kategorien formulierten — ökonomischen Grundgesetz des Sozialismus folgen. Unter diesen Verhältnissen formiert sich ein dialektischer Entwicklungszusammenhang zwischen der Anpassung der produktiv eingesetzten wissenschaftlichen Arbeit an die in Wertkategorien ausgedrückten Effektivitätsmaßstäbe des sozialistischen Wirtschaftens und der Anpassung der letzteren an die neuen Möglichkeiten der Verwissenschaftlichung der produktiven Arbeit. Beide Seiten — Ware-Wert-Beziehungen und wissenschaftsbedingte Innovativität — sind im Sozialismus vorwärtstreibend, sofern sie im richtigen Verhältnis aufeinander bezogen sind, aber die übergreifende Seite, die dieses Verhältnis selbst in historischen Maßstäben verschiebt, ist die zunehmende Verwissenschaftlichung der produktiven Arbeit. Man kann darüber hinaus vermuten, daß die Dialektik von Wissenschaft und Warenproduktion die historisch vorübergehende Form eines grundlegenderen Verhältnisses ist: nämlich des Verhältnisses zwischen der gesellschaftlichen Ökonomie der Zeit, die auf bestimmte Bedingungen des

Zeitaufwands für verschiedene Zwecke bezogen ist, und der progressiven Veränderung der Bedingungen für die Verausgabung der gesellschaftlichen Zeit.

Nach diesem Exkurs über die Grenzen der kapitalistischen Produktionsweise können wir als nunmehr bezogenen Standpunkt festhalten:

*1.* Wissenschaftliche Tätigkeit, obwohl historisch aus der Arbeit hervorgegangen und in ihrem aktuellen Dasein von der Arbeit abhängig, ist nicht von vornherein und unter allen Umständen selbst Arbeit. Ihr *Werden zur Arbeit* ist ein lokalisierbarer Prozeß in der gesellschaftlichen Entwicklung. Eine andere, wenn auch damit zusammenhängende Frage ist die Herausbildung der Eigenschaften, die die Wissenschaft befähigten, in die gesellschaftliche Gesamtarbeit einzutreten und in ihr eine spezifische Rolle zu spielen; bezogen auf diese Eigenschaften, kann man wissenschaftliche Tätigkeit vor ihrem wirklichen Werden zur Arbeit als potentielle Arbeit, als Arbeit der Möglichkeit nach bezeichnen.

*2.* Das Werden wissenschaftlicher Tätigkeit zur Arbeit (wir lassen die Frage außer acht, inwieweit man von einem partiellen Werden der wissenschaftlichen Tätigkeit zur Arbeit sprechen muß, während ein anderer Teil im Zustand von potentieller Arbeit oder Nicht-Arbeit verbleibt) ist historisch an die Entfaltung der kapitalistischen Produktionsweise mit ihren spezifischen ökonomischen Triebkräften gebunden. Ausgangspunkt war die mit der industriellen Revolution eingeleitete Kopplung der von den Reproduktionserfordernissen des Kapitals determinierten Produktivkraftentwicklung der Arbeit mit der systematischen Anwendung wissenschaftlicher Ergebnisse. Allerdings ist die Entwicklung der Wissenschaft zur *Produktivkraft* nicht einfach identisch mit der Entwicklung der wissenschaftlichen Tätigkeit zur Arbeit. Die Entwicklung der Wissenschaft zur Produktivkraft betrifft unmittelbar die technologischen, die Entwicklung der wissenschaftlichen Tätigkeit zur Arbeit die ökonomischen Verhältnisse. Wissenschaftliche Tätigkeit kann generell, bezogen auf die kapitalistische Produktionsweise, Produktivkraftwirkungen ausüben, wenn sie im ökonomischen Sinn keine Arbeit, wenn sie nichtproduktive und wenn sie produktive Arbeit ist.

*3.* Es scheint, daß die Entwicklung der wissenschaftlichen Tätigkeit zur Arbeit eine *Folge* und zugleich auch eine höhere Stufe in der Entfaltung der Produktivkrafteigenschaften der Wissenschaft gewesen ist und daß sich die wissenschaftliche Tätigkeit *primär* in Arbeit umwandelte, indem sie den Charakter *produktiver* Arbeit annahm bzw. der produktive Gesamtarbeiter in seinen arbeitsteiligen Organismus wissenschaftliche Tätigkeiten einbaute; bestimmte Züge nichtproduktiver Arbeit, die die Wissenschaft seit langem besaß (z. B. in ihrer Verbindung mit der Praxis der Ärzte), zeigen keine signifikanten Wendungen in der gesellschaftlichen Position der Wissenschaft an, obwohl sie für ein vollständiges Bild der Wissenschaftsentwicklung unbedingt zu berücksichtigen sind.

Das Anliegen dieser Darstellung ist nicht die Untersuchung des historischen Prozesses, in dem Wissenschaft zur Arbeit wurde (und noch wird). Das eigentliche Thema ist kategorialer Art, aber die angeführten Überlegungen sollten den

Standpunkt stützen, daß die Kennzeichnung der Wissenschaft als Arbeit keine statische, überzeitliche Definition von Wissenschaft ist, sondern einen wesentlichen Zusammenhang ihrer Geschichte ausdrückt.

Nachdem die Bedingungen skizziert sind, unter denen wissenschaftliche *Tätigkeit als Arbeit betrachtet* werden kann, ist es notwendig zu zeigen, welche Besonderheiten Wissenschaft als Arbeit besitzt bzw. wie sich die Einbeziehung von Teilarbeiten, die ihrem Inhalt nach wissenschaftliche Tätigkeiten sind, auf die gesellschaftliche Gesamtarbeit auswirkt. Bei Marx finden wir eine spezifische Charakteristik der Wissenschaft als Arbeit mit Hilfe der Kategorie „allgemeine Arbeit". Der III. Band des „Kapital" enthält in dem der Ökonomie des konstanten Kapitals gewidmeten Kapitel die folgende bekannte Passage: „Nebenbei bemerkt, ist zu unterscheiden zwischen allgemeiner Arbeit und gemeinschaftlicher Arbeit. Beide spielen im Produktionsprozeß ihre Rolle, beide gehn ineinander über, aber beide unterscheiden sich auch. Allgemeine Arbeit ist alle wissenschaftliche Arbeit, alle Entdeckung, alle Erfindung. Sie ist bedingt teils durch Kooperation mit Lebenden, teils durch Benutzung der Arbeiten Früherer. Gemeinschaftliche Arbeit unterstellt die unmittelbare Kooperation der Individuen."[27] Es ist die Rede von „neuen Entwicklungen der allgemeinen Arbeit des menschlichen Geistes und ihrer gesellschaftlichen Anwendung durch kombinierte Arbeit."[28]

Man kann aus Formulierungen dieser Art den Schluß ziehen, daß die Charakteristik als allgemeine Arbeit die spezifische, notwendige und hinreichende Kennzeichnung des gesellschaftlichen Wesens der Wissenschaft ist. Dieser Schluß wird von verschiedenen Autoren gezogen, und auch der Verfasser betrachtete ihn früher als evidente und unproblematische Interpretation der zitierten Marx-Stelle. Bei J. W. Pošechonov heißt es beispielsweise: „Die Wissenschaft im ganzen ist eine der führenden ‚Abteilungen' im System der gesellschaftlichen Arbeit, die spezifische Erzeugung wissenschaftlicher Kenntnisse. Die Spezifik des wissenschaftlichen Schaffens besteht darin, daß jede wissenschaftliche Arbeit zum Unterschied von der Arbeit überhaupt und von der Produktionsarbeit ‚allgemeine Arbeit' ist . . ."[29]

Bei näherer Betrachtung erscheint diese Interpretation nicht als die einzig mögliche. Der Terminus „allgemeine Arbeit" wird von Marx auch in Kontexten verwendet, die nicht auf die Wissenschaft bezogen sind. Überhaupt ist die Marxsche Argumentation um die Kategorie Arbeit subtil und vielschichtig. Man kann daher die erwähnte Stelle interpretierend auch so lesen, daß sie in dem uns interessierenden Zusammenhang als Abbreviatur der beiden folgenden Aussagen erscheint: wissenschaftliche Tätigkeit fungiert als allgemeine Arbeit, aber auch andere Tätigkeiten können als allgemeine Arbeit auftreten; wissenschaftliche

27 K. Marx, Das Kapital, Dritter Band, in: MEW, Bd. 25, Berlin 1964, S. 113—114.

28 Ebenda, S. 114.

29 J. V. Pošechonov, Naučnyj kollektiv i soveršenstvovanie principov ego dejatel'nosti, in: Voprosy filosofii, 10/1968, S. 46.

Tätigkeit ist getrennt von der materiellen Produktion allgemeine Arbeit nur der Möglichkeit nach; sie wird es aktuell durch ihren Eintritt in den Zusammenhang der materiellen Produktion. Diese Leseart scheint uns die konsequentere zu sein.

Auf jeden Fall ist eine etwas eingehendere Analyse angezeigt, um den kategorialen Inhalt der Deutung von Wissenschaft als Arbeit zu erschließen. Diese Analyse darf nicht als dogmatisierender Versuch mißverstanden werden, Marx eine absolut homogene Verwendung der Termini „Arbeit“ und „allgemeine Arbeit“ zu unterstellen; in den Marxschen Darstellungen werden diese Kategorien dialektisch gehandhabt, sie erscheinen elastisch bis zum Umschlagen der Gegensätze ineinander. Zudem stützen wir uns weitgehend auf die von Marx nicht zur Veröffentlichung bestimmten „Grundrisse der Kritik der politischen Ökonomie“, und in einem solchen primär für die Selbstverständigung geschriebenen Manuskript muß mit einem noch größeren Nuancenreichtum der Begriffe gerechnet werden. Einziges Ziel der Betrachtung ist, jene Inhalte des Begriffes „allgemeine Arbeit“ aufzuweisen, die eine vertiefte Auffassung des gesellschaftlichen Phänomens Wissenschaft ermöglichen und daher von unmittelbar wissenschaftstheoretischer Bedeutung sind.

Dabei haben wir die historische Bestimmtheit des Verhältnisses von kategorialem Inhalt und Ausdrucksweise bei Marx zu berücksichtigen. Deshalb wird einleitend auf einige Seiten des progressiven bürgerlichen Denkens Bezug genommen, an die Marx in kritischer Auseinandersetzung anknüpfte. Wir halten es auch nicht für zweckmäßig, uns unvermittelt der Kategorie „allgemeine Arbeit“ bei Marx zuzuwenden; das Marxsche Verständnis ihrer Bestimmungsstücke — „allgemein“ und „Arbeit“ — soll zuvor kurz expliziert werden, um kurzschlüssige Deutungen von „allgemeine Arbeit“ zu vermeiden, die sich eventuell aufdrängen könnten, wenn allein der unmittelbare Kontext der jeweiligen Stellen in Betracht gezogen wird.

## 3.3. Der Begriff der allgemeinen Arbeit bei Marx und die Bestimmung der Wissenschaft

### 3.3.1. Zur Auffassung des Verhältnisses von wissenschaftlicher Erkenntnis und Arbeit im progressiven vormarxistischen Denken

Das Werk von Marx und Engels dokumentiert bekanntlich auf Schritt und Tritt ihre kritische Auseinandersetzung insbesondere mit jenen Leistungen des bürgerlichen Denkens, in denen dieses seine Klassizität, den Gipfel seiner Leistungsfähigkeit erreichte. Die klassische politische Ökonomie des Bürgertums und die klassische deutsche Philosophie, speziell die Philosophie Hegels, sind so entscheidende theoriegeschichtliche Quellen des Marxismus, deren Erkenntnisertrag eben durch die dialektische Rezeption von einem qualitativ höheren sozialen Standort aus erst zu einem unvergänglichen, lebendigen Bestandteil der Weltkultur geworden ist. Die Bourgeoisie konnte allenfalls an die historischen Schranken jener Leistungen anknüpfen und so ihr eigenes Erbe verflachen, nicht bewahren. Es liegt nahe, auch in der hier behandelten Frage nach Bezugspunkten zu suchen, die in Marx' und Engels' Werk ihre dialektische Aufhebung gefunden haben. Dabei beabsichtigen wir keine systematische historische Analyse; in diesem Kontext genügt es, wenn Anknüpfungspunkte dieser Art exemplarisch identifiziert werden können.

Das frühe bürgerliche Denken formulierte utilitäre Ideale für das wissenschaftliche Erkennen, denen zufolge die Umgestaltung der materiellen Praxis als würdigstes Ziel der Wissenschaft galt und die reflektierende spekulative Selbstgenügsamkeit des Gelehrten alten Stils der Verachtung preisgegeben wurde. Mit naivem Pathos (die Naivität ist der Unentwickeltheit der kapitalistischen Produktionsverhältnisse in jener Periode geschuldet) finden wir dies bei Bacon ausgedrückt. Hegel urteilt: „Von Baco kann man sagen, was Cicero von Sokrates sagt: Er habe das Philosophieren in die weltlichen Dinge, in die Häuser der Menschen heruntergeführt."[30] Bei Bernal, der die Gründung der Royal Society direkt auf die von Bacon entwickelten Gedanken zurückführt, heißt es: „Bacon wird mit Recht als der erste bedeutende Mann angesehen, der der Wissenschaft eine neue Richtung gewiesen und sie endgültig wieder mit dem Fortschritt der materiellen Produktion verknüpft hat."[31]

Die geschichtliche Bedeutung, die das Aussprechen einer praktisch-produktiven Zielsetzung für die Wissenschaft hatte, wurde später freilich — wie etwa bei Liebig, der polemisch erklärte, daß Bacons „Gedanken und Begriffe, mit denen er an die Dinge und Tatsachen tritt, ohne allen Inhalt sind"[32] — über der Kritik an Bacons methodologischen Unzulänglichkeiten und an seiner naturwissenschaftlichen Unkenntnis vergessen. Jedenfalls erscheint bei den Vertretern der klassischen Naturwissenschaft im England des 17. Jahrhunderts die praktisch-produktive Nützlichkeit der Wissenschaft als etwas so Selbstverständliches, daß etwa Newton es gar nicht mehr für nötig hielt, ausführlich für die Praktikabilität der wissenschaftlichen Resultate zu argumentieren. Im zweiten Zusatz zu den drei Gesetzen der (mechanischen) Bewegung bemerkt er in seinen „Mathematischen Principien der Naturlehre" ganz beiläufig: „Hieraus werden nämlich auf leichte Weise die Kräfte der Maschinen abgeleitet, welche aus Rädern, Hebeln, beweglichen Rollen, Schrauben, gespannten Seilen, gerade oder schräg ansteigenden Gewichten und den übrigen mechanischen Potenzen zusammengesetzt zu werden pflegen."[33]

[30] G. W. F. Hegel, Vorlesungen zur Geschichte der Philosophie, Bd. III, Leipzig 1971, S. 205.
[31] J. D. Bernal, Die Wissenschaft in der Geschichte, Berlin 1961, S. 310.
[32] J. v. Liebig, Reden und Abhandlungen, Leipzig-Heidelberg 1874, S. 238.
[33] Sir Isaac Newton's Mathematische Principien der Naturlehre, Hrsg. J. Ph. Wolfers, Berlin 1872, S. 35.

Das Nützlichkeitsideal der vom Bürgertum in seiner Aufstiegsperiode getragenen Wissenschaft, das anfangs eher integral durch die allgemeine Ideologie des Kapitals als durch konkrete technologische Anforderungen der kapitalistischen Produktion bestimmt war, später aber zunehmend auch durch solche Anforderungen ausgefüllt wurde, lieferte unzweifelhaft nur eine flache Einsicht in den Zusammenhang von Arbeit und wissenschaftlicher Erkenntnis. Die objektive Tatsache, daß der geschichtliche Fortschritt der Entfaltung der kapitalistischen Produktionsweise mit allen ihren Antagonismen bedurfte, äußerte sich subjektiv in der Illusion, die in der kapitalistischen Produktion wirksame Wissenschaft diene auf selbstverständliche und unproblematische Weise dem Wohl des Menschen. Immerhin gab das Nützlichkeitsideal der Wissenschaft Anlaß, auch theoretisch das wissenschaftliche Erkennen im Zusammenhang mit der Arbeit zu betrachten. Ehe daraus tiefergehende Einsichten resultieren konnten, war jedoch eine beträchtliche ökonomische Fundierung vonnöten.

Hier ist Marx' Hinweis auf eine gedankliche Linie von der Baconischen Philosophie zur klassischen bürgerlichen Ökonomie von Interesse: „Im Durchschnitt schließen sich jedoch die englischen Ökonomen der früheren Zeit an Baco und Hobbes als ihre Philosophen an . . ."[34] Die klassischen bürgerlichen Ökonomen, obwohl sie der produktiven Wirkung der Wissenschaft keine sehr große Aufmerksamkeit widmeten, haben immerhin die technologischen Bedingungen spezifiziert, unter denen die Produktion materieller Güter Wissenschaft aufzunehmen imstande ist und der Wissenschaft bedarf. Adam Smith betrachtet die Arbeitsteilung als Ursache für die „außerordentliche Steigerung der produktiven Kräfte der Arbeit."[35] Die zunehmende Arbeitsteilung wirkt nach Smith über drei Faktoren auf das Wachstum des Produktionsvolumens ein: erstens steigende Geschicklichkeit jedes Arbeiters; zweitens Einsparung der Zeit, die gewöhnlich beim Wechsel von einer Arbeitsart zur anderen verlorengeht; drittens die „Erfindung vieler Maschinen, welche die Arbeit erleichtern und verringern und einen Mann befähigen, die Arbeit vieler zu leisten."[36] Die Arbeitsteilung auf dem Niveau der maschinellen Produktion (wir sehen hier davon ab, daß Smith das Fortschreiten der Arbeitsteilung selbst als „Folge einer gewissen Neigung der menschlichen Natur . . . zum Tausch und zum Tauschhandel bzw. zum wechselseitigen Austausch von Gegenständen"[37] betrachtet) wird völlig zutreffend als die technologische Voraussetzung identifiziert, unter der die Wissenschaft produktionswirksam werden kann.

Smith geht noch weiter und führt die Erfindung der Maschinen selbst auf die Arbeitsteilung zurück; die extreme Vereinfachung der Arbeitsfunktionen — in der Manufaktur — setzt die Schwelle ihrer technischen Vergegenständlichung

34 K. Marx, Das Kapital, Erster Band, in: MEW, Bd. 23, a.a.O., S. 412.

35 A. Smith, Eine Untersuchung über das Wesen und die Ursachen des Reichtums der Nationen, Bd. 1, Berlin 1963, S. 9.

36 Ebenda, S. 13.

37 Ebenda, S. 20.

stark herab. Zugleich erleichtert eine weit geführte Arbeitsteilung auch die rationale technologische Durchdringung der einzelnen Operationen: „Wenn sich die gesamte Aufmerksamkeit des Menschen auf einen einzigen Zweck konzentriert, wird er viel eher leichtere und bequemere Methoden zu dessen Erreichung entdecken, als wenn sich seine Gedanken in einer Vielzahl verschiedener Dinge verlieren. Aber infolge der Arbeitsteilung wird jedermanns volle Aufmerksamkeit von selbst auf einen sehr einfachen Gegenstand gerichtet."[38] — „Viele Maschinen, die in Manufakturen mit einer weitgehenden Arbeitsteilung verwendet werden, sind ursprünglich Erfndungen gewöhnlicher Arbeiter gewesen."[39] Einen ähnlichen Gedanken, die Entstehung der Maschinen aus der Arbeitsteilung betreffend, formuliert Sismondi: „Aus der Teilung der Arbeit gingen die Maschinen hervor. Die Natur bietet uns ursprüngliche Kräfte, welche zwar die Kräfte des Menschen unendlich übersteigen, die aber erst dienstbar gemacht werden müssen. Es war nötig, diese Kräfte für die Industrie zu bändigen. Sobald man sie jedoch eine menschliche Arbeit ausführen lassen konnte, erledigten sie diese mit einer Schnelligkeit und in einem Umfang, die die Möglichkeiten des Menschen, der aus seinen eigenen Kräften handelte, unendlich übertrafen."[40]

Smith sieht die durch Arbeitsteilung rational verschärfte Produktionserfahrung — und insofern ist er keinesfalls empiristisch — weder als die einzige Quelle der Maschinerie noch als die entscheidende Basis ihrer Weiterentwicklung: „Jedoch keineswegs alle Verbesserungen der Maschinerie waren Erfindungen ihrer unmittelbaren Benutzer. Als die Herstellung von Maschinen zu einem besonderen Gewerbe wurde, hat die Erfindungsgabe der Maschinenbauer viele Verbesserungen verursacht. Einige stammen auch von Männern, die wir Philosophen oder Denker nennen. Ihre Tätigkeit besteht nicht darin, irgend etwas herzustellen, sondern alles zu beobachten. Aus diesem Grund sind sie oft fähig, die Kräfte der entferntesten und unterschiedlichsten Erscheinungen miteinander zu verknüpfen."[41] Der letztere Satz enthält zumindest eine Ahnung dessen, daß die Einführung qualitativ neuer Prinzipien in die Technologie der Produktion nicht aus der unmittelbaren Produktionserfahrung herrührt, sondern aus der systematischen wissenschaftlichen Erkenntnis, die ihren eigenen Weg gehen muß, eben um in der materiellen Produktion grundlegende Durchbrüche zu ermöglichen. Smith sieht die professionelle Verselbständigung der Forschung gleichfalls als ein Phänomen der Arbeitsteilung an; dies tut auch Sismondi, bei dem die Spezifik der produktiven Möglichkeiten der Wissenschaft noch deutlicher wird: „Die Teilung der Arbeit erhöhte auch noch anderweitig die Fähigkeit des Menschen, Gebrauchswerte herzustellen. Einzelne Mitglieder der Gesellschaft

[38] Ebenda, S. 15.

[39] Ebenda, S. 16.

[40] J. C. L. Simonde de Sismondi, Neue Grundsätze der Politischen Ökonomie, Bd. 1, Berlin 1971, S. 74.

[41] A. Smith, Eine Untersuchung über das Wesen und die Ursachen des Reichtums der Nationen, Bd. 1, a.a.O., S. 16.

kehrten sich von den manuellen Arbeiten ab und widmeten sich den geistigen. Sie studierten die Natur und ihre Eigentümlichkeiten, sie beschäftigten sich mit der Dynamik und ihren Gesetzen sowie mit der Mechanik und ihren Anwendungsgebieten, und sie leiteten aus den Forschungen die fast unerschöpflichen Mittel und Wege zur Vergrößerung der menschlichen Produktionsmöglichkeiten ab. Sie schufen das, was wir heute unter der Bezeichnung *Allmacht der Wissenschaft* kennen. Mit diesen Kräften, die weitaus größer als menschliches Vermögen sind, läßt sich eine Arbeit ausführen, die der Mensch vermittels seiner physischen Fähigkeiten niemals hätte in Angriff nehmen können."[42] Smith betont zudem die Möglichkeiten, die die Arbeitsteilung auch in der Wissenschaft selbst durch die Spezialisierung der Arbeitsgebiete für den Erkenntnisfortschritt eröffnet: „Diese Aufgliederung des Arbeitsgebietes vervollkommnet hier wie in jedem anderen Bereich die Geschicklichkeit und erspart Zeit. Jeder einzelne bekommt eine größere Erfahrung auf seinem Spezialgebiet, insgesamt wird mehr geleistet, und der Umfang an Wissen steigt dadurch beträchtlich."[43]

Resumierend läßt sich zu diesem kurzen Einblick sagen, daß die klassische bürgerliche Ökonomie die *arbeitsteilige* Produktionstätigkeit als den Boden ansieht, auf dem die Wissenschaft produktiv werden kann. Naturalwirtschaftliche Arbeit, die minimal geteilt ist, Handwerksarbeit mit hochgradiger, aber traditionell-empirisch begründeter Universalität der einzelnen Arbeitskraft bieten keinen Ansatzpunkt für die Wissenschaft. Daher ist die Arbeitsteilung, in die die Wissenschaft eingreifen kann, auch nicht jene der einfachen Warenproduktion, in der die Produzenten technologisch isoliert bleiben und nur über den Austausch miteinander in Beziehung treten, sondern jene der Kooperation im technologischen Prozeß, die die komplexen Arbeitsoperationen analytisch in ihre einfachsten Bestandteile auflöst. Wozu die Wissenschaft gebraucht wird, das ist in jenem Stadium noch nicht die analytische Zerlegung und die organisatorische Kombination der manuellen Operationen, sondern die technische funktionelle Modellierung von Teiloperationen, wie sie die progressierende Arbeitsteilung hervorgebracht hat, und von Komplexen solcher Teiloperationen in der Maschinerie. Diese Idee — die maschinelle Großproduktion als die den kapitalistischen Produktionsverhältnissen adäquate technologische Produktionsweise wird zum Ausgangspunkt für die Entfaltung der Produktivkraftfunktion der Wissenschaft — war für Marx ein wichtiges Resultat des vorhergehenden ökonomischen Denkens, das er übernehmen und vertiefen konnte. Als Produkt der Arbeitsteilung treibt die in der Maschinerie vergegenständlichte Wissenschaft nach Smith ihrerseits die Teilung der Arbeit in der materiellen Produktion weiter voran. Die professionell selbständige Existenz der Wissenschaft wird als

42 J. C. L. Simonde de Sismondi, Neue Grundsätze der Politischen Ökonomie, Bd. 1, a.a.O., S. 75.

43 A. Smith, Eine Untersuchung über das Wesen und die Ursachen des Reichtums der Nationen, Bd. 1, a.a.O., S. 17.

ein Phänomen der Arbeitsteilung verstanden, und die Ausdehnung der Arbeitsteilung *in* der Wissenschaft selbst erscheint als Agens für die Erhöhung ihres Erkenntnisvermögens. Dabei wird die wissenschaftliche Tätigkeit ganz naiv, unreflektiert als Arbeit angesehen, als eine besondere Art von Arbeit neben anderen. Daß die Eigenart der produktiven Wirkung der Wissenschaft darauf beruht, daß sie die praktische Nutzung der Naturkräfte über die explizite Erkenntnis ihrer Gesetze (implizit nutzt selbstverständlich jede produktive Praxis Naturgesetze) vermittelt, und nicht nur darin, daß sie Phänomene beobachtet, die in der bisherigen Produktionstätigkeit nicht aufgetreten sind oder nicht beachtet wurden, wird eher geahnt als verstanden. Hinzuzufügen wäre die bei Ricardo klar ausgesprochene Einsicht, daß die mittels Wissenschaft in die Produktion einbezogenen Naturkräfte keine Erhöhung des Wertprodukts bewirken und damit die von diesen hervorgebrachte Erhöhung der Arbeitsproduktivität die Herabsetzung des in einer Gebrauchswerteinheit enthaltenen Wertes bedeutet: „Sobald wir mittels Maschinen oder durch Kenntnisse der Naturwissenschaften die Naturkräfte zur Verrichtung von Arbeit zwingen, die früher von Menschen geleistet wurde, wird der Tauschwert dieser Arbeit entsprechend sinken.“[44] Damit ist auch der ökonomische und der technologische Aspekt der produktiven Wirkung von Wissenschaft klar voneinander differenziert. Während übrigens bei älteren Autoren die kapitalistische Anwendung von Maschinerie meist als etwas für alle Mitglieder der Gesellschaft ungeteilt Vorteilhaftes angesehen wurde, gibt Ricardo, der in einer Periode bereits schärfer ausgeprägter innerkapitalistischer Widersprüche lebte, dabei aber noch den bürgerlichen Klassenstandpunkt mit einem Höchstmaß wissenschaftlicher Aufrichtigkeit zu verbinden wußte, bereits eine sehr viel nüchternere Einschätzung: „Ich bin jedoch überzeugt, daß die Ersetzung der menschlichen Arbeit durch Maschinen oft den Interessen der Klasse der Arbeiter sehr schadet.“[45]

Im Grunde war mit den politökonomischen Untersuchungen zur Entwicklung der Arbeitsteilung in der Manufaktur- und Maschinenproduktion und ihrer Bedeutung für die Dynamik der Arbeitsproduktivität und des Produktionsvolumens das Fundament gelegt, um im philosophischen Menschenbild von einem abstrakten anthropologischen Individualismus zur Auffassung des Menschen als Ensemble seiner gesellschaftlichen Verhältnisse überzugehen. Diese kopernikanische Wende in der Theorie vom Menschen ist erst von Marx vollbracht worden; wir wissen auch, daß es sich hier um einen Wechsel des Bezugssystems handelte, der nicht durch eine bloße Denkleistung, sondern allein durch den Übergang auf einen geschichtlich höheren Klassenstandpunkt zu erreichen war — denn auf der Ebene der phänomenologischen Beschreibung ist nicht zu entscheiden, ob es richtiger ist, die empirisch aufweisbaren gesellschaftlichen

44 D. Ricardo, Über die Grundsätze der politischen Ökonomie und der Besteuerung, Berlin 1959, S. 278.

45 Ebenda, S. 382.

Beziehungen von den vorausgesetzten Individuen her oder die Individuen aus dem Netz ihrer gesellschaftlichen Beziehungen zu erklären.

Nichtsdestoweniger ist jeder Nachweis notwendiger Abhängigkeiten zwischen den Individuen, die für diese existenznotwendig und nicht nur ephiphänomenal sind, auch dann, wenn sie vom Standpunkt der Interaktion vorausgesetzter abstrakter Individuen interpretiert werden, objektiv ein Schritt zur Aushöhlung dieses Standpunktes; eine Voraussetzung für die historisch-materialistische „Umstülpung" des von der Bourgeoisie in ihrer progressiven Aufstiegsphase hervorgebrachten Gesellschafts- und Menschenbildes. Im Aufweis solcher Abhängigkeiten besteht wohl in erster Linie die überragende *philosophische* Bedeutung der bürgerlichen politischen Ökonomie. Die Arbeitsteilung schafft in der grundlegenden Sphäre der menschlichen Existenz notwendige zwischenmenschliche Abhängigkeiten, sie *vergesellschaftet* die Arbeit: „Was bei einem rohen Zustand der Gesellschaft das Arbeitsergebnis eines einzelnen ist, pflegt auf einem fortgeschrittenen Niveau das Produkt mehrerer zu sein."[46] Daher ist es von Interesse zu verfolgen, welche philosophische Transformation diese Resultate bei Hegel erfahren haben, an dessen Entwicklung des „tätigen Prinzips" in der Philosophie Marx materialistisch-kritisch anknüpfte. Wir werden auf die Arbeiten Hegels in diesem Zusammenhang um so mehr verweisen, als G. Kröber eine direkte Linie von Hegel zur Verwendung der Kategorie „allgemeine Arbeit" bei Marx gezeigt hat.[47]

Die in dieser Hinsicht interessanten Passagen bei Hegel sind jene, in denen das „tätige Prinzip" nicht nur in der logischen Aktivität der Idee und auch nicht nur in ihrer Inkarnation im Wirken abstrakter Individuen auf der historischen Szene auftritt, sondern in der lebensnotwendigen materiell-produktiven bzw. durch die materielle Produktion bedingten Wechselwirkung der Individuen. Der bescheidene Platz, den solche Überlegungen im Gesamtwerk Hegels einnehmen, verwundert nicht, denn die Verdrängung der materiell-produktiven Arbeit an die Peripherie des philosophischen Interesses ist eine natürliche Folge des idealistischen Grundschemas. Eher verwundert die Tiefe der dennoch gewonnenen Einsicht — eine der zukunftsweisenden Tendenzen, die über die Schranken des absoluten Idealismus hinausführen. Es dürfte zutreffen, daß Hegel eben hier das philosophische Fazit der klassischen bürgerlichen Ökonomie zieht. Die Wirkung des bürgerlichen ökonomischen Denkens auf Hegel ist von marxistischer Seite untersucht worden.[48] Hegel selbst nennt außerordentlich lobend die „Staats-Oekonomie" als „eine der Wissenschaften, die in neuerer Zeit aus ihrem Boden entstanden ist. Ihre Entwicklung zeigt das Interessante, wie der

46 A. Smith, Eine Untersuchung über das Wesen und die Ursachen des Reichtums der Nationen, Bd. 1, a.a.O., S. 11.

47 G. Kröber, Wissenschaft — System — Dialektik, in: W. R. Beyer (Hrsg.), Hegel-Jahrbuch 1972, Meisenheim, S. 157—167.

48 Vgl. G. Biedermann, Die klassische politische Ökonomie als Quelle der Hegelschen Geschichtsauffassung, in: DZfPh, 6/1976, S. 698—708.

*Gedanke* (s. Smith, Say, Ricardo) aus der unendlichen Menge von Einzelheiten, die zunächst vor ihm liegen, die einfachen Principien der Sache, den in ihr wirksamen und sie regierenden Verstand herausfindet." Er bezeichnet sie als eine „Wissenschaft, die dem Gedanken Ehre macht, weil sie zu einer Masse von Zufälligkeiten die Gesetze findet."[49] Biedermann spricht von einem gewaltigen Einfluß, den die ökonomischen Studien auf die Ausbildung seiner dialektischen Geschichtsauffassung ausgeübt haben, und bemerkt: „. . . was ihn aber von vornherein von den englischen Ökonomen, beispielsweise von Adam Smith, den er gelegentlich auch zitiert, unterscheidet, ist, daß er die Dialektik der ökonomischen Kategorien mit vollem Bewußtsein auf eine Höhe treibt, wie sie ihresgleichen in der vormarxistischen Philosophie nicht noch einmal hat."[50] Die klassische bürgerliche Ökonomie hat, wie Biedermann am Schluß seiner Untersuchung wertet, bei Hegel „mit dem Begriff der Arbeit nicht nur die Bestimmung an die Hand gegeben, die Entwicklung des Menschen aus sich selbst, aus seiner schöpferischen Aktivität heraus zu begreifen; sie hat auch mittelbar und unmittelbar das Grundprinzip seiner Geschichtsauffassung stimuliert — das Prinzip, daß der Mensch mit Freiheit den notwendigen Verlauf seiner eigenen Geschichte erzeugt, daß er das zwar nicht weiß, daß er es aber tut."[51]

Hegel knüpft nun an die ökonomischen Untersuchungen über die Arbeitsteilung an mit der Feststellung, daß die Individuen vermittels der Arbeit in der Befriedigung ihrer Bedürfnisse und damit in ihrem Leben selbst voneinander abhängig sind und daß sich in dieser Abhängigkeit eine Notwendigkeit — in der Hegelschen Verkehrung die Notwendigkeit der Selbstverwirklichung der absoluten Idee — durchsetzt; er sagt, daß „physische Bedürfnisse und Genüsse, die für sich wieder in der Totalität gesetzt, in ihren unendlichen Verwickelungen Einer Nothwendigkeit gehorchen", und spricht von einem „System der allgemeinen gegenseitigen Abhängigkeit in Ansetzung der physischen Bedürfnisse und der Arbeit und Anhäufung für dieselben . . ."[52] Später wird noch deutlicher ausgesprochen, daß sich das Individuum selbst in Hinblick auf seine elementaren, biologisch bedingten Naturbedürfnisse nicht als ein reines Naturwesen verhalten kann, sondern der gesellschaftlichen Vermittlung durch die Arbeit anderer bedarf: „Das *rein einzelne* Thun und Treiben des Individuums bezieht sich auf die Bedürfnisse, welche es als Naturwesen, d. h. als *seyende Einzelheit* hat. Daß selbst diese seine gemeinsten Funktionen nicht zunichte werden, sondern Wirklichkeit haben, geschieht durch das allgemeine erhaltende Medium, durch die

[49] G. W. F. Hegel, Grundlinien der Philosophie des Rechts, in: Sämtliche Werke, Hrsg. H. Glockner, Bd. 7, Stuttgart 1952, S. 271.

[50] G. Biedermann, Die klassische politische Ökonomie als Quelle der Hegelschen Geschichtsauffassung, a.a.O., S. 702.

[51] Ebenda, S. 708.

[52] G. W. F. Hegel, Über die wissenschaftlichen Behandlungsarten des Naturrechts, in: Sämtliche Werke, Hrsg. H. Glockner, Bd. 1, Stuttgart 1958, S. 487.

Macht des ganzen Volks."[53] Besonders ausführlich bezieht sich Hegel in seinen „Grundlinien der Philosophie des Rechts" auf den Begriff der Arbeit. Als erstes Moment der „bürgerlichen Gesellschaft" nennt er: „Die Vermittelung des *Bedürfnisses* und die Befriedigung des *Einzelnen* durch seine Arbeit und durch die Arbeit und Befriedigung der Bedürfnisse *aller Uebrigen*, — das System der Bedürfnisse."[54] Es gibt gewisse „allgemeine Bedürfnisse" wie Essen, Trinken, Kleidung etc., deren Befriedigung durchaus von zufälligen Umständen abhängt, „aber dieses Wimmeln von Willkür erzeugt aus sich allgemeine Bestimmungen, und dieses anscheinend Zerstreute und Gedankenlose wird von einer Nothwendigkeit gehalten, die von selbst eintritt. Dieses Nothwendige hier aufzufinden ist Gegenstand der Staatsökonomie ..."[55] — „Die Bedürfnisse und die Mittel werden als reelles Daseyn ein *Seyn* für *Andere*, durch deren Bedürfnisse und Arbeit die Befriedigung gegenseitig bedingt ist."[56] Unzweifelhaft wird die bürgerliche Beschränktheit der Position Hegels bei der Behandlung des gesellschaftlichen Zusammenhanges am deutlichsten; er unterstellt, daß in der bürgerlichen Gesellschaft die durch Arbeitsteilung vermittelte allseitige Abhängigkeit der Individuen voneinander geradezu zwangsläufig als Institution des allgemeinen Wohls wirkt, und teilt damit aufklärerische Illusionen der älteren bürgerlichen Philosophie: „In dieser Abhängigkeit und Gegenseitigkeit der Arbeit und der Befriedigung der Bedürfnisse schlägt die *subjektive Selbstsucht* in den *Beitrag zur Befriedigung der Bedürfnisse aller Andern* um ..."[57]

Uns interessieren hier jedoch weniger die offenkundigen bürgerlichen Schranken Hegels. Seine weitreichenden Antizipationen betreffen in unserem Zusammenhang die gesellschaftlichen Beziehungen der Produktivkraftsphäre, die Beziehungen von Bedürfnis, Arbeit (im Marxschen Sinn als konkrete Arbeit zu verstehen), Gebrauchswert und Bedürfnisbefriedigung; über die ökonomischen Verhältnisse der Produktion sind bei Hegel keine tieferen Einsichten zu erwarten — dazu bedarf es nicht nur materialistischer Tendenzen im idealistischen Gewand, sondern eines konsequenten historischen Materialismus. Hegels Ansichten über die Produktivkraftbeziehungen sind aber positives Erbe, und Marx' Anknüpfung daran läßt sich, vor allem in den Frühschriften, vielfältig belegen. Für die Weitsicht Hegels auf diesem Gebiet sei nur noch eine Belegstelle genannt, in der die historische Tendenz der fortschreitenden technologischen Arbeitsteilung mit erstaunlicher Klarheit gekennzeichnet wird: „Das Arbeiten des Einzelnen wird durch die Theilung *einfacher* und hierdurch die Geschicklichkeit in seiner abstrakten Arbeit, so wie die Menge seiner Produktionen größer. Zugleich vervollständigt diese Abstraktion der Geschicklichkeit und des Mittels die *Abhängigkeit*

53 G. W. F. Hegel, Phänomenologie des Geistes, in: Sämtliche Werke, Hrsg. H. Glockner, Bd. 2, Stuttgart 1951, S. 273.

54 G. W. F. Hegel, Grundlinien der Philosophie des Rechts, a.a.O., S. 270.

55 Ebenda, S. 271.

56 Ebenda, S. 273—274.

57 Ebenda, S. 278.

und die *Wechselbeziehung* der Menschen für die Befriedigung der übrigen Bedürfnisse zur gänzlichen Nothwendigkeit. Die Abstraktion des Producirens macht das Arbeiten ferner immer mehr *mechanisch* und damit am Ende fähig, daß der Mensch davon wegtreten und an seine Stelle die *Maschine* eintreten lassen kann."[58] Die Beziehung dieser Feststellung zu Marx' vielzitierter Voraussicht: „Die Arbeit erscheint nicht mehr so sehr als in den Produktionsprozeß eingeschlossen, als sich der Mensch vielmehr als Wächter und Regulator zum Produktionsprozeß selbst verhält... Er tritt neben den Produktionsprozeß, statt sein Hauptagent zu sein"[59] ist nicht nur eine zufällige äußere Ähnlichkeit. Hegel hat hier eine Tendenz in der Produktivkraftentwicklung gezeigt, die sich bei fortschreitender Arbeitsteilung notwendig durchsetzt. Warum aber die Teilung der Arbeit progressieren *muß*, vermochte Hegel nicht nachzuweisen, denn die Expansion der konsumtiven Bedürfnisse, auf die er sich beruft, ist eben gerade nicht der Mechanismus, der unter kapitalistischen Verhältnissen die Arbeitsteilung voranbringt. Marx hingegen hat mit der Analyse des Kapitalverhältnisses den ökonomischen Mechanismus anfgewiesen, kraft dessen die Arbeitsteilung fortschreiten muß. Was bei Hegel objektiv nicht mehr ist als die — für die Zeit, in der sie formuliert wurde, gleichfalls schon geniale — Angabe einer Tendenz in den Produktivkräften der gesellschaftlichen Arbeit, erreicht bei Marx das Niveau einer zwingenden wissenschaftlichen Voraussage.

Arbeit, die mit ihrem Produkt notwendigerweise der Befriedigung der Bedürfnisse anderer dient und so ihr einzelnes Subjekt in den allgemeinen Zusammenhang der Gesellschaft einbezieht, ist in der Sicht Hegels allgemeine Arbeit. „Dadurch, daß ich mich nach dem Anderen richten muß, kommt hier die Form der Allgemeinheit herein."[60] Der Erwerb äußerer Gegenstände zur Befriedigung der eigenen Bedürfnisse ist vermittelt „andererseits durch die immer sich erneuernde Hervorbringung austauschbarer Mittel durch *eigene Arbeit*; diese Vermittlung der Befriedigung durch die Arbeit Aller macht das allgemeine Vermögen aus."[61] Hegel spricht nicht nur vom „allgemeinen Vermögen", sondern gelegentlich auch direkt von „allgemeiner Arbeit", so etwa in der folgenden Passage: „Wie der Einzelne in seiner *einzelnen* Arbeit schon eine *allgemeine* Arbeit *bewußtlos* vollbringt, so vollbringt er auch wieder die allgemeine als seinen *bewußten* Gegenstand; das Ganze wird als *Ganzes* sein Werk, für das er sich aufopfert, und eben dadurch sich selbst von ihm zurückerhält."[62] Diese Stelle ist außerordentlich interessant.

Beschränken wir uns zunächst auf den ersten Teil des Zitats, die Feststellung, daß der Einzelne eine allgemeine Arbeit „bewußtlos" vollbringen kann. Der

58 Ebenda, S. 277—278.

59 K. Marx, Grundrisse der Kritik der politischen Ökonomie, a.a.O., S. 592—593.

60 G. W. F. Hegel, Grundlinien der Philosophie des Rechts, a.a.O., S. 274.

61 G. W. F. Hegel, System der Philosophie, Dritter Teil, in: Sämtliche Werke, Bd. 10, Stuttgart 1942, S. 401.

62 G. W. Hegel, Phänomenologie des Geistes, a.a.O., S. 274.

Begriff der allgemeinen Arbeit ist hier in keiner Weise sichtbar an Wissenschaft gebunden. Die unschöpferischste Partikulärarbeit kann, wenn sie nur einen notwendigen Platz im arbeitsteiligen System der gesellschaftlichen Gesamtarbeit einnimmt, allgemeine Arbeit sein; und dies besagt nichts weiter, als daß die einzelne, besondere Arbeitstätigkeit kraft ihrer Einordnung in dieses System in allgemeine, d. h. für die Gesellschaft als ganze, für die Allgemeinheit der Individuen bedeutsame Arbeit umschlägt. Übrigens wird damit durchaus nicht die materiell-produktive Arbeit als Grundlage der gesellschaftlichen Lebenstätigkeit des Menschen akzentuiert. Das Prädikat „allgemein", der Arbeitstätigkeit zugesprochen, ist nur eine Paraphrase der Hegelschen Auffassung vom tätigen Wesen des Menschen überhaupt: „Das *wahre Seyn* des Menschen ist vielmehr *seine That;* in ihr ist die Individualität wirklich ... Die That ist ein Einfach-bestimmtes, Allgemeines, in einer Abstraktion zu befassendes ... Sie *ist* dieß, und ihr Seyn ist nicht nur ein Zeichen, sondern die Sache selbst. Sie *ist* dieß, und der individuelle Mensch *ist*, was sie *ist*; in der Einfachheit *dieses Seyns* ist er für Andere seyendes, allgemeines Wesen ..."[63] Für andere sein heißt also allgemeines Wesen sein — für andere Arbeit leisten (d. h. gesellschaftliche Arbeit vollbringen) heißt allgemeine Arbeit leisten. In diesem Ansatz zur Überwindung des idealistischen Individualismus in der Auffassung vom Menschen liegt der Ansatzpunkt für die materialistische „Umstülpung", in der Marx seine Vorstellung vom Menschen als gegenständlich-praktisch und dabei gesellschaftlich tätiges Wesen und somit als Ensemble gesellschaftlicher Verhältnisse schuf. Während Feuerbach von Marx und Engels unter anderem deshalb kritisiert wird, weil er den Menschen „nur als ‚sinnlichen Gegenstand', nicht als ‚sinnliche Tätigkeit' faßt"[64], bescheinigt Marx der Hegelschen Analyse: „Das Große an der Hegelschen ‚*Phänomenologie*' und ihrem Endresultate — der Dialektik der Negativität als dem bewegenden und erzeugenden Prinzip — ist also einmal, daß Hegel die Selbsterzeugung des Menschen als einen Prozeß faßt, die Vergegenständlichung als Entgegenständlichung, als Entäußerung und als Aufhebung dieser Entäußerung; daß er also das Wesen der *Arbeit* faßt und den gegenständlichen Menschen, wahren, weil wirklichen Menschen, als Resultat seiner *eignen Arbeit* begreift. Das *wirkliche, tätige* Verhalten des Menschen zu sich als Gattungswesen oder die Betätigung seiner als eines wirklichen Gattungswesens, d. h. als menschlichen Wesens ist nur möglich dadurch, daß er wirklich alle seine *Gattungskräfte* — was wieder nur durch das Gesamtwirken der Menschen möglich ist, nur als Resultat der Geschichte — herausschafft, sich zu ihnen als Gegenständen verhält ..."[65] Marx und Engels faßten den Gedanken, daß der Mensch nur durch seine gegenständliche Tätigkeit — und damit im weitesten

[63] Ebenda, S. 250.
[64] K. Marx/F. Engels, Die deutsche Ideologie, in: MEW, Bd. 3, Berlin 1959, S. 44.
[65] K. Marx, Ökonomisch-philosophische Manuskripte, in: MEW, Ergänzungsband, Erster Teil, Berlin 1973, S. 574.

Sinn des Wortes durch seine Tätigkeit für andere — als gesellschaftliches Wesen · wirklich ist, materialistisch und integrierten ihn damit in einen Kontext der Analyse gesellschaftlicher Erscheinungen, der dem Hegelschen diametral entgegengesetzt ist: „D. h., es wird nicht ausgegangen von dem, was die Menschen sagen, sich einbilden, sich vorstellen, auch nicht von den gesagten, gedachten, eingebildeten, vorgestellten Menschen, um davon aus bei den leibhaftigen Menschen anzukommen; es wird von den wirklich tätigen Menschen ausgegangen und aus ihrem wirklichen Lebensprozeß auch die Entwicklung der ideologischen Reflexe und Echos dieses Lebensprozesses dargestellt."[66]

In dieser Linie kritischer Rezeption, die von Hegel zu Marx und Engels führt, ist allerdings noch keine direkte Beziehung zum Verhältnis von Arbeit und Wissenschaft zu erkennen. Kehren wir daher noch einmal zu der oben diskutierten Hegel-Stelle zurück. Allgemeine Arbeit kann „bewußtlos" vollbracht werden, ohne daß sie im mindesten wissenschaftlichen Charakters ist — sie muß keinen wissenschaftlichen Inhalt haben, sie muß nicht wissenschaftlich organisiert sein, der Arbeiter muß über sie nicht wissenschaftlich reflektieren. Einzige Bedingung bleibt, daß sie in ein System gesellschaftlicher Arbeitsteilung integriert ist. Daher fragen wir nun, ob nicht das Zustandekommen eines Systems gesellschaftlicher Arbeitsteilung selbst, unabhängig von der Beschaffenheit seiner einzelnen Glieder, in der Sicht Hegels irgendwelche Erkenntnisvoraussetzungen hat. Diese Frage finden wir bei Hegel eher angedeutet als ausgeführt, denn ihre Ausführung führt auf die Geschichte der materiellen Produktion und damit auf ein Gebiet, das im Hegelschen System als ein abgeleitetes und zweitrangiges Phänomen erscheint. Dennoch eröffnete Hegels dialektische Methode auch hier Einsichten, deren weitreichende Bedeutung sich erst vom Standpunkt der Arbeiterklasse erschließen konnte und daher bei Marx und Engels grundlegend analysiert worden ist.

Das Vorhandensein von Arbeitsteilung bedeutet, daß die Gesellschaft einer Vielzahl unterschiedlicher Naturgegenstände mit einer Vielzahl ihnen adäquater Verhaltensweisen, freilich aufgegliedert auf die einzelnen Teilarbeiter, praktisch gegenübertritt; es bedeutet auch, daß ein und derselbe Naturgegenstand bald von dieser, bald von jener Seite betrachtet und bearbeitet werden muß. Daher muß sich die arbeitsteilig agierende Gesellschaft gegenüber der Natur in einer Weise verhalten, in der ihr das unmittelbar gegebene Bild der Natur als deren zufälliger Aspekt gilt, der in eine Menge wechselnder Aspekte eingeht — diese aber müssen als variable Erscheinungsformen eines allgemeinen Wesens verstanden werden. Die subjektive Beziehung des Menschen auf den Naturgegenstand als Gegenstand seines Bedürfnisses wird vermittelt durch die objektive Beziehung des Menschen auf den Naturgegenstand als den Gegenstand seiner Arbeit, den er verändert und dessen Allgemeines, Bleibendes ihm eben durch die aktiv verursachte Veränderung zugänglich wird. Dieses objektivierende

[66] K. Marx/F. Engels, Die deutsche Ideologie, in: MEW, Bd. 3, a.a.O., S. 26.

Verhalten zur Wirklichkeit, das Produkt der Arbeit ebenso wie Bedingung ihrer kontinuierlichen Fortsetzung ist, potenziert sich, wie leicht einzusehen ist, mit jedem Fortschritt der Arbeitsteilung, denn wenn bei nicht-geteilter Arbeit das objektivierende Verhalten zum Gegenstand vom Individuum nur durch die zwischen Bedürfnis und Genuß liegende Bearbeitung des Gegenstandes erzwungen wird, ist unter Bedingungen der Arbeitsteilung der bearbeitete Gegenstand in der Regel überhaupt nicht mehr Gegenstand des Genusses für seinen unmittelbaren Produzenten.

Daher ist die Abstraktion, das Erkennen unter der Form des Allgemeinen, notwendiges Moment jeder Arbeit im besonderen. Damit der Mensch allgemeines Wesen, d. h. Gattungswesen sein kann, muß er sich gegenüber der Natur praktisch allgemein verhalten, und damit er dies tun kann, muß er die Naturgegenstände unter der Form der Allgemeinheit abbilden. Die Antinomie, die sich im abstrakten Schema daraus ergibt, daß einerseits Arbeit als praktisch allgemeines Verhalten die antizipierende Zielsetzung und damit Erkenntnis des Allgemeinen im Gegenstand voraussetzt, andererseits aber diese Erkenntnis nicht ohne praktischen Umgang mit dem Gegenstand erreicht werden kann, der wiederum Zielsetzung erfordert usw., hat Hegel übrigens selbst als ein Produkt unhistorischer und damit undialektischer Auffassung erklärt: „Das Individuum kann daher nicht wissen, was *es ist*, ehe es sich nicht durch das Thun zur Wirklichkeit gebracht hat. — Es scheint aber hiermit den *Zweck* seines Thuns nicht bestimmen zu können, ehe es gethan hat; aber zugleich muß es, indem es Bewußtseyn ist, die Handlung vorher als die *ganz seinige*, d. h. als *Zweck*, vor sich haben. Das ans Handeln gehende Individuum scheint sich also in einem Kreise zu befinden, worin jedes Moment das andere schon voraussetzt, und hiermit keinen Anfang finden zu können, weil es sein ursprüngliches Wesen, das sein Zweck seyn muß, *erst aus der That* kennen lernt, aber um zu thun, *vorher den Zweck* haben muß. Eben darum aber hat es *unmittelbar* anzufangen, und unter welchen Umständen es sey, ohne weiteres Bedenken um *Anfang*, *Mitte* und *Ende* zur Thätigkeit zu schreiten; denn sein Wesen und *an sich* seyende Natur ist alles in Einem, Anfang, Mittel und Ende. Als *Anfang* ist sie in den *Umständen* des Handelns vorhanden, und das *Interesse*, welches das Individuum an Etwas findet, ist die schon gegebene Antwort auf die Frage: ob und was hier zu thun ist"[67]. Hegel unterscheidet zwischen dem unfreien Trieb („niederes Begehrungsvermögen"), „nach welchem sich der Mensch als Naturwesen verhält" und dem freien eigentlichen Willen („höheres Begehrungsvermögen"); letzterer ist: „1) reine *Unbestimmtheit* des Ich, die als solche keine Beschränkung noch einen durch die Natur unmittelbar vorhandenen Inhalt hat und an sich gegen jede Bestimmtheit gleichgültig ist; 2) kann ich zugleich zu einer *Bestimmtheit* übergehen und die eine oder andere zur meinigen machen, die ich alsdann in Wirklichkeit ver-

[67] G. W. F. Hegel, Phänomenologie des Geistes, a.a.O., S. 366—367.

[68] G. W. F. Hegel, Philosophische Propädeutik, in: Sämtliche Werke, Hrsg. H. Glockner, Bd. 3, Stuttgart 1949, S. 27.

setze."[68] Durch die Kenntnis des Allgemeinen der Natur und damit der Veränderbarkeit ihrer einzelnen Erscheinungsform besitzt das Ich „Unbestimmtheit", negativ ausgedrückt, es ist durch die konkrete Beschaffenheit der Natur nicht zu einem bestimmten Dasein determiniert, positiv ausgedrückt, es kann (in den Grenzen seiner Kenntnis und seiner praktischen Macht — das muß man hinzufügen) unter verschiedenen Möglichkeiten des Verhaltens gegenüber der Natur frei wählen und damit Bestimmtheit zunächst geistig („praktisches Bewußtsein") und dann praktisch-handelnd setzen. Damit wird die Existenz des freien Willens begründet, und sofern der Wille Freiheit hat, trägt er auch Schuld an dem von ihm Bewirkten. Eine konkret-historische Analyse der ökonomischen und politischen Bedingungen und Schranken des freien Willens kann Hegel nicht vornehmen; deutlich aber werden die Erkenntnisvoraussetzungen der Willensfreiheit herausgearbeitet. Die Schuld, die der Wille hat, gründet sich nach Hegel unter anderem auch darauf, daß „ein Wille die Bestimmungen *kennt*, die durch seine Handlung, wie sie in seinem Entschluß liegt, hervorgebracht werden oder die nothwendig und unmittelbar mit ihr zusammenhängen"[69]. Schließlich wird noch festgestellt, daß die auf der Objektivität allgemeinen Wissens beruhende Willensfreiheit das Individuum aus seiner Besonderheit gegenüber anderen Individuen und so über die in dieser Besonderheit liegende Schranke heraushebt: „Der freie Wille als frei ist ferner nicht an die Bestimmtheit und Einzelheit, wodurch ein Individuum sich von einem andern unterscheidet, gebunden, sondern er ist allgemeiner Wille und der Einzelne ist nach seinem reinen Willen ein allgemeines Wesen."[70] Die Behauptung, der Einzelne sei seinem reinen Willen nach ein allgemeines Wesen, kann von Mystifikation frei so verstanden werden, daß sein Wille auf Kenntnis der allgemeinen Bestimmungen des Handlungsobjekts gegründet ist, daß er gemäß dieser Kenntnis entscheidet und daß die aus der Entscheidung hervorgehenden wirklichen Handlungen diesen Kenntnishintergrund offenbaren. „Der Mensch ist darin nicht mehr bloßes Naturwesen oder steht nicht mehr in der Sphäre der Nothwendigkeit."[71]

Das allgemeine Wissen fungiert so als *Mittel* des zweckmäßigen Handelns; verwendet das menschliche Handeln materielle Mittel, so teilt sich die Beziehung auf das allgemeine Wissen auch dem konkreten, endlichen Gegenstand mit, der als Mittel fungiert; insofern ist das endliche materielle Mittel höher als der endliche Zweck, der mit ihm realisiert wird, obwohl Mittel und Gegenstand der praktischen Handlung — in Beziehung auf den Zweck beide dessen Mittel — die Bestimmung haben, „aufgerieben zu werden". In der Beziehung, in der ein materieller Gegenstand als Mittel des Handelns auftritt, ist er nicht nur Mittler von Bedürfnis und Resultat, sondern dabei zugleich Korrelat vorausgesetzten allgemeinen Wissens — seine Äußerlichkeit ist nur ein (allerdings objektiver) Schein: „Die

[69] Ebenda, S. 27.
[70] Ebenda, S. 28.
[71] Ebenda, S. 41—42.

gegen den Begriff selbstständige Aeußerlichkeit des Objekts, welche der Zweck sich voraussetzt, ist in dieser Voraussetzung als ein unwesentlicher Schein *gesetzt*, und auch an und für sich schon aufgehoben; die Thätigkeit des Zwecks ist daher eigentlich nur Darstellung dieses Scheins und Aufheben desselben."[72] Die Souveränität des Mittels gegenüber dem Zweck besteht also darin, daß ein und dasselbe Mittel (wenn man die endlichen, vergänglichen einzelnen Exemplare des Mittels in ihrer Beziehung zu der Idee, die sie vergegenständlichen, als identisch setzt, da solche Exemplare auf der Basis des zugrundeliegenden Wissens beliebig reproduziert werden können) potentiell unendlich viele endliche, durch ein gegebenes Bedürfnis gesetzte und mit dessen Befriedigung verschwindende Zwecke realisieren kann. Eben an dieser Stelle kommt Hegel, wie in der Literatur oft vermerkt wird, so nahe an den historischen Materialismus heran, wie es in seinem idealistischen System überhaupt nur möglich ist: „Insofern ist das *Mittel* ein *Höheres* als die *endlichen* Zwecke der *äußern* Zweckmäßigkeit; — der *Pflug* ist ehrenvoller, als unmittelbar die Genüsse sind, welche durch ihn bereitet werden und die Zwecke sind. Das *Werkzeug* erhält sich, während die unmittelbaren Genüsse vergehen und vergessen werden. An seinen Werkzeugen besitzt der Mensch die Macht über die äußerliche Natur, wenn er auch nach seinen Zwecken ihr vielmehr unterworfen ist."[73] Es sei ausdrücklich hervorgehoben, daß das Mittel nicht nur deshalb die Macht des Menschen über die Natur ermöglicht, weil es objektiv zweckentsprechende Eigenschaften besitzt, sondern auch deshalb, weil — und in dem Maße, wie — das Subjekt des Handelns allgemeines Wissen über diese Eigenschaften hat und daher für seine Tätigkeit Mittel auszuwählen und auf seine Zwecke abzustimmen vermag.

Damit sehen wir den Zusammenhang deutlicher, den das Eingehen auf die ökonomischen Untersuchungen über die Arbeitsteilung in den Überlegungen Hegels hat. Das verallgemeinerte Wissen, das freies Handeln ermöglicht, erlaubt die Realisierung der Bedürfnisse, die der Mensch von Natur hat, durch die gesellschaftliche Arbeit; schon allein dadurch werden die Naturbedürfnisse zu sozialen; zugleich aber werden über die Vermittlung durch allgemeines Wissen und darauf gegründete Praxis die Bedürfnisse vervielfältigt — und zwar ohne irgendeine absolute Schranke, so daß die Arbeitsteilung die Bedürfnisvielfalt und umgekehrt die Bedürfnisvielfalt die Arbeitsteilung voranbringt (die ökonomischen Vermittlungen dieser Wechselwirkung, auf Grund deren sie erst im Sozialismus zu einer direkten werden konnte, waren Hegel freilich nicht bekannt): „Das *Thier* hat einen beschränkten Kreis von Mitteln und Weisen der Befriedigung seiner gleichfalls beschränkten Bedürfnisse. Der *Mensch* beweist auch in dieser Abhängigkeit zugleich sein Hinausgehen über dieselbe und seine Allgemeinheit, zunächst durch die *Vervielfältigung* der Bedürfnisse und Mittel, und dann durch *Zerlegung* und *Unterscheidung* des konkreten Bedürfnisses in einzelne Theile und Seiten, welche

[72] G. W. F. Hegel, Wissenschaft der Logik, in: Sämtliche Werke, Hrsg. H. Glockner, Bd. 5, Stuttgart 1936, S. 231.
[73] Ebenda, S. 226.

verschiedene *partikularisirte*, damit *abstraktere* Bedürfnisse werden."[74] — „Ebenso *theilen* und *vervielfältigen* sich die *Mittel* für die partikularisirten Bedürfnisse und überhaupt die Weisen ihrer Befriedigung, welche wieder relative Zwecke und abstrakte Bedürfnisse werden . . ."[75]

Wir können diesen Gedankengang insgesamt etwa folgendermaßen zusammenfassen und dabei in moderne Terminologie übersetzen: Die Vervielfältigung der Bedürfnisse, die Bereicherung des Ensembles der menschlichen Fähigkeiten und der technischen Voraussetzungen ihrer Realisierung in einem System sich fortlaufend verfeinernder Arbeitsteilung und die Abbildung der Wirklichkeit in ideeller Form, d. h. in der Form der Allgemeinheit, sind drei Seiten der gesellschaftlichen Entwicklung, die einander bedingen und voneinander bedingt werden. Die Entwicklung des Vermögens der Arbeit, „den *partikularisirten* Bedürfnissen angemessene ebenso *partikularisirte* Mittel zu bereiten und zu erwerben"[76], und damit die Bestimmung des Maßes, in dem jede besondere Arbeit durch ihren Einschluß in ein System gesellschaftlicher Arbeitsteilung objektiv zugleich allgemeine Arbeit ist, hängt so durchaus von dem Fortschritt der Fähigkeit ab, die Natur in der Form der Allgemeinheit objektiv abzubilden. Der Gedanke des Zusammenhangs zwischen dem Fortschritt in der Gesellschaftlichkeit der Arbeit und dem Erkenntnisfortschritt ist bei Hegel zumindest implizit entwickelt.

Wenn die Entstehung eines Systems der Arbeitsteilung in der Gesellschaft einen Sprung in der Entwicklung des allgemein-erkennenden und allgemein-praktischen Verhaltens zur Natur bedeutet, so ist damit noch keineswegs eine Bindung der Arbeitsteilung an Wissenschaft behauptet (obwohl die Entstehung der Wissenschaft umgekehrt ein Phänomen der Arbeitsteilung ist). Auch das in den Arbeitsprozeß unmittelbar eingebundene Wissen ist allgemeines Wissen, auch wenn seine Objektivierung längst nicht so weit vorangetrieben ist wie beim wissenschaftlichen Wissen. Deshalb sind die gnoseologischen Voraussetzungen nicht zwingend und in jedem Fall wissenschaftliche Voraussetzungen. Man kann aber behaupten, daß es für den Fortschritt der gesellschaftlichen Arbeitsteilung mehr oder weniger deutlich bestimmte Schwellen gibt, die bei Beschränkung auf vorwissenschaftliches Wissen (unmittelbares Produktionswissen ohne Integration in ein wissenschaftlich-theoretisches System) nicht mehr überschritten werden können, so daß hier, wenn die Arbeitsteilung weiter vorangehen soll, Wissenschaft eintreten muß. Warum die Wissenschaft das kann, warum sie höherentwickeltes objektiv-allgemeines Wissen bereitzustellen vermag als die unmittelbare Erfahrung der materiellen Produktion, erklärt sich nicht direkt aus der Struktur der gesellschaftlichen Gesamtarbeit, sondern aus der Eigenart, aus der Besonderheit der wissenschaftlichen Produktion; diese Besonderheit wird hier vorausgesetzt und nicht näher erörtert. Es ist jedoch evident, daß die technologi-

[74] G. W. F. Hegel, Grundlinien der Philosophie des Rechts, a.a.O., S. 272.
[75] Ebenda, S. 273.
[76] Ebenda, S. 276.

sche Notwendigkeit dafür, daß die gegenständlichen Mittel der Arbeit vergegenständlichte Wissenschaft sein müssen, und dafür, daß der Produzent subjektiv über wissenschaftliche Kenntnisse verfügt (beide sind durchaus verschieden und stellen sich nicht automatisch synchron ein), an den verschiedenen Stellen der gesellschaftlichen Gesamtarbeit mit extremen Unterschieden in Zeit und Ort eintritt. Rein technologisch läßt sich also nur ein sehr großer Zeitraum — von der beginnenden Mechanisierung der Produktion bis zu ihrer vollendeten Komplexautomatisierung — angeben, während dessen die Wissenschaft sukzessive zur Bedingung für die gesellschaftliche Gesamtarbeit (und dafür, daß jede Teilarbeit objektiv allgemeine Arbeit sein kann) wird. Damit allgemeine Arbeit „bewußtlos" vollbracht werden kann — und das Adjektiv „bewußtlos" bei Hegel bedeutet, marxistisch gelesen, daß sich das arbeitsteilige System der gesellschaftlichen Gesamtarbeit spontan verwirklicht —, ist also Wissenschaft nicht prinzipiell vonnöten. Die Bestimmung jeder besonderen Arbeit, allgemein zu sein, dehnt sich jedoch historisch nicht nur extensiv aus durch Erweiterung des arbeitsteiligen Systems, in das sie einbezogen ist, sondern sie gewinnt auch unbegrenzt an Intensität (wird konkreter, im Sinne der Kategorie des Konkret-Allgemeinen, der Totalität[77]) mit der Zunahme der gesellschaftlichen Gesamtarbeit an innerer Mannigfaltigkeit, die sich auch im Fortschritt der — technologischen — Arbeitsteilung äußert. Damit also die Bestimmung der besonderen Arbeit, allgemeine zu sein, evolutionieren kann, muß die Wissenschaft dann technologisch notwendig in die Gesamtarbeit eintreten, wenn die besonderen Arbeiten allein auf der Grundlage der innerhalb der Produktion zu realisierenden objektiven Erkenntnis nicht mehr in der erforderlichen (hier müßte man gegenüber Hegel hinzufügen: relativ zu den Erfordernissen, die von der bestehenden ökonomischen Produktionsweise ausgehen) Weise vervollkommnet werden können. Historisch betrifft das zuerst und in erster Linie die Produktionsmittel, in denen die *gesellschaftliche* Produktivkraft der Arbeit als Element des Kapitals dem *einzelnen* Arbeiter als Bedingung zur Realisierung seines Arbeitsvermögens und damit seiner physischen und sozialen Existenz gegenübertritt. Der ökonomische Trieb des Kapitals, Surplusarbeit zu erpressen, stimuliert die Herabsetzung des Anteils der notwendigen Arbeit am Arbeitstag durch ständige Steigerung der Arbeitsproduktivität; in dieser ökonomischen Situation muß aus verschiedenen technologischen Gründen, zunächst punktuell, dann immer mehr regelmäßig wissenschaftliche Leistung aufgebracht werden, damit die Produktivität der Arbeit und damit die Mehrwertrate steigen. Solche Gründe treten auf, wenn der Fortgang der Arbeitsteilung die Integration solcher Naturkräfte in den Produktionsprozeß verlangt, deren Exploitationsmöglichkeiten im bisherigen Produktionsprozeß und im Alltagsleben nicht erfahren werden konnten, sondern sich nur spezialisierter wissenschaftlicher Forschung erschließen; wenn die Systeme aus an und für sich bekannten technischen Bau-

[77] Vgl. G. W. F. Hegel, Wissenschaft der Logik, in: Sämtliche Werke, Hrsg. H. Glockner, Bd. 4. Stuttgart 1936, S. 43.

steinen und Operationselementen so kompliziert werden, daß sie ohne wissenschaftliche gedankliche Analyse und Synthese nicht mehr projektiert, überschaut und gesteuert werden können; wenn die Produktionserfahrung zwar qualitativ ausreichen würde, um den benötigten Prozeß in der Produktivität zu erreichen, aber infolge der mangelhaften Ökonomie des Probierens nach dem Versuch-und-Irrtum-Schema nicht das für die Profitmaximierung erforderliche Innovationstempo gewährleistet usw. Dadurch entwickelt sich in der kapitalistischen Großindustrie schließlich eine Situation, in der „die Formen der gesellschaftlich entwickelten Arbeit, Kooperation, Manufaktur (als Form der Teilung der Arbeit), Fabrik (als Form der auf Maschinerie als materieller Basis organisierten gesellschaftlichen Arbeit), als *Entwicklungsformen des Kapitals* sich darstellen und daher die aus diesen Formen der gesellschaftlichen Arbeit entwickelten Produktivkräfte der Arbeit, daher auch Wissenschaft und Naturkräfte, als *Produktivkräfte des Kapitals* sich darstellen"[78]. „Und dies nimmt um so realere Form an, je mehr einerseits ihr Arbeitsvermögen selbst durch diese Formen so modifiziert wird, daß es in seiner Selbständigkeit, also *außer* diesem kapitalistischen Zusammenhang, ohnmächtig wird, seine selbständige Produktionsfähigkeit gebrochen wird, andrerseits mit der Entwicklung der Maschinerie auch technologisch die Bedingungen der Arbeit als die Arbeit beherrschend erscheinen ..."[79] Objektiv ist die besondere Arbeit, deren Arbeitsmittel Maschinen und Maschinensysteme sind, in höherem Grade allgemeine Arbeit, als sie es je zuvor war. Unter kapitalistischen Produktionsverhältnissen vollzieht sich diese Entwicklung, wie von Marx nachgewiesen wurde, jedoch auf zutiefst antagonistische Weise. Die besondere Arbeit des Arbeiters, je mehr sie objektiv allgemeine wird — und zwar zunehmend vermittels der Integration der Wissenschaft in die gesellschaftliche Gesamtarbeit —, wird zugleich in wachsendem Maße „bewußtlos" allgemeine Arbeit, je mehr ihr die gegenständlichen Bedingungen ihrer Gesellschaftlichkeit im Kapital in undurchschaubarer Komplexität gegenüberstehen. Der subjektiv realisierte und erlebte Arbeitsinhalt wird in der kapitalistischen Großproduktion nicht nur relativ ein immer winzigeres Detail der ungeheuren Mannigfaltigkeit und Komplexität des Produktionsorganismus: „Alles in allem hat die Einführung der Maschinen die Teilung der Arbeit innerhalb der Gesellschaft gesteigert, das Werk des Arbeiters innerhalb der Werkstatt vereinfacht, das Kapital konzentriert und den Menschen zerstückelt."[80] Damit ist der Arbeiter — als vereinzelter — nicht nur nicht imstande, seine Arbeit als allgemeine praktisch zu beherrschen, da die gegenständlichen Bedingungen ihrer Allgemeinheit im Kapital konzentriert sind, sondern ist auch infolge der subjektiven Degradation seiner Arbeitskraft nicht in der Lage, sie als allgemeine zu überschauen. „Die Teilung der Arbeit entwickelt die *gesellschaftliche* Produktivkraft der Arbeit oder die Produktivkraft der *gesell-*

[78] K. Marx, Theorien über den Mehrwert, in: MEW, Bd. 26.1, a.a.O., S. 366—367.
[79] Ebenda, S. 367.
[80] K. Marx, Das Elend der Philosophie, in: MEW, Bd. 4, Berlin 1959, S. 155.

*schaftlichen* Arbeit, aber auf Kosten des *allgemeinen Produktivvermögens* des Arbeiters."[81] So bleibt die Wissenschaft außerhalb seiner lebendigen Arbeit, mehr noch, sie steht ihm entgegen: „Aber *in der Maschine* erscheint die realisierte Wissenschaft als *Kapital* den Arbeitern gegenüber. Und in der Tat erscheinen alle diese auf *gesellschaftliche Arbeit* begründete Anwendung von Wissenschaft, Naturkraft und Produkten der Arbeit in großen Massen ja selbst nur als *Exploitationsmittel* der Arbeit ... Und so erscheint die Entwicklung der *gesellschaftlichen* Produktivkräfte der Arbeit und die Bedingungen dieser Entwicklungen als *Tat des Kapitals*, zu der sich der einzelne Arbeiter nicht nur passiv verhält, sondern die im Gegensatz zu ihm vorgehn."[82] Der geschichtliche Ausweg aus der den Arbeitern vom Kapital aufgezwungenen ökonomischen Vereinzelung führt, wie Marx gezeigt hat, über ihre politisch-organisatorische Konstituierung zur kämpfenden Klasse.

Von solcher ökonomischen Konkretisierung ist Hegel verständlicherweise weit entfernt. Immerhin findet sich in seinen Arbeiten Grundsätzliches über den Zusammenhang von Arbeit und Erkenntnis, das es ermöglicht, den Begriff der allgemeinen Arbeit tiefer als nur technologisch-funktionell zu fassen. Das Ausmaß der Arbeitsteilung und damit der Entwicklungsgrad der besonderen Arbeit als allgemeine (in ihrer Besonderheit als allgemeine) ist vom Niveau objektivierend-allgemeiner Erkenntnis abhängig. Insofern verhält sich menschliche Arbeit *praktisch* als etwas Allgemeines gegenüber der Natur, wobei das Arbeitsmittel als spezifischer Träger des allgemeinen Verhaltens auftritt. Diesen Gedanken hat Marx in seinen frühen Schriften mehrfach aufgegriffen: „Die Universalität des Menschen erscheint praktisch eben in der Universalität, die die ganze Natur zu seinem unorganischen Körper macht ..."[83] Das Tier „reproduziert nur sich selbst, während der Mensch die ganze Natur reproduziert; sein Produkt gehört unmittelbar zu seinem physischen Leib, während der Mensch frei seinem Produkt gegenübertritt. Das Tier formiert nur nach dem Maß und dem Bedürfnis der species, der es angehört, während der Mensch nach dem Maß jeder species zu produzieren weiß und überall das inhärente Maß dem Gegenstand anzulegen weiß ..."[84] Wenn also die technologischen Erfordernisse der Arbeit, hinter denen ökonomische Stimuli stehen, ein höheres Maß an objektiver Erkenntnis des Allgemeinen verlangen, als der in die unmittelbare materielle Produktion eingeflochtene Erkenntnisprozeß zu liefern vermag, dann muß die Wissenschaft als spezialisiertes Feld der geistigen Produktion[85] in die produktive Gesamtarbeit eintreten. Das ist eine zwingende Konsequenz der Überlegungen Hegels. Nicht mehr bei Hegel nachzu-

81 K. Marx, Theorien über den Mehrwert, in: MEW, Bd. 26.2, a.a.O., S. 232.

82 K. Marx, Theorien über den Mehrwert, in: MEW, Bd. 26.1, a.a.O., S. 367–368.

83 K. Marx, Ökonomisch-philosophische Manuskripte, in: MEW, Ergänzungsband, Erster Teil, a.a.O., S. 515–516.

84 Ebenda, S. 517.

85 Der Terminus „geistige Produktion" wird bei Marx häufig verwendet. Siehe z. B. K. Marx, Theorien über den Mehrwert, in: MEW, Bd. 26.1, a.a.O., S. 255 f.

lesen ist hingegen die technologie- und wirtschaftshistorische Spezifizierung der Situation, in der solche Erfordernisse historisch eintreten.

Erinnern wir nun noch einmal an den zweiten Teil der Stelle aus der „Phänomenologie", in dem Hegel behauptet, der Einzelne vollbringe auch wieder die allgemeine Arbeit als seinen *bewußten* Gegenstand; „das Ganze wird als *Ganzes* sein Werk, für das er sich aufopfert, und eben dadurch sich selbst von ihm zurückerhält. — Es ist hier nichts, das nicht gegenseitig wäre, nichts, woran nicht die Selbständigkeit des Individuums sich in der Auflösung ihres Fürsichseyns, in der *Negation* ihrer selbst, ihre *positive* Bedeutung für sich zu seyn, gäbe."[86] Eben dies ist unter kapitalistischen Produktionsverhältnissen nicht möglich; Hegel — als Ideologe der Bourgeoisie — war nicht imstande zu erkennen, daß diese Verhältnisse wohl die „bewußtlose" Allgemeinheit der Arbeit immer weiter vorantreiben, aber ihren Übergang in die Bewußtheit verhindern. Dieser Übergang setzt nicht nur Einsicht voraus, sondern vor allem die Aneignung der „zu einer Totalität entwickelten und nur innerhalb eines universellen Verkehrs existierenden Produktivkräfte. Diese Aneignung muß also schon von dieser Seite her einen den Produktivkräften und dem Verkehr entsprechenden universellen Charakter haben."[87] Dies aber ist die sozialistische Revolution, denn: „Der moderne universelle Verkehr kann nicht anders unter die Individuen subsumiert werden, als dadurch, daß er unter Alle subsumiert wird . . . Mit der Aneignung der totalen Produktivkräfte durch die vereinigten Individuen hört das Privateigentum auf."[88] Hegel hat, wenn man so sagen darf, die Weiterentwicklung der allgemeinen Arbeit zur Bewußtheit vorausgesehen, aber er war nicht in der Lage, die geschichtlichen Bedingungen dieser Entwicklung zu bestimmen. Der *ökonomische* Inhalt dessen, was bewußt vollbrachte allgemeine Arbeit bedeutet, ist in die Kategorie der unmittelbar gesellschaftlichen Arbeit aufgenommen worden; daher findet man in der Terminologie der politischen Ökonomie des Sozialismus auch nicht das Wort „allgemeine Arbeit" — die Kategorie „Allgemeinheit der Arbeit" bedeutet hier etwas wesentlich anderes, nämlich „die Einbeziehung jedes arbeitsfähigen Mitglieds der Gesellschaft entsprechend seinen Fähigkeiten in den Arbeitsprozeß"[89]. Während aber die Kategorie „unmittelbar gesellschaftliche Arbeit" das Produktionsverhältnis, unter dem die Arbeit geleistet wird, eindeutig charakterisiert, bleibt der Zusammenhang zwischen dem technologischen Entwicklungsstand der arbeitsteiligen Gesamtarbeit und dem in ihr wirksamen Erkenntnisstand, der gleichfalls im Begriff der allgemeinen Arbeit angelegt ist, im Hintergrund. Daher ist es verständlich, daß sich das Interesse der Diskussion dem Begriff der allgemeinen Arbeit, der offenbar keine ausgesprochen ökonomische

86 G. W. F. Hegel, Phänomenologie des Geistes, a.a.O., S. 274.
87 K. Marx/F. Engels, Die deutsche Ideologie, in: MEW, Bd. 3, a.a.O., S. 67.
88 Ebenda, S. 68.
89 G. Schulz, Zur Bedeutung der Lehre von den beiden Phasen der einheitlichen kommunistischen Gesellschaftsformation für die politische Ökonomie des Sozialismus, in: Wirtschaftswissenschaften, 3/1976, S. 331.

Kategorie ist, gerade im Zusammenhang mit der Untersuchung der Wissenschaft und ihrer gesellschaftlichen Rolle wieder zuwendet. Während also die technologische Notwendigkeit dafür, daß die Wissenschaft selbst zur Arbeit wird, um die besonderen Arbeiten als objektiv allgemeine zu erhalten und zu entwickeln, in einem historisch breit gestreuten und nicht strikt zeitlich lokalisierbaren Ensemble von Bedingungen eintritt, ist der Übergang von der spontanen zur bewußten allgemeinen Arbeit zwingend damit verbunden, daß eine Wissenschaft von der Gesellschaft vorhanden ist und in der revolutionären Aktion und beim Aufbau der neuen Gesellschaft praktisch wirksam wird: „Aber in dem Maße, wie die Geschichte vorschreitet und mit ihr der Kampf des Proletariats sich deutlicher abzeichnet, haben sie (die Theoretiker des Proletariats — H. L.) nicht mehr nötig, die Wissenschaft in ihrem Kopfe zu suchen; sie haben nur sich Rechenschaft abzulegen von dem, was sich vor ihren Augen abspielt, und sich zum Organ desselben zu machen . . . Von diesem Augenblick an wird die Wissenschaft bewußtes Erzeugnis der historischen Bewegung, und sie hat aufgehört, doktrinär zu sein, sie ist revolutionär geworden."[90]

### 3.3.2. Zur Kategorie „allgemeine Arbeit"

Wir haben nun die notwendigen Voraussetzungen zusammengetragen, um die Kategorie „allgemeine Arbeit" grundsätzlich diskutieren zu können. An den Beginn stellen wir zwei Aussagen von Marx, getroffen in Zusammenhang mit der Kritik der utopischen Illusionen, die mit der Idee der Einführung eines „Arbeitsgeldes" verbunden waren: „Die Arbeit des Einzelnen, im Akt der Produktion selbst betrachtet, ist das Geld, womit er unmittelbar das Produkt, den Gegenstand seiner besondren Tätigkeit, kauft; aber es ist ein *besondres* Geld, das eben nur dies *bestimmte* Produkt kauft. Um unmittelbar das *allgemeine Geld* zu sein, müßte sie von vornherein nicht *besondre* Arbeit, sondern *allgemeine* sein, d. h. von vornherein als Glied der *allgemeinen Produktion gesetzt* sein . . . Auf der Grundlage der Tauschwerte wird die Arbeit erst durch den *Austausch* als allgemein *gesetzt.*"[91] — „Die Arbeit des Einzelnen also unmittelbar zum *Geld* machen wollen (d. h. auch sein Produkt), zum *realisierten Tauschwert,* heißt sie *unmittelbar* als allgemeine Arbeit bestimmen, d. h. eben die Bedingungen negieren, unter denen sie zu Geld und Tauschwerten gemacht werden muß, und vom Privataustausch abhängt. Die Forderung kann bloß befriedigt werden unter Bedingungen, worin sie nicht mehr gestellt werden kann. Die Arbeit, auf Grundlage der Tauschwerte, setzt eben voraus, daß weder die Arbeit des Einzelnen noch sein Produkt *unmittelbar* allgemein ist; daß es diese Form erst durch eine *gegenständliche Vermittlung* erlangt, durch ein von ihm verschiedenes *Geld.*"[92]

[90] K. Marx, Das Elend der Philosophie, in: MEW, Bd. 4, a.a.O., S. 143.
[91] K. Marx, Grundrisse der Kritik der politischen Ökonomie, a.a.O., S. 88.
[92] Ebenda, S. 89.

Der Terminus „allgemeine Arbeit" wird hier eindeutig ohne jegliche Beziehung auf die Wissenschaft und dabei in einer wohlbestimmten Bedeutung gebraucht. Das Bezugssystem, relativ zu dem eine Arbeit allgemein sein kann, ist die gesellschaftliche Produktion. Gesellschaftlichkeit der Produktion, innerer Zusammenhang ihrer arbeitsteilig gegliederten Teilarbeiten ist unterstellt, damit Arbeit als allgemeine angesehen werden kann; die Arbeit, die in den ökonomisch im wesentlichen voneinander isolierten Produktionseinheiten bornierter Naturalwirtschaft ausgeführt wird, kann einfach deshalb keine allgemeine sein, weil sich die Gesellschaftlichkeit der Produktion noch nicht konstituiert hat. Dabei wird das Attribut „allgemein" deutlich prädikativ in Beziehung auf die einzelne Arbeitstätigkeit gebraucht — nicht die gesellschaftliche Gesamtarbeit ist allgemeine, sondern jede einzelne Arbeit in einer bestimmten Beziehung auf diese Gesamtarbeit.

Eine Arbeitstätigkeit ist allgemein in der Relation, in der sie mit der gesellschaftlichen Gesamtarbeit als identisch und nicht als von ihr unterschieden gesetzt ist; in ihrem Unterschiedensein von der gesellschaftlichen Gesamtarbeit ist sie nichtallgemeine, besondere Arbeit. Da schon in der einfachen technologischen Charakteristik einer bestimmten Arbeitstätigkeit, *Teil* der gesellschaftlichen Gesamtarbeit zu sein, unabhängig von der ökonomischen Form der Vermittlung zwischen Teil und Ganzem, sowohl die Beziehung der Identität der Teilarbeit mit der Gesamtarbeit als auch die Relation des Unterschiedenseins der ersteren von der letzteren steckt, wird man in jedem Fall sagen müssen, daß eine Arbeit, die in einer bestimmten Beziehung als allgemeine identifiziert worden ist, in einer anderen Beziehung nichtallgemeine, besondere ist.

Nun kennzeichnet die Identifizierung einer Arbeit als allgemeine nicht einfach das technologische Phänomen der Existenz einer gegliederten gesellschaftlichen Gesamtarbeit; eine solche Entwicklungsstufe der Produktivkraft der Arbeit, in der die einzelnen Teilarbeiten in der Gesellschaft voneinander abhängig sind und einander ergänzen, ist lediglich Voraussetzung dazu, damit Arbeit das *ökonomische* Prädikat der Allgemeinheit annehmen kann.

In ökonomischer Beziehung finden wir bei Marx nun zwei Stufen der Bestimmung von allgemeiner Arbeit, die wir in enger Anlehnung an die Marxsche Terminologie als *mittelbar allgemeine Arbeit* und *unmittelbar allgemeine Arbeit* bezeichnen können. Mittelbar allgemeine Arbeit ist solche, die nicht durch ihre Ausführung, nicht in der Produktionssphäre, sondern erst durch ihren Austausch, in der Zirkulationssphäre als allgemeine gesetzt ist. Das sind ökonomische Verhältnisse, unter denen die Arbeiten, die technologisch bereits objektiv Abschnitte der arbeitsteiligen gesellschaftlichen Gesamtarbeit sind, ihrer ökonomischen Form nach isolierte Privatarbeiten sind — also warenproduzierende Arbeiten unter Verhältnissen des Privateigentums an Produktionsmitteln, insbesondere unter Verhältnissen des kapitalistischen Privateigentums. Unter solchen Verhältnissen produziert und reproduziert sich der gesellschaftliche Gesamtzusammenhang der Produktion, bewähren sich die einzelnen Arbeiten als Teile der gesellschaftlichen Gesamtarbeit spontan, hinter dem Rücken der unmittelbaren Produzenten wie hinter denen der Eigentümer an den Produktionsmitteln. Unmittelbar allgemeine Arbeit ist solche, die von vornherein, in Ziel und Ausführung, als allgemeine gesetzt ist; das ist Arbeit unter Verhältnissen des gesellschaftlichen Eigentums an den Produktionsmitteln, durch das die gesellschaftliche Gesamtarbeit nicht nur technologisch gegeben, sondern auch ökonomisch konstituiert und damit den blinden Gewalten der Spontaneität entrissen ist. Hier ist, wie Marx sagt, „der *gesellschaftliche Charakter der Produktion* vorausgesetzt und die Teilnahme an der Produktenwelt, an der Konsumtion, ist nicht durch den Austausch voneinander unabhängiger Arbeiten oder Arbeitsprodukte vermittelt. Er ist vermittelt durch die gesellschaftlichen Produktionsbedingungen, innerhalb deren das Individuum tätig ist."[93] Der Begriff der unmittelbar allgemeinen Arbeit, wie er hier verwendet wird, ist offenkundig eng verwandt mit der in der politischen Ökonomie des Sozialismus gebräuchlichen Kategorie des unmittelbar gesellschaftlichen Charakters der Arbeit. Dennoch scheint eine vollständige Identität beider nicht gegeben. Identisch sind sie insofern, als sie die durch sozialistische *Produktionsverhältnisse* vermittelte Beziehung der einzelnen Arbeiten auf die gesellschaftliche Gesamtarbeit ausdrücken. Während aber die Kategorie „unmittelbar gesellschaftlicher Charakter der Arbeit" auf diese Beziehung beschränkt ist und die technologische Charakteristik der gesellschaftlichen Gesamtarbeit nur insofern voraussetzt, als eben ein Maß an Vergesellschaftung der Produktion unterstellt ist, bei dem sozialistische Produktionsverhältnisse möglich sind, widerspiegelt die Kategorie „unmittelbar allgemeine Arbeit" diese Vermittlung durch den *Zusammenhang von Produktionsverhältnissen und Produktivkraftniveau* der gesellschaftlichen Gesamtarbeit. Der Sinn dieser Unterscheidung wird im weiteren Verlauf der Argumentation noch deutlicher werden.

Der historische Sinn der Kategorie der allgemeinen Arbeit liegt nach Ansicht des Verfassers darin, daß sie den Prozeß der Erzeugung der vergesellschafteten Menschheit, nach Produktionsweisen differenziert, von der Seite der lebendigen Arbeit kennzeichnet. Sie ist damit eine jener Kategorien, mittels derer die politische Ökonomie des Marxismus-Leninismus in der materialistischen Geschichtsauffassung verwurzelt ist. Mittelbar allgemeine und unmittelbar allgemeine Arbeit stellen nicht nur und nicht in erster Linie einen Formunterschied, einen Unterschied nebeneinander bestehender Formen von Arbeit dar (obwohl in der Phase des Nebeneinanderbestehens von Kapitalismus und Sozialismus mittelbar allgemeine und unmittelbar allgemeine Arbeit im Maßstab der Weltwirtschaft tatsächlich koexistieren), sondern eine Stufenfolge des historischen Fortschreitens der Arbeit zur bewußt beherrschten gesellschaftlichen Totalität. In anderen Kategorien drückt Marx diese Stufenfolge so aus: „Persönliche Abhängigkeitsverhältnisse (zuerst ganz naturwüchsig) sind die ersten Gesellschaftsformen, in denen sich die mensch-

[93] Ebenda.

liche Produktivität nur in geringem Umfang und auf isolierten Punkten entwickelt. Persönliche Unabhängigkeit auf *sachlicher* Abhängigkeit gegründet ist die zweite große Form, worin sich erst ein System des allgemeinen gesellschaftlichen Stoffwechsels, der universalen Beziehungen, allseitiger Bedürfnisse, und universeller Vermögen bildet. Freie Individualität, gegründet auf die universelle Entwicklung der Individuen und die Unterordnung ihrer gemeinschaftlichen, gesellschaftlichen Produktivität, als ihres gesellschaftlichen Vermögens, ist die dritte Stufe. Die zweite schafft die Bedingungen der dritten."[94]

Der historische Fortschritt der Arbeit von der mittelbaren zur unmittelbaren Allgemeinheit äußert sich auf der begrifflichen Ebene darin, daß die beiden historischen Ausprägungen dieses Begriffes einen ganz anderen Status haben. Die Allgemeinheit der mittelbar allgemeinen Arbeit existiert nicht in ihrer Eigenschaft als konkrete, sondern ausschließlich in ihrer Eigenschaft als abstrakte, den konkreten Inhalten entgegengesetzte Arbeit. Die Produktionsverhältnisse des Privateigentums setzen diese Abstraktion objektiv; sie ist nicht etwa das primäre Produkt abstrahierender Gedankentätigkeit. Dieser Gegensatz äußert sich darin, daß der Tauschwert der Ware „im Geld als *allgemeine Ware* neben alle besondren Waren", zugleich aber „der Tauschwert als *besondre Ware* im Geld (da es eine besondre Existenz besitzt) neben alle andren Waren" tritt[95] und die warenproduzierende Arbeit erst dann als allgemeine Arbeit gesetzt ist, wenn ihr Verkauf gelungen ist. Das heißt „subjektiv ausgedrückt, weiter nichts, als daß seine besondre Arbeitszeit nicht unmittelbar gegen jede andre besondre Arbeitszeit ausgetauscht werden kann, sondern daß diese ihre allgemeine Austauschbarkeit erst vermittelt werden, daß sie eine gegenständliche, von ihr selbst verschiedne Form annehmen muß, um diese allgemeine Austauschbarkeit zu erlangen"[96]. Die kapitalistischen Verhältnisse setzen die Entgegensetzung der abstrakt-allgemeinen und der konkretinhaltlichen Seite der Arbeit, die Abstraktion der ersteren von der letzteren objektiv: „Diejenigen, die die Verselbständigung des Werts als bloße Abstraktion betrachten, vergessen, daß die Bewegung des industriellen Kapitals diese Abstraktion in actu ist."[97] Die historische Entstehung des allgemeinen Begriffs der Arbeit war, wie Marx zeigt, verbunden mit ihrer Konstituierung als — zunächst mittelbarallgemeine Arbeit; Marx würdigt den ungeheuren „Fortschritt von Adam Smith, jede Bestimmtheit der reichtumzeugenden Tätigkeit fortzuwerfen"[98], und schreibt: „Die Gleichgültigkeit gegen eine bestimmte Art der Arbeit setzt eine sehr entwickelte Totalität wirklicher Arbeitsarten voraus, von denen keine mehr die alles beherrschende ist. So entstehn die allgemeinsten Abstraktionen überhaupt nur bei der reichsten konkreten Entwicklung, wo Eines vielen Gemeinsam erscheint, allen gemein. Dann hört es auf, nur in besondrer Form gedacht werden zu können.

94 Ebenda, S. 75—76.
95 Ebenda, S. 68.
96 Ebenda, S. 87—88.
97 K. Marx, Das Kapital, Zweiter Band, in: MEW, Bd. 24, Berlin 1963, S. 109.
98 K. Marx, Grundrisse der Kritik der politischen Ökonomie, a.a.O., S. 24.

Andrerseits ist diese Abstraktion der Arbeit überhaupt nicht nur das geistige (Hervorhebung von mir — *H. L.*) Resultat einer konkreten Totalität von Arbeiten. Die Gleichgültigkeit gegen die bestimmte Arbeit entspricht einer Gesellschaftsform, worin die Individuen mit Leichtigkeit aus einer Arbeit in die andre übergehn und die bestimmte Art der Arbeit ihnen zufällig, daher gleichgültig ist. Die Arbeit ist hier nicht nur in der Kategorie, sondern in der Wirklichkeit als Mittel zum Schaffen des Reichtums überhaupt geworden, und hat aufgehört als Bestimmung mit den Individuen in einer Besonderheit verwachsen zu sein."[99] Es sei hinzugefügt, daß die „Gleichgültigkeit" gegenüber der bestimmten Art der Arbeit unter Verhältnissen der entfremdeten, ausgebeuteten Arbeit rein negativ bestimmt ist und mit der Gleichgültigkeit gegenüber der Individualität des Arbeiters zusammenfällt, die sich in dieser bestimmten Arbeit ausdrückt; unter sozialistischen Verhältnissen ist diese Gleichgültigkeit positiv aufgehoben — ihre verwandelte Gestalt äußert sich darin, daß jede bestimmte Arbeitstätigkeit nur einen Ausschnitt der tendenziell reicher werdenden subjektiven Totalität von Fähigkeiten und Möglichkeiten der Arbeiterpersönlichkeit verwirklicht. Der Begriff der mittelbar allgemeinen Arbeit ist also ein *abstrakt allgemeiner* Begriff: d. h. die Arbeit ist hier allgemein in Abstraktion von ihrer Besonderheit, gleichgültig gegenüber ihrer Besonderheit. Die wesentliche Grundlage dieser abstrakten Allgemeinheit, die die Unabhängigkeit der einzelnen Arbeiten voneinander vorspiegelt, ist aber ihre gegenseitige technologische Abhängigkeit, ihre reale Existenz als Glieder gesellschaftlicher Gesamtarbeit. Die ökonomische Erscheinungsform abstrakt allgemeiner Arbeit bietet daher eine Verkehrung ihres Wesens dar, aber nicht eine erdachte, sondern einen dem Antagonismus der Produktionsweise gemäßen objektiven Schein.

Ganz anders liegen die Verhältnisse bei unmittelbar allgemeiner Arbeit. Indem die Arbeit durch die die Verhältnisse der Produktion von vornherein als allgemeine gesetzt ist, wird ihre inhaltliche Besonderheit, ihre konkrete Gestalt als notwendig für die gesellschaftliche Gesamtarbeit bestimmt. Grundlegender subjektiver Ausdruck dessen ist in der sozialistischen Wirtschaft der Volkswirtschaftsplan, mittels dessen das gesellschaftliche Arbeitsvermögen auf eine bestimmte Gesamtheit von Arbeitssphären verteilt wird, die in ihrer gegenseitigen Ergänzung und Verflechtung das Ganze der gesellschaftlichen Gesamtarbeit bilden. Die einzelnen Arbeiten sind allgemein nicht deshalb, weil sich ihre Resultate gegen die „allgemeine Ware" Geld umsetzen, sondern deshalb, weil sie ein in seiner Spezifik gesellschaftlich notwendiges Resultat erzeugen. Daher stellt der Gebrauchswert in der politischen Ökonomie des Sozialismus eine fundamentale Kategorie dar. Unmittelbar allgemeine Arbeit ist allgemein, weil jede Arbeit in ihrer Besonderheit mit dem Ganzen der gesellschaftlichen Gesamtarbeit in notwendiger Beziehung steht; mittelbar allgemeine Arbeit ist allgemein, weil jede Arbeit unabhängig von ihrer Besonderheit etwas mit der anderen Identisches

[99] Ebenda, S. 25.

hat, nämlich die Eigenschaft, wertbildend zu sein. Der Begriff der unmittelbar allgemeinen Arbeit ist seinem Status nach also ein konkret-allgemeiner Begriff. Die Nicht-Allgemeinheit der bestimmten Arbeit äußert sich hier nicht als ihr konkreter Inhalt, sondern in der Bezogenheit der konkreten Inhalte auf bestimmte Individuen; insofern drückt das unmittelbar Allgemeine der Arbeit unter sozialistischen Produktionsverhältnissen die gesellschaftliche Seite in der Einheit von Individuellem und Gesellschaftlichem in der Sphäre der Arbeit aus.

Weil die unmittelbar allgemeine Arbeit der mittelbar allgemeinen Arbeit historisch nachfolgt und sie zur Voraussetzung hat, sind die beiden Begriffe nicht schlechthin verschieden. Die unmittelbar allgemeine Arbeit ist die dialektische Negation der mittelbar allgemeinen; der Begriff der ersteren enthält in aufgehobener Form den vom Begriff der letzteren in abstrakt-vereinseitigter Form ausgedrückten Bezug auf die Ökonomie der Zeit. Unmittelbar allgemeine Arbeit verbindet daher die gesellschaftliche Notwendigkeit ihres konkreten Inhalts mit dem gesellschaftlich notwendigen, vom Ganzen her bestimmten Maß an Ökonomie der mit diesem konkreten Inhalt verausgabten gesellschaftlichen Arbeitszeit (sowohl in lebendiger als auch in vergegenständlichter Form).

Es dürfte kaum zu bestreiten sein, daß die hier dargestellte Bedeutung der Kategorie „allgemeine Arbeit" fundamentaler, unmittelbarer mit dem Kern des Marxismus-Leninismus verbunden ist als die definitorisch interpretierte Kennzeichnung von Wissenschaft als allgemeine Arbeit.

Wir stehen damit vor einem Problem: Wie verhalten sich die Charakteristik von Wissenschaft als allgemeine Arbeit und die Charakteristik beliebiger Arbeiten als allgemeine auf Grund ihrer Beziehung zur gesellschaftlichen Gesamtarbeit zueinander?

Rein formell sind zwei Lösungen denkbar:

1. Beide stehen überhaupt nicht in einem wesentlichen positiven Verhältnis zueinander, d. h. Marx verwendet den Terminus „allgemeine Arbeit" in zwei gänzlich verschiedenen Bedeutungen.
2. Beide sind „auseinanderfahrende Bestimmungen" eines wesentlich einheitlichen Begriffs.

Nach unserer Auffassung ist die erste Denkmöglichkeit extrem unwahrscheinlich. Sie entspräche nicht dem Stil des Marxschen Denkens. Marx verfolgt die Bewegung der Begriffe in ihrer ganzen komplizierten Dialektik, aber er sucht darin das Abbild der inneren wesentlichen Einheit der Erscheinungen, die sich gerade in ihrer Bewegung und nicht in ihrer statischen Selbstidentität verwirklicht. Diesem Stil des Denkens ordnet sich die von Marx verwendete Wissenschaftssprache mit äußerster Exaktheit unter. Wenn man also meint, zwei vollständig disjunkte kategoriale Verwendungsweisen eines Terminus bei Marx gefunden zu haben, so liegt es sehr nahe, daß hinter einem solchen Eindruck nichts weiter steht als die Oberflächlichkeit der Interpretation.

Wir folgen daher der zweiten Denkmöglichkeit. Wenn angenommen wird, daß ein wesentlicher innerer Zusammenhang zwischen den beiden in Rede stehenden

Bedeutungen von „allgemeine Arbeit“ existiert, dann dürfte auf die Spur eines solchen Zusammenhangs am ehesten die Frage führen, welche Rolle die Wissenschaft bei der Konstituierung und Entwicklung der konkreten gesellschaftlichen Arbeiten — zunächst unabhängig davon, ob sie selbst einen unmittelbar wissenschaftlichen Inhalt besitzen oder nicht — als unmittelbar allgemeine Arbeit spielt und wie sich die wissenschaftlichen Tätigkeiten selbst dabei verändern. Im Kapitalismus wird Wissenschaft, wie schon erörtert wurde, zunächst Arbeit vor allem als dem Kapitalverhältnis subsumierte, unmittelbar ausgebeutete produktive Arbeit. Sie ist dabei zugleich mittelbar allgemeine. In beiden Bestimmungen muß sie als wert- und mehrwertbildend figurieren. Obwohl ihre innere technologische Beschaffenheit den ökonomischen Eigenheiten der Warenproduktion nicht adäquat ist, erhält sie die Eigenschaft der anteiligen Wert- und Mehrwertbildung m. E. durch die Integration in den Mechanismus der Profitbildung aufgeprägt, indem die von ihr bewirkte Steigerung der Produktivkraft des produktiven Gesamtarbeiters, in welchem sie unter dem Kommando ein und desselben Kapitals agiert, als definitive Profitsteigerung und damit als Verwertung des vorgeschossenen Gesamtkapitals ökonomisch in Erscheinung tritt. Indes ist die wissenschaftliche Arbeit, obwohl ihre produktive Wirkung — auch in den beschränkten Kategorien des Kapitals gefaßt — auf ihre inhaltliche Eigenart, innovativ zu wirken, zurückgeht, mittelbar allgemeine Arbeit doch eben in Abstraktion von dieser Eigenart. Deshalb enthüllt sich der Zusammenhang der beiden Bestimmungen von „allgemeine Arbeit“ auf der Ebene der kapitalistischen Ökonomik nicht unmittelbar; ihn zu verfolgen würde eine tiefgehende politökonomische Analyse des Verhältnisses von Wissenschaft und Produktion im Kapitalismus erfordern, die die Möglichkeiten dieser Arbeit übersteigt.

Unter sozialistischen Produktionsverhältnissen gewinnt jede wissenschaftliche Tätigkeit, wenn sie in die produktive Gesamtarbeit eingeschlossen wird, Züge unmittelbar allgemeiner Arbeit, und zwar zunächst in prinzipiell gleicher Weise wie alle anderen Teilarbeiten, die der produktiven Gesamtarbeit angehören. Diese Bestimmung reflektiert aber sofort auf die *Besonderheit* der wissenschaftlichen Tätigkeit, denn sie erscheint ja als unmittelbar allgemeine Arbeit genau deshalb, weil sie in ihrer Besonderheit gesellschaftlich notwendig ist. Deshalb liegt hier, in der Perspektive des Sozialismus und Kommunismus, der naturgemäße Zugang zur Lösung unseres Problems. Zudem darf man annehmen, daß dieser Zusammenhang noch tiefliegender ist: die Frage des Verhältnisses zwischen der allgemeinen Arbeit als Bestimmung relativ zur gesellschaftlichen Gesamtarbeit und der allgemeinen Arbeit als Bestimmung von Wissenschaft wird als Erkenntnisproblem genau deshalb unter Bezugnahme auf die kommunistische Gesellschaftsformation gelöst, weil die Entwicklung der kommunistischen Arbeit die objektive gesellschaftliche Problemsituation auflöst, die mit der Nichtidentität von Wissenschaft und Arbeit gesetzt ist.

Wir hatten weiter oben festgestellt, daß die einfache, elementare Bestimmung der produktiven Arbeit — als konkrete Arbeit zur Erzeugung nützlicher Gebrauchswerte, durch die die vorgefundene Natur menschlichen Bedürfnissen angepaßt wird — sich in verschiedenen Gesellschaftsordnungen unterschiedlich ökonomisch ausformt; das Wesen dieser ökonomischen Ausformung besteht darin, daß die elementare Bestimmung, in der das Attribut der Arbeit, produktiv zu sein, mit ihrem Attribut, Produktivkraft zu haben, einfach zusammenfällt, durch die Interessen der die entscheidenden Produktionsmittel besitzenden Klasse(n) „gebrochen" wird. Die formationsspezifischen Charakteristika des Produktivseins von Arbeit sind damit nicht mehr unmittelbare Ausdrücke des Fundaments jeglichen gesellschaftlichen Fortschritts, der in qualitativer und quantitativer Hinsicht irreversibel zunehmenden praktischen Aneignung der Natur durch die Gesellschaft. Dieses Fundament spiegeln sie nur noch vermittelt über die Reproduktionserfordernisse der jeweiligen Produktionsweise. Die jeweilige Vermittlung aber kann das, was vermittelt wird, vereinseitigen, verzerren und sogar in das Gegenteil verkehren. So ist im Kapitalismus das Produktiv-Sein von Arbeit losgerissen von ihrer Bestimmung, Produktivkraft zu haben, und bewegt sich in einer antagonistischen Einheit mit letzterer. Nur so läßt es sich offenbar erklären, daß das realisierte Vermögen der wissenschaftlichen Tätigkeit, die Produktivkraft der Arbeit in der materiellen Produktion zu erhöhen, noch keineswegs eine hinreichende Bedingung dafür ist, sie selbst in produktive Arbeit zu verwandeln. Hatten wir uns weiter oben mit der Feststellung begnügt, daß die Entfaltung von Produktivkraftwirkungen der Wissenschaft in der kapitalistischen Produktionsweise ihrer (partiellen) Umwandlung in ein Moment produktiver Arbeit vorausging, so müssen wir dem hinzufügen, daß auch in der imperialistischen Großindustrie, in der Wissenschaft auf großer Stufenleiter in den Dienst des Kapitals genommen ist, das Produktivkraft-Haben der wissenschaftlichen Arbeit mit ihrem Produktiv-Sein (als vom Standpunkt des Kapitals produktive Arbeit) in einem antagonistischen Verhältnis bleibt. Dieser Antagonismus eklatiert in der Ausbildung und Expansion des militärisch-industriellen Komplexes, in dem die „Nützlichkeit" der aufgewandten konkreten Arbeit darin besteht, die Natur durch praktische Aneignung in Destruktivkraft gegen den gesellschaftlichen Fortschritt umzuwandeln, und der zugleich eine privilegierte Sphäre der mehrwert- und kapitalbildenden Potenz der Wissenschaft und damit ihres im Sinne des Kapitals produktiven Charakters ist.

Mit dem sozialistischen Eigentum an Produktionsmitteln wird auf der höheren Stufe vergesellschafteter Produktion der einfache und direkte Zusammenhang zwischen der Bestimmung der Arbeit, Produktivkraft zu haben, und ihrer Bestimmung, produktiv zu sein, wieder hergestellt. Eben dies ist der ökonomische Gehalt des Prinzips, daß der Mensch mit seinen Bedürfnissen das Ziel der Produktion in der sozialistischen Gesellschaft ist. Die Bedürfnisse des Menschen — der Arbeiterklasse und ihrer Bündnispartner — bestimmen die „Nützlichkeit" der konkreten Arbeit, deren Produktivkrafterhöhung damit auch im *unmittelbaren* Sinn (ohne eines sachlichen Vermittlers zu bedürfen) ökonomisch produktiv ist. Blickt man vom Standort des Sozialismus auf die geschichtlich vorhergehenden

Formationen, so beurteilt man diese in Hinblick auf ihre Rolle als Stufen im Geschichtsprozeß; damit werden wesentlichere Bestimmungen dieser Formationen erkennbar, als sie „von innen", unter Voraussetzung ihrer konstituierenden Produktionsverhältnisse betrachtet, darbieten. Marx und Engels konnten in einer Zeit ausschließlicher Herrschaft des Kapitalismus gegenüber dieser Gesellschaft jenen höheren geschichtlichen Standort beziehen, weil sie die Grundinteressen der Arbeiterklasse als der objektiv über die Grenzen der kapitalistischen Produktionsweise hinausführenden sozialen Kraft zu erkennen, zu formulieren und zu vertreten vermochten.

So ergibt sich auch ein grundsätzlicheres Verhältnis zur Frage des produktiven Charakters der Arbeit im Kapitalismus. Damit wird das bisher Gesagte nicht ad absurdum geführt; innerhalb der kapitalistischen Produktionsweise, unter ihrer Voraussetzung ist nur die kapitalproduzierende Arbeit produktiv, und das gilt ebenso objektiv, wie das Kapital selbst ein objektiv-reales Verhältnis der Produktion ist. „*A. Smith* hatte im *wesentlichen* recht mit seiner *produktiven* und *unproduktiven* Arbeit, recht vom Standpunkt der bürgerlichen Ökonomie. Was die andren Ökonomen dagegen vorbringen, entweder Seichbeutelei ..., nämlich daß jede Aktion doch irgend etwas agiert, also Verwechseln von Produkt in seinem natürlichen und ökonomischen Sinn; in der Art ist ein Spitzbub auch ein produktiver Arbeiter, indem er mittelbar Bücher über Kriminalrecht produziert ..."[100] Auf einer höheren Stufe der Betrachtung wird aber die geschichtliche Relativität dieser Voraussetzung selbst berücksichtigt, der Umstand, daß das Kapital kein ewiges, sondern nur ein historisch vorübergehendes Verhältnis der Produktion ist. Nun unterliegt das Kapital selbst der Bewertung hinsichtlich seiner Produktivität, das heißt seines Beitrages zur Entwicklung der Produktivkraft der menschlichen Arbeit. Wie Marx feststellt, „ist das *Kapital produktiv*; *d. h.* ein *wesentliches Verhältnis für die Entwicklung der gesellschaftlichen Produktivkräfte*. Es hört erst auf, als solches zu sein, wo die Entwicklung dieser Produktivkräfte selbst an dem Kapital selbst eine Schranke findet."[101] Vom geschichtlichen Standpunkt ist die wissenschaftliche Tätigkeit daher produktiv, sobald sich ihre Resultate in der Entwicklung der Produktivkraft der Arbeit niederschlagen. Zu einer systematischen Institution kann die Produktivkraftwirkung der Wissenschaft aber nur in dem Maße werden, in dem sie in ihrer Ausübung den herrschenden Produktionsverhältnissen subsumiert wird. Daher verläuft der Weg des Wirksamwerdens der Wissenschaft als Produktivkraft notwendigerweise, nachdem dem Kapital ein bestimmtes Quantum von zu produktiver Reife gediehenen wissenschaftlichen Ideen als eine Art Gratismitgift der Geschichte zugefallen war, über die Umwandlung von wissenschaftlicher Tätigkeit in produktive Arbeit im Sinne des Kapitals.

Wodurch ist Wissenschaft in der Lage, zur unerschöpflichen Quelle für die Hebung der Produktivkraft zu werden? Sie ist es infolge der Eigenart der wissen-

[100] Ebenda, S. 184.
[101] Ebenda, S. 231.

schaftlichen Tätigkeit, allgemeines Wissen, Wissen von den gesetzmäßigen Zusammenhängen der unerschöpflichen materiellen Welt unbegrenzt zu produzieren, dieses Wissen mit der subjektiven Seite des gesellschaftlichen Daseins in Beziehung zu setzen und damit die erkennend angeeignete Welt auf stets höherer Stufe auch geistig-praktisch anzueignen. Produktive Wirkungen kann aber Wissenschaft in nennenswertem Umfang — und vor allem kontinuierlich und systematisch — nur auf vergesellschaftete Produktion, auf ein gesellschaftliches System voneinander abhängender vielfach differenzierter Teilarbeiten ausüben. Eine Produktion auf geringerem Niveau ist im wesentlichen nicht empfänglich für die produktiven Potenzen der Wissenschaft. Folglich wird Wissenschaft erst dann in spürbarem Maße Produktivkraft, wenn die gesellschaftlichen Arbeiten als allgemeine Arbeit (im Kapitalismus: mittelbar allgemeine Arbeit) konstituiert sind. Zugleich ist die Zunahme der Produktivkraft der allgemeinen Arbeit zunächst in gewissem und später in entscheidendem Maße darauf angewiesen, daß in ihr das von der Wissenschaft erzeugte allgemeine Wissen produktiv wirksam wird. Daß Wissenschaft nur auf vergesellschaftete Produktion ökonomisch anwendbar ist, unterstrich Marx mit folgender Bemerkung: „Diese Ersparungen in Anwendung des fixen Kapitals sind wie gesagt das Resultat davon, daß die Arbeitsbedingungen auf großer Stufenleiter angewandt werden, kurz, daß sie dienen als Bedingungen unmittelbar gesellschaftlicher, vergesellschafteter Arbeit oder der unmittelbaren Kooperation innerhalb des Produktionsprozesses. Es ist dies einesteils die Bedingung, worunter allein die mechanischen und chemischen Erfindungen angewandt werden können, ohne den Preis der Ware zu verteuern, und dies ist immer die conditio sine qua non. Andernteils werden erst bei großer Stufenleiter der Produktion die Ökonomien möglich, die aus der gemeinschaftlichen produktiven Konsumtion hervorfließen. Endlich aber entdeckt und zeigt erst die Erfahrung des kombinierten Arbeiters, wo und wie zu ökonomisieren, wie die bereits gemachten Entdeckungen am einfachsten auszuführen, welche praktischen Friktionen bei Ausführung der Theorie — ihrer Anwendung auf den Produktionsprozeß — zu überwinden usw."[102]

Wissenschaftliche Tätigkeit kann (nicht zufällig und peripher, sondern als ihr institutionalisiertes Attribut) erst dann produktiv und somit auch erst dann produktive Arbeit werden, wenn die gesellschaftliche Arbeit den Charakter von allgemeiner Arbeit angenommen hat. Umgekehrt ist die Entwicklung der produktiven Arbeit als allgemeine jenseits eines historisch kurzen Initialstadiums abhängig davon, daß in ihr das von der Wissenschaft produzierte allgemeine Wissen innovativ wirksam wird. Die *besondere* Eigenart der Wissenschaft, allgemeines Wissen zu erzeugen, und der *allgemeine* Charakter der Arbeit erscheinen also aufeinander hingeordnet; dieser Zusammenhang wird aber unter Verhältnissen der mittelbar allgemeinen Arbeit im Kapitalismus verdeckt, denn jede Teilarbeit ist hier nicht kraft ihrer Besonderheit, sondern kraft ihrer abstrakten Identität mit allen anderen

[102] K. Marx, Das Kapital, Dritter Band, in: MEW, Bd. 25, a.a.O., S. 113.

als wertbildende auch allgemeine Arbeit. Unter sozialistischen Produktionsverhältnissen liegt der genannte Zusammenhang völlig klar zutage.

Die *gnoseologische* Allgemeinheit des wissenschaftlichen Gesetzeswissens — unabdingbares Attribut dieses Wissens gegenüber jedem beliebigen Objektbereich — hat zunächst einmal mit der *gesellschaftlichen* Allgemeinheit, auf die die Kennzeichnung der Arbeit als allgemeine bezogen ist, nichts zu tun. Aber das gilt nur auf den ersten Blick: in der Tat sind Gesellschaftlichkeit des menschlichen Lebens und Fähigkeit des menschlichen Denkens zur verallgemeinerten Abbildung der Wirklichkeit unter der Form des Gesetzes zwei Seiten der gesellschaftlichen Arbeit, die sich korreliert entwickeln, auch dann, wenn zwischen die produktive Arbeit als ihre gemeinsame Quelle und ihre wirklichen Erscheinungsformen vermittelnde Glieder getreten sind. Es genügt, darauf zu verweisen, daß ein und dieselbe *Sprache* den kommunikativen Zusammenhang zwischen den Menschen (ihre gesellschaftliche Allgemeinheit) und das menschliche Denken (die gnoseologische Allgemeinheit) vermittelt. Im wissenschaftlichen Erkennen ist die Dialektik von Individuellem und Gesellschaftlichem extrem polarisiert: Individuen können Ideen erzeugen, die gesamtgesellschaftlich neu sind, und damit in ihrem Tun *unmittelbar* die gesamte Gesellschaft — und zwar nicht nur in ihrer kontemporären Existenz, sondern in ihrer ganzen bisherigen Geschichte — verkörpern. Die inhaltliche Unikalität der Forschungstätigkeiten und die normativ geforderte Neuheit ihrer Resultate ist nur ein formeller Ausdruck dessen, daß Forschung mit den von ihr produzierten Erkenntnissen nicht nur deren Gegenstände in ihren gesetzmäßigen Zusammenhängen abbildet, sondern zugleich — mit dieser Abbildung selbst, nicht etwa gesondert neben ihr — ein Fazit der gesellschaftlichen Gesamtarbeit zieht. Das Individuum (oder die Gruppe) kann gesellschaftlich neue Erkenntnis produzieren, weil in die Voraussetzungen seines Tuns tatsächlich die Gesamtarbeit der Gesellschaft eingeht. Deshalb hebt Marx als ein wesentliches Merkmal der Wissenschaft als allgemeiner Arbeit hervor, sie sei „bedingt teils durch Kooperation mit Lebenden, teils durch Benutzung der Arbeiten früherer".

Wissenschaftliches Erkennen bildet ein Fazit der gesellschaftlichen Gesamtarbeit bereits dann, wenn diese selbst noch nicht zur allgemeinen Arbeit konstituiert ist. Mit dem allgemeinen Wissen, das ihr unmittelbares Erkenntnisresultat ist, erzeugt Wissenschaft die ideelle Gestalt eines allgemeinen gesellschaftlichen Produkts, noch ehe die materielle Produktion selbst zu einem ganzheitlichen Organismus geworden ist. Wissenschaftliches Erkennen hat, so können wir behaupten, *die Form allgemeiner Arbeit, ohne seinem gesellschaftlichen Inhalt nach notwendigerweise Arbeit zu sein.* Für sich genommen ist es nur formell allgemeine Arbeit und nichts weiter; in Hinblick auf die darin liegende Möglichkeit, produktiv zu werden, sobald die materiell-produktive Arbeit selbst die entsprechenden ökonomisch wirksamen Erfordernisse entwickelt, ist es *potentiell allgemeine Arbeit.* Mit ihrem tatsächlichen Wirksamwerden in der produktiven Sphäre geht Wissenschaft in *aktuell allgemeine Arbeit* über. Damit schließt sich ein Rückkopplungszusammenhang: das allgemeine ideelle Fazit der gesellschaftlichen Arbeit wird zu ihrer eigenen

Bedingung. Über diesen Zusammenhang verwirklicht sich der unbegrenzte Prozeß des Fortschritts in der Produktivkraft der Arbeit. So verstehen wir den folgenden Gedanken, den Marx 1843 in der „Kritik der Hegelschen Rechtsphilosophie" aussprach: „Z. B. in der Wissenschaft kann ein 'Einzelner' die allgemeine Angelegenheit vollbringen, und es sind immer Einzelne, die sie vollbringen. Aber wirklich allgemein wird sie erst, wenn sie nicht mehr die Sache des Einzelnen, sondern die der Gesellschaft ist. Das verändert nicht nur die Form, sondern auch den Inhalt."[103]

Ist Wissenschaft schon Bedingung, damit sich die produktive Arbeit in der Form mittelbarer Allgemeinheit entwickeln kann, so wird sie es in noch viel höherem Grade, damit die produktive Arbeit den revolutionären Übergang in die Form unmittelbarer Allgemeinheit, also in ihre sozialistische Form vollziehen kann. Das Kapital hat seine historische Rolle erfüllt, wenn es die Produktivkraft der Arbeit so weit vorangetrieben hat, daß „die arbeitende Gesellschaft sich wissenschaftlich zu dem Prozeß ihrer fortschreitenden Reproduktion, ihrer Reproduktion in stets größrer Fülle"[104] verhalten kann und muß. Die Errichtung, Aufrechterhaltung und Entwicklung sozialistischer Produktionsverhältnisse resultiert aus der politischen Praxis der Arbeiterklasse, in die gesellschaftswissenschaftliches Erkennen notwendigerweise eingeht. Solange die Arbeit mittelbar allgemeine Form hat, realisiert sich Wissenschaft als aktuell allgemeine Arbeit vorwiegend in produktiver Gestalt, während eine Verwissenschaftlichung der nichtproduktiven Sphäre nicht in gleichem Maße Bedingung ihrer Entwicklung ist. Damit die produktive Arbeit unmittelbar allgemein werden kann, muß der ganze Bereich der auf die Erzeugung und Sicherung ihrer Bedingungen gerichteten nichtproduktiven Arbeit ebenfalls wissenschaftlichen Charakter annehmen. Mit anderen Worten: unmittelbar allgemeine Arbeit wird Wissenschaft nur, indem sie sich zugleich mit allen wesentlichen Sphären der gesellschaftlichen Gesamtarbeit verbindet — sie wird es folgerichtig in der Einheit von Natur- und Gesellschaftswissenschaften.

Nun haben wir weiter oben bemerkt, daß unseres Erachtens die Kategorie der allgemeinen Arbeit nicht ausschließlich auf die Vermittlung von Einzelarbeit und gesellschaftlicher Gesamtarbeit bezogen ist. Daher ist es folgerichtig, „unmittelbar allgemeine Arbeit" nicht als Zustand aufzufassen, den die gesellschaftliche Arbeit mit dem Sieg der sozialistischen Produktionsweise ein für allemal in gleicher Weise repräsentiert, sondern als Qualität eines Prozesses, der mit diesem Sieg eingeleitet worden ist. Die Charakteristik einer bestimmten Arbeit als unmittelbar allgemeine ist primär durch die Relation der Notwendigkeit ihres besonderen Inhalts für das Ganze der gesellschaftlichen Gesamtarbeit festgelegt. Inwieweit dieser Inhalt selbst für das arbeitende Individuum das Ganze der gesellschaftlichen Gesamtarbeit vertritt, das hängt entscheidend von seinem wissenschaftlichen Niveau ab, denn nur auf der Ebene der Wissenschaftlichkeit ist es möglich, daß der besondere Inhalt der Teilarbeit selbst als Besonderung des Ganzen der gesellschaftlichen Ge-

[103] K. Marx, Zur Kritik der Hegelschen Rechtsphilosophie, in: MEW, Bd. 1, Berlin 1972, S. 267.
[104] K. Marx, Grundrisse der Kritik der politischen Ökonomie, a.a.O., S. 231.

samtarbeit erscheint und so den hier tätigen Individuen Allseitigkeit abfordert und Allseitigkeit aufprägt. Sozialistische Produktionsverhältnisse vorausgesetzt, ist das der Weg, auf dem sich der unmittelbar allgemeine Charakter der gesellschaftlichen Arbeit in einem langen Prozeß entwickelt. Die historische Tendenz der wissenschaftlich-technischen Revolution weist in eben diese Richtung. Die Entwicklung des Neuererwesens, der Kampf um eine hohe Qualität der Pläne Wissenschaft und Technik und ihre exakte Erfüllung in der Volkswirtschaft, die Verstärkung der Verbindungen von Wissenschaft und Produktion, die Bestimmung der gesellschaftlich wichtigsten Richtungen der Grundlagenforschung usw. — das alles sind aktuelle Erscheinungsformen der langfristigen Entwicklung der unmittelbar allgemeinen Arbeit.

Wie auf allen anderen Gebieten ist es auch hier unzulässig, die weite Perspektive für die unmittelbare Gegenwart oder nächste Zukunft zu nehmen. Zugleich aber sollte die Sorge um die Lösung der kurz- und mittelfristigen Aufgaben stets mit der Beachtung der historischen Tendenz verbunden sein. Als Aufhebung des wesentlichen Unterschiedes von körperlicher und geistiger Arbeit ist diese Tendenz in der Literatur bereits vielfältig charakterisiert worden. Ihre materielle Grundlage, die Herausbildung der materiell-technischen Basis des Kommunismus, ist — auch das kann heute als sicher gelten — mit einer tiefgreifenden qualitativen Wandlung der materiellen Produktion selbst durch die Vollendung der wissenschaftlich-technischen Revolution verbunden. Es scheint jedoch folgerichtig, die zunehmende Ausprägung der Qualität der Wissenschaft als unmittelbar allgemeine Arbeit darüber hinaus nicht nur als Vertiefung der Verbindungen von wissenschaftlichen und praktischen Tätigkeiten innerhalb der gesellschaftlichen Gesamtarbeit, sondern zugleich als Vorboten ihrer Verschmelzung zu deuten. Die Arbeit in der Produktion kann, so bemerkt Marx, den Charakter wirklich freier Arbeit „nur erhalten, dadurch daß 1) ihr gesellschaftlicher Charakter gesetzt ist, 2) daß sie wissenschaftlichen Charakters, zugleich allgemeine Arbeit ist, nicht Anstrengung des Menschen als bestimmt dressierter Naturkraft, sondern als Subjekt, das in dem Produktionsprozeß nicht in bloß natürlicher, naturwüchsiger Form, sondern als alle Naturkräfte regelnde Tätigkeit erscheint“[105]. Der Produktionsprozeß auf diesem Niveau ist „Ausübung, Experimentalwissenschaft, materiell schöpferische und sich vergegenständlichende Wissenschaft mit Bezug auf den gewordnen Menschen, in dessen Kopf das akkumulierte Wissen der Gesellschaft existiert“[106]. Eine Stufe des Produktionsprozesses, auf der „die Arbeit, wo der Mensch in ihr tut, was er Sachen für sich tun lassen kann, aufgehört hat“[107], ist zugleich damit verbunden, daß produktive Arbeit, nichtproduktive Arbeit und freie Tätigkeit („Freizeit-Tätigkeit“) aufhören, Bestimmungen unterschiedlicher Arten von Tätigkeiten zu sein, daß die „Arbeit daher auch nicht mehr als Arbeit, sondern als volle

[105] Ebenda, S. 505.
[106] Ebenda, S. 599—600.
[107] Ebenda, S. 231.

Entwicklung der Tätigkeit selbst erscheint"[108]. Der Unterschied dieser Bestimmungen besteht fort, aber vielmehr als Unterschied von Seiten ein und derselben Tätigkeiten. Daraus kann man den Schluß ziehen, daß ein bloßes Verharren in einer statischen, disjunkten Unterscheidung von Wissenschaft und Praxis, Arbeit und Freizeit, produktiver Arbeit und nichtproduktiver Arbeit den Zugang zur Prozeßcharakteristik der unmittelbar allgemeinen Arbeit verschließt. Die Untersuchung der Tendenzen ihrer Wechselbeziehung einschließlich ihrer gegenseitigen Relativierung vermag dagegen auch in der Analyse kurzer Perioden ihren wesentlichen historischen Zusammenhang faßbar zu machen.

Damit ist schließlich auch gesagt, welcher wissenschaftstheoretische Gewinn aus der Betrachtung von Wissenschaft als allgemeine Arbeit resultiert. Wenn wir Wissenschaft als Tätigkeit kennzeichnen, so sehen wir Wissenschaft und materiell-produktive Arbeit nebeneinander: beide haben Gemeinsamkeiten und Unterschiede, sie sind wechselseitig voneinander abhängig, wobei die Abhängigkeit der Wissenschaft von der materiell-produktiven Arbeit die historisch dominante ist usw. Ihre Selbständigkeit gegeneinander behaupten beide insbesondere in der Unterschiedenheit ihrer Produkte: die Wissenschaft erzeugt Wissen, die materiell-produktive Arbeit erzeugt materielle Gebrauchswerte. In der Sicht der Wissenschaft als allgemeine Arbeit relativiert sich dieser Unterschied, und das analytisch-vergleichende Nebeneinander von Wissenschaft und produktiver Arbeit verschwindet. Die wissenschaftliche Arbeit erscheint nunmehr als verschwindende und sich zugleich stets erneuernde Vermittlung, die in die Bewegung der Produktivkraft der gesellschaftlichen Arbeit als des gegenständlichen Wissens des gesellschaftlichen Individuums eingeschlossen ist. Eigentliches Produkt der wissenschaftlichen Tätigkeit ist somit nicht das Wissen, sondern diese Bewegung selbst, die die Bewegung der wissenschaftlichen Tätigkeit subsumiert und reproduziert.

108 Ebenda.

# Literaturverzeichnis


1. Lenin, W. I., Werke, Berlin 1961 ff.
2. Marx, K./Engels, F., Werke, Berlin 1966 ff.
3. Marx, K., Grundrisse der Kritik der politischen Ökonomie, Berlin 1953.
4. IX. Parteitag der SED. Bericht des Zentralkomitees der Sozialistischen Einheitspartei Deutschlands, Berichterstatter: Genosse Erich Honecker, Berlin 1976.
5. IX. Parteitag der SED. Programm der Sozialistischen Einheitspartei Deutschlands, Berlin 1976.
6. IX. Parteitag der SED. Direktive des IX.Parteitages der SED zum Fünfjahrplan für die Entwicklung der Volkswirtschaft der DDR in den Jahren 1976—1980, Berlin 1976.
7. Achiezer, A. S., Naučno-techničeskaja revoljucija i nekotorye social'nye problemy proizvodstva i upravlenija, Moskva 1974.
8. Afanasjew, W. G., Wissenschaftlich-technische Revolution, Leitung, Bildung, Berlin 1974.
9. Albrecht, E., Die Aufgaben der marxistischen Philosophie bei der Entwicklung einer marxistischen Wissenschaftstheorie, in: DZfPh, 5/1969.
10. Alekseev, P. V./ Iljin, A. J., Princip partijnosti i estestvoznanie, Moskva 1973.
11. Andreev, I. D., Nauka i obščestvennyj progress, Moskva 1972.
12. Apostolova, N., Stil na mislene, Sofija 1972.
13. Asmus, V. F., Marx i ideja edinstva naučnogo znanija, in: Filosofskie nauki, 4/1968.
14. Bernal, J. D., The Social Function of Science, London 1939.
15. Bernal, J. D., Die Wissenschaft in der Geschichte, Berlin 1961.
16. Bernal, J. D., Welt ohne Krieg, Berlin 1960.
17. Bernal, J. D./Mackay, A.L., Na puti k „nauke o nauke", in: Voprosy filosofii, 7/1966.
18. Biedermann, G., Die klassische politische Ökonomie als Quelle der Hegelschen Geschichtsauffassung, in: DZfPh, 6/1976.
19. Bljacher, J. D./Wolynskaja, L. M., Zum Problem des Mechanismus der Weiterentwicklung des philosophischen Wissens, in: Sowjetwissenschaft. Gesellschaftswissenschaftliche Beiträge, 3/1975.
20. Bohring, G./Mocek, R., Wissenschaft — Persönlichkeit — Fortschritt. Zu philosophischen Problemen der Herausbildung der neuen gesellschaftlichen Funktion der Wissenschaft, in: DZfPh, Sonderheft 1973.
21. Bohring, G./Mocek, R., Die Wissenschaft im System gesellschaftlicher Werte, in: DZfPh, 10/11/1974.
22. Bohring, G./Mocek, R., Marxistisch-leninistische Produktivkrafttheorie und Wissenschaft, in: Wissenschaft als Produktivkraft, Berlin 1974, S. 147—198.
23. Bor, M. S., Nauka upravlenija i upravlenie naučnymi issledovanijami, Moskva 1973.
24. Borisov, E. F., Politiko-ėkonomičeskie problemy sovremennoj naučno-techničeskoj revoljucii, Moskva 1970.
25. Brodskij, I. N., O putjach razvitija teoretičeskogo znanija, Filosofskie nauki, 6/1971.

26. Brujackij, J. V./Smirnov, L. P., Matematičeskie metody v zadačach upravlenija naukoj, Kiev 1973.
27. Bugreev, A. N., K analizu kategorij istoričeskogo materializma „stichijnost" i „sosnatel'-nost", in: Filosofskie nauki, 2/1976.
28. Bueva, L. P., Problema dejatel'nosti ličnosti v marksistskoj i buržuaznoj sociologii, in: Istoričeskij materializm kak teorija social'nogo poznanija i dejatel'nosti, Moskva 1973.
29. Bykov, V. V., Der konkret-historische Charakter der Verbindung der Wissenschaft mit der Produktion, in: Wissenschaft als Produktivkraft, Berlin 1974, S. 147—198.
30. Chursin, L. A., O prirode mechanizma razvitija nauki na sovremennom etape naučno-techničeskoj revoljucii, in: Voprosy filosofii, 6/1971.
31. Čangli, I. I., Trud, Moskva 1973.
32. Čepikov, M. G., Integracija nauki. Filosofskij očerk, Moskva 1975.
33. Dobrov, G. M., Wissenschaftswissenschaft, Hrsg. G. Lotz, Berlin 1969.
34. Dobrov, G. M./Klimenjuk, V. N./Smirnov, L. P./Savelev, A. A., Potencial nauki, Kiev 1969.
35. Dobrov, G. M., Aktuelle Probleme der Wissenschaftswissenschaft, Berlin 1970.
36. Dobrov, G. M. (Hrsg.), Leitung der Wissenschaft, Berlin 1974.
37. Domin, G., Wissenschaft und Gesellschaftsordnung, in: DZfPh, 11/1968.
38. Domin, G./Lanfermann, H.-H./Mocek, R./Pälike, D., Bürgerliche Wissenschaftstheorie und ideologischer Klassenkampf, Berlin 1973.
39. Domin, G./Lanfermann, H.-H./Mocek, R./Pälike, D., Bürgerliche Wissenschaftsauffassungen in der Krise I, Berlin 1976.
40. Drjachlov, N. I., Social'nye problemy naučno-techničeskoj revoljucii, Moskva 1972.
41. Drobnickij, O. G., Nauka i cennosti, in: Filosofskie nauki, 4/1973.
42. Erck, A./Läsker, L./Steiner, H. (Hrsg.), Sozialismus und wissenschaftliches Schöpfertum, Berlin 1976.
43. Erpenbeck, J., Dialektik — Logik — Wissenschaftsentwicklung, in: DZfPh, 6/1974.
44. Erpenbeck, J./Röseberg, U., Zwischen Wissenschaftslogik und Dialektik. Betrachtungen zur Wissenschaftstheorie Th. S. Kuhns, in: WiFo, 6/1974.
45. Erpenbeck, J./Röseberg, U., Wissenschaftsentwicklung, Theorienentwicklung und Entwicklungstheorie. Über Theoriedynamik und Weltanschauung in den Naturwissenschaften, in: DZfPh, 2/1977.
46. Fiedler, F., Von der Einheit der Wissenschaft, Berlin 1964.
47. Fiedler, F., Die Wissenschaft als Gegenstand der Wissenschaft, in: DZfPh, 5/1968.
48. Fiedler, F./Seidel, H., Der Marxsche Wissenschaftsbegriff und die sozialen Grundlagen des wissenschaftlichen Erkennens, in: DZfPh, Sonderheft 1968.
49. Fiedler, F., Wissenschaftliches Erkennen und sozialistische Produktionsverhältnisse, in: DZfPh, 8/1969.
50. Fiedler, F., Einheitswissenschaft oder Einheit der Wissenschaft?, Berlin 1971.
51. Fiedler, F., Zum marxistisch-leninistischen Wissenschaftsbegriff als Grundlage der Wissenschaftsforschung, in: DZfPh, 12/1971.
52. Frolov, I. T., Sovremennaja nauka i gumanizm, in: Voprosy filosofii, 3/1973.
53. Frolov, I. T., Progress nauki i buduščee čeloveka, Moskva 1975.
54. Gerasimov, I. G., Naučnoe issledovanie, Moskva 1972.
55. Glagolev, V. F./Gudožnik, G. S./Kozikov, I. A., Sovremennaja naučno-techničeskaja revoljucija, Moskva 1974.
56. Gljazer, L. S./Pirogov, S. V., Der Platz der Wissenschaft in der gesellschaftlichen Produktion, in: L. M. Gatovskij/F. Kutta/H. Maier (Hrsg.), Wissenschaft — Ökonomie — Fortschritt, Berlin 1974.
57. Gorskij, D. P. (Hrsg.), Praktika i poznanie, Moskva 1973.
58. Grundmann, S., Zur Entwicklung der Intelligenz bei der weiteren Gestaltung der entwickelten sozialistischen Gesellschaft, in: DZfPh, 6/1976.

59. Grunwald, M., Wissenschaft und Wissenschaftstheorie bei Friedrich Engels, in: DZfPh, 10/1970.
60. Grušin, B. A., K analizu sposobov proizvodstva naučnoj informacii, in: Voprosy filosofii, 11/1973.
61. Gudožnik, G. S., Naučno-techničeskij progress: suščnost', osnovnye tendencii, Moskva 1970.
62. Gusev, S. S., Nekotorye kriterii kačestvennych izmenenij naučnogo znanija, in: Filosofskie nauki, 1/1975.
63. Gvišiani, D. M., Naučno-techničeskaja revoljucija i social'nyj progress, Moskva 1974.
64. Hager, K., Humanismus und Wissenschaft, Berlin 1961.
65. Hager, K., Sozialismus und wissenschaftlich-technische Revolution, Berlin 1972.
66. Hager, K., Wissenschaft und Technologie im Sozialismus, Berlin 1974.
67. Hager, K., Engels' „Dialektik der Natur" und die Gegenwart, Berlin 1975.
68. Hanke, P., Planungsprobleme in der Grundlagenforschung, Berlin 1975.
69. Harig, G., Aspekte der Geschichte der Naturwissenschaft, in: NTM, 7/1966.
70. Hegel, G. W. F., Sämtliche Werke, Hrsg. H. Glockner, Stuttgart 1949 ff.
71. Heitsch, W., Mathematik und Weltanschauung, Berlin 1976.
72. Hörz, H., Marxistische Philosophie und Wissenschaftstheorie, in: WiFo, 7/1968.
73. Hörz, H., Materiestruktur, Berlin 1971.
74. Hörz, H., Marxistische Philosophie und Naturwissenschaften, Berlin 1974.
75. Hörz, H., Naturwissenschaft, wissenschaftlich-technische Revolution und marxistisch-leninistische Philosophie, in: Einheit, 7/1974.
76. Hörz, H., Die Einheit von Natur- und Gesellschaftswissenschaften. Weltanschaulich-ideologische Probleme ihrer Zusammenarbeit, in: Einheit, 7/1975.
77. Hörz, H., Erkenntnistheoretische Bedingungen und Implikationen wissenschaftlichen Schöpfertums, in: DZfPh, 3/1975.
78. Hörz, H., Die Beziehungen zwischen Experiment, Modell und Theorie im naturwissenschaftlichen Erkenntnisprozeß, in: DZfPh, 2/1977.
79. Idlis, G. M., Matematičeskaja teorija naučnoj organizacii truda i optimal'noj struktury naučno-issledovatel'skich institutov, Alma-Ata 1970.
80. Ignat'ev, A. A., Nauka kak ob'jekt upravlenija, in: Voprosy filosofii, 11/1971.
81. Iljin, A. J./Frolov, I. T., Leninskie principy filosofskogo issledovanija naučnogo poznanija, in: Voprosy filosofii, 4/1970.
82. Jachiel, N., O nekotorych metodologičeskich voprosach sociologii nauki, in: Voprosy filosofii, 5/1976.
83. Jaroševskij, M. G., Logika razvitija nauki i dejatel'nost' učenogo, in: Voprosy filosofii, 3/1969.
84. Jaroševskij, M. G., Kategorial'naja reguljacija naučnoj dejatel'nosti, in: Voprosy filosofii, 11/1973.
85. Jaroševskij, M. G., Struktura naučnoj dejatel'nosti, in: Voprosy filosofii, 11/1974.
86. Judin, B. G., Ponjatie celostnosti v strukture naučnogo znanija, in: Voprosy filosofii, 12/1970.
87. Judin, E. G., Dejatel'nost' kak ob'jasnitel'nyj princip i kak predmet naučnogo izučenija, in: Voprosy filosofii, 5/1976.
88. Kagan, M. S., Čelovečeskaja dejatel'nost'. Opyt sistemnogo analiza, Moskva 1974.
89. Kalweit, W., Marx und die Technik heute, Berlin 1973.
90. Kannegießer, K.-H./Rochhausen, R./Thom, A., Entwicklungsprobleme einer marxistisch-leninistischen philosophischen Wissenschaftstheorie, in: DZfPh, 9/1969.
91. Karpov, M. M. (Hrsg.), Problemy razvitija nauki i naučnogo tvorčestva, Rostov 1971.
92. Karpov, M. M./Bogomolova, A. Ch./Luk'janov, A. I., Nauka i ee social'naja funkcija, in: Filosofskie nauki, 6/1974.
93. Kedrov, B. M. (Hrsg.), Protivorečija v razvitii estestvoznanija, Moskva 1965.

94. Kedrov, B. M., Marx i edinstvo nauk — estestvennych i gumanitarnych, in: Voprosy filosofii, 5/1968.
95. Kedrov, B. M., Istorija nauki i principy ee issledovanija, in: Voprosy filosofii, 9/1971.
96. Kedrov, B. M., Sootnošenie fundamental'nych i prikladnych nauk, in: Voprosy filosofii, 2/10/1972.
97. Kedrov, B. M., O sinteze nauk, in: Voprosy filosofii, 3/1973.
98. Kedrov, B. M., Dialektika Gegelja v svete naučnych revoljucij, in: Voprosy filosofii, 4/1974.
99. Kedrov, B. M., Drei Entwicklungsgesetze der Wissenschaft, in: G. Kröber/H. Laitko/H. Steiner (Hrsg.), Wissenschaft und Forschung im Sozialismus, Berlin 1974, S. 15—40.
100. Kelle, V. Ž., Značenie i funkcii social'nogo znanija pri socialisme, in: Voprosy filosofii, 5/1972.
101. Klare, H., Die Wissenschaft und die gesellschaftliche Entwicklung im Sozialismus, Berlin 1972.
102. Klare, H., Grundlagenforschung für Wissenschaft und Fortschritt, in: WiFo, 5/1976.
103. Klaus, G./Buhr, M., Philosophisches Wörterbuch, 10. Auflage, Leipzig 1974.
104. Klimin, N. V., Naučno-techničeskij progress i nekotorye voprosy ekonomičeskoj teorii, in: Problemy naučno-techničeskoj revoljucii, Bd. II, Leningrad 1974, S. 3–16.
105. Koch, G., Charakter und Wirkungsweise der gesellschaftlichen Gesetze des Sozialismus, in: DZfPh, 10/11/1974.
106. Koncepcii nauki v buržuaznoj filosofii i sociologii (Vtoraja polovina XIX-XX v), Moskva 1973.
107. Kopnin, P. V., Logičeskie osnovy nauki, Kiev 1968.
108. Kopnin, P. V., V. I. Lenin, logika, nauka, in: Voprosy filosofii, 4/1970.
109. Kosel, G., Produktivkraft Wissenschaft, Berlin 1957.
110. Kosing, A., Wissenschaftstheorie in der Sicht der marxistischen Philosophie, in: DZfPh, 7/1967.
111. Kosing, A., Wissenschaftstheorie als Aufgabe der marxistischen Philosophie, Berlin 1967.
112. Kosing, A. (Hrsg.), Die Wissenschaft von der Wissenschaft. Philosophische Probleme der Wissenschaftstheorie, Berlin 1968.
113. Kosolapov, V. V./Ščerban', A. N., Optimizacija naučno-issledovatel'skoj dejatel'nosti, Kiev 1971.
114. Kotarbiński, T., Problemy issledovanija naučnogo tvorčestva, in: Voprosy filosofii, 6/1968.
115. Kröber, G., The Marxist-Leninist Theory of Science: the Task and the Programme, in: Problems of the Science of Science, Warszawa 1971.
116. Kröber, G., Wissenschaft — System — Dialektik, in: W. R. Beyer (Hrsg.), Hegel-Jahrbuch 1972, Meisenheim 1972, S. 157–167.
117. Kröber, G., Die Wissenschaft und ihre Erforschung im Sozialismus: Prozesse, Probleme, Prinzipien, in: G. Kröber (Hrsg.). Wissenschaft im Sozialismus, Berlin 1973, S. 11—24.
118. Kröber, G., Bausteine zur Wissenschaftstheorie. Impressionen beim Studium der „Studien zur Wissenschaft von den Gesellschaftswissenschaften", in: DZfPh, 7/1973.
119. Kröber, G., Wissenschaft, Gesellschaft und wissenschaftlich-technische Revolution, in: DZfPh, Sonderheft 1973.
120. Kröber, G., On the Problem Concerning the Objective Laws and Stimuli in the Development of Science, in: XVth International Congress of the History of Science, Bd. 1, Tokyo 1974, S. 68—72.
121. Kröber, G./Lange, B. (Hrsg.), Sowjetmacht und Wissenschaft. Dokumente zur Rolle Lenins bei der Entwicklung der Akademie der Wissenschaften, Berlin 1975.
122. Krymskij, S. B., Naučnoe znanie i principy ee transformacii, Kiev 1974.
123. Kuczynski, J., Studien zur Wissenschaft von den Gesellschaftswissenschaften, Berlin 1972.
124. Kuczynski, J., Wissenschaft und Gesellschaft. Studien und Essays über sechs Jahrtausende, Berlin 1972.
125. Kuczynski, J., Gesellschaftswissenschaftliche Besinnungen, Berlin 1973.
126. Kuczynski, J., Wissenschaft Heute und Morgen, Berlin 1973.

127. Kuczynski, J., Die vertauschte Eule der Minerva. Der Wissenschaftler in der kapitalistischen Gesellschaft, Berlin 1974.
128. Kuhn, T. S., Die Struktur wissenschaftlicher Revolutionen, Frankfurt a. M. 1973.
129. Kuhn, T. S., Logik der Forschung oder Psychologie der wissenschaftlichen Arbeit?, in: I. Lakatos/A. Musgrave (Hrsg.), Kritik und Erkenntnisfortschritt, Braunschweig 1974.
130. Kuhn, T. S., Bemerkungen zu meinen Kritikern, in: I. Lakatos/A. Musgrave (Hrsg.), Kritik und Erkenntnisfortschritt, Braunschweig 1974.
131. Kusin, A. A., Karl Marx und Probleme der Technik, Leipzig 1970.
132. Kusnezow, B. G., Die „Dialektik der Natur" und die Dialektik des „Kapital", in: Sowjetwissenschaft. Gesellschaftswissenschaftliche Beiträge, 7/1971.
133. Kuznecov, B. G., Cennost' nauki, Moskva 1975.
134. Lachtin, G. A., Taktika nauki, Novosibirsk 1969.
135. Läsker, L., Entwicklung der Wissenschaft und wissenschaftliche Arbeit (unveröff. Manuskript).
136. Lakatos, I., Falsifikation und die Methodologie wissenschaftlicher Forschungsprogramme, in: I. Lakatos/A.Musgrave (Hrsg.), Kritik und Erkenntnisfortschritt, Braunschweig 1974.
137. Lakatos, I., Changes in the Problem of Inductive Logic, in: „The Problem of Inductive Logic", Amsterdam 1968, S. 315–417.
138. Landa, L. N., Über das Wechselverhältnis von heuristischen und algorithmischen Prozessen, in: G. Kröber/M. Lorf (Hrsg.), Wissenschaftliches Schöpfertum, Berlin 1972, S. 207—224.
139. Laptev, I. D., Soznatel'noe i stichijnoe vo vzaimodejstvii obščestva i prirody, in: Voprosy filosofii, 7/1976.
140. Lejman, I. I., Nauka kak social'nyj institut, Leningrad 1971.
141. Lektorskij, V. A., Analitičeskaja filosofija segodnja, in: Voprosy filosofii, 2/1971.
142. Lektorskij, V. A. (Hrsg.), Filosofija — metodologija — nauka, Moskva 1972.
143. Lektorskij, V. A., Filosofija, nauka, „filosofija nauki", in: Voprosy filosofii, 4/1973.
144. Ley, H., Gedanken zum philosophischen Gehalt der modernen Naturwissenschaften, in: Philosophie und Naturwissenschaft. Tagungsprotokoll, Leuna-Merseburg 1965.
145. Ley, H., Technik und Weltanschauung, Leipzig-Jena-Berlin 1969.
146. Ley, H., Zum Klassencharakter der Funktion von Wissenschaft, in: DZfPh, 10/1970.
147. Ley, H., Subjektiver Faktor und Wissenschaft, in: DZfPh, 10/1972.
148. Ley, H., Über die Schwierigkeiten des Einzelwissenschaftlers, Berlin 1973.
149. Ley, H., Zur Verbindung von marxistisch-leninistischer Philosophie und Einzelwissenschaften, in: DZfPh, 7/1973.
150. Ljubutin, K. N., Problema sub'jekta i ob'jekta v nemeckoj klassičeskoj i marksistsko-leninskoj filosofii, Sverdlovsk 1973.
151. Liebig, J. v., Reden und Abhandlungen, Leipzig-Heidelberg 1874.
152. Ludwig, U./Maier, H./Wahse, J., Bildung als ökonomische Potenz im Sozialismus, Berlin 1972.
153. Majzel', I. A., Nauka, avtomatizacija, obščestvo, Leningrad 1972.
154. Malecki, I., Mesto i značenie naukovedenija v sisteme nauk, in: Voprosy filosofii, 6/1967.
155. Malinovskaja, K. V., Ponimanie i ee rol' v nauke, in: Filosofskie nauki, 1/1974.
156. Mamčur, J. A., Kriterii naučnosti teoretičeskich koncepcij, in: Voprosy filosofii, 7/1971.
157. Mamčur, J. A., Cennostnye faktory v poznavatel'noj dejatel'nosti učenogo, in: Voprosy filosofii, 9/1973.
158. Mamčur, J. A., Problema vybora teorii, Moskva 1975.
159. Man — Science — Technology. A Marxist Analysis of the Scientific-Technological Revolution, Moscow-Prague 1973.
160. Manasjan, A. S., O svjazi logičeskich i gnoseologičeskich charakteristik razvivajuščegosja znanija, in: Voprosy filosofii, 10/1972.
161. Marachov, V. T., Struktura i razvitie proizvoditel'nych sil socialističeskogo obščestva, Moskva 1970.

162. Markarjan, E. S., O fundamental'nych aspektach izučenija nauki, in: Filosofskie nauki, 4/1973.
163. Markarjan, E. S., Metodologičeskie problemy vzaimodejstvija obščestvennych i estestvennych nauk, in: Filosofskie nauki, 4/1976.
164. Markov, N. V., Naučno-techničeskaja revoljucija: analiz, perspektivy, posledstvija, Moskva 1973.
165. Mejlach, B. S., Na rubeže nauki i iskusstva, Leningrad 1971.
166. Melestschenko, Ju. S./Schuchardin, S. W., Lenin und der wissenschaftlich-technische Fortschritt, Leipzig 1972.
167. Metlov, V. I., Dialektika osnovanij i razvitija naučnogo znanija, in: Voprosy filosofii, 1/1976.
168. Mežuev, V. M., Nauka v sovremennoj kul'ture, in: Voprosy filosofii, 1/1972.
169. Mikulinskij, S. R./Rodnyj, N. I., Nauka kak predmet special'nogo issledovanija, in: Voprosy filosofii, 5/1966.
170. Mikulinskij, S. R./Rodnyj, N. I., Mesto naukovedenija v sisteme nauk, in: Voprosy filosofii, 6/1968.
171. Mikulinskij, S. R./Markova, L. A., O različnom ponimanii dvižuščich sil razvitija nauki, in: Voprosy filosofii, 8/1971.
172. Mikulinskij, S. R./Rodnyj, N. I., Wissenschaftsgeschichte und Wissenschaftskunde, in: G. Kröber/H.Steiner (Hrsg.), Wissenschaft. Studien zu ihrer Geschichte, Theorie und Organisation, Berlin 1972, S. 58–95.
173. Mikulinskij, S. R., Naukovedenie: problemy i issledovanija 70-ch godov, in: Voprosy filosofii, 7/1975.
174. Mikulinskij, S. R., Sovremennoe sostojanie i teoretičeskie problemy istorii estestvoznanii kak nauki, in: Voprosy filosofii, 6/1976.
175. Mirskaja, J. Z., Etičeskie reguljativy funkcionirovanija nauki, in: Voprosy filosofii, 3/1975.
176. Mirskij, E. M., Sistemnyj podchod v izučenii nauki (metodologičeskie zamečanija), in: Sistemnye issledovanija. Ežegodnik 1973, Moskva 1973, S. 187–202.
177. Mirskij, E. M., Wissenschaftswissenschaft und interdisziplinäre Wissenschaftsforschungen, in§ G. Kröber/H. Laitko/H. Steiner (Hrsg.), Wissenschaft und Forschung im Sozialismus, Berlin 1974, S. 432–440.
178. Mocek, R., Wissenschaft und Gesellschaft in unserer Epoche, in: DZfPh, Sonderheft 1967.
179. Mocek, R., Das „Talent" als philosophisches und wissenschaftstheoretisches Problem, in: DZfPh, 10/1976.
180. Motrošilova, N. V., Metodologičeskie problemy i urovni issledovanija nauki i naučnoj dejatel'nosti, in: V. Ž. Kelle/S. R. Mikulinskij (Hrsg.), Sociologičeskie problemy nauki, Moskva 1974, S. 20—61.
181. Müller, F., Fortschritt der Wissenschaft — mathematisch modelliert, in: WiFo, 4/1972.
182. Nalimov, V. V./Mul'čenko, Z. M., Naukometrija, Moskva 1969.
183. Nalimov, W. W., Wachstumsprobleme der Wissenschaft, in: Sowjetwissenschaft. Gesellschaftswissenschaftliche Beiträge, 12/1967.
184. Naučno-techničeskaja revoljucija i social'nyj progress, Moskva 1972.
185. Drjachlov, N. I. (Hrsg.), Naucno-techničeskaja revoljucija i obščestvo, Moskva 1973.
186. Sir Isaac Newton's Mathematische Principien der Naturlehre, Hrsg. J. Ph. Wolfers, Berlin 1872.
187. Nick, H., Materiell-technische Basis und gesellschaftlicher Fortschritt, in: Einheit, 8/1976.
188. Nikišov, S. I./Drjachlov, N. I. (Hrsg.), Naučno-techničeskaja revoljucija i osobennosti social'nogo razvitija v sovremennuju epochu, Moskva 1973.
189. Nikolajew, V., Besonderheiten der wissenschaftlichen Forschung, Berlin 1974.
190. Novik, I. B., Voprosy stilja myšlenija v estestvoznanii, Moskva 1975.
191. Nowak, L., Zasady marksistowskiej filosofii nauki, Warszawa 1974.
192. Oiserman, T. I., Determinismus und Freiheit, in: DZfPh, 12/1971.
193. Osnovnye principy i obščie problemy upravlenija naukoj, Moskva 1973.

194. Parthey, H., Die Spezifik der Forschung und ihre systemtheoretische Betrachtung, in: G. Kröber/H. Laitko/H. Steiner (Hrsg.), Wissenschaft und Forschung im Sozialismus, Berlin 1974, S. 347–359.
195. Pavlov, T., K voprosu ob istorii i teorii naučnoj mysli, in: Voprosy filosofii, 11/1971.
196. Pirogow, S., Gegenstand und Forschungsmethoden der Wissenschaftsökonomie, in: Sowjetwissenschaft. Gesellschaftswissenschaftliche Beiträge, 12/1970.
197. Ponomarev, J. A., Psichika i intuicija, Moskva 1967.
198. Pošechonov, J. V., Naučnyj kollektiv i soveršenstvovanie principov ego dejatel'nosti, in: Voprosy filosofii, 10/1968.
199. Price, D. J. de Solla, Little Science, Big Science, New York—London 1963.
200. Price, D. J. de Solla, Kvoty citirovanija v točnych i netočnych naukach, technike i ne-nauke, in: Voprosy filosofii, 3/1971.
201. Price, D. J. de Solla, Science Since Babylon. Enlarged Edition, New Haven—London 1975.
202. Račkov, P. A., Rol' nauki v stroitel'stve kommunisma, Moskva 1969.
203. Račkov, P. A., Naukovedenie. Problemy, struktura, elementy, Moskva 1974.
204. Rakitov, A. I., Priroda naučnogo issledovanija, in: Voprosy filosofii, 12/1968.
205. Rakitov, A. I., Anatomija naučnogo znanija, Moskva 1969.
206. Ricardo, D., Über die Grundsätze der politischen Ökonomie und der Besteuerung, Berlin 1959.
207. Rilling, R., Theorie und Soziologie der Wissenschaft, Frankfurt a. M. 1975.
208. Rodnyj, N. I., Istorija nauki, naukovedenie, nauka, in: Voprosy filosofii, 5/1972.
209. Rompe, R., Probleme und Aufgaben der Wissenschaftswissenschaft, Berlin 1969.
210. Rompe, R., Forschung und Intensivierung. Sitzungsberichte der AdW der DDR — 13 G, Berlin 1976.
211. Ruben, P./Wolter, H., Modell, Modellmethode und Wirklichkeit, in: DZfPh, 10/1969.
212. Ruben, P., Problem und Begriff der Naturdialektik, in: A. Griese/H. Laitko (Hrsg.), Weltanschauung und Methode, Berlin 1969, S. 51—88.
213. Ruben, P., Theorienbildung und menschliche Arbeit, in: Wiss. Z. Karl-Marx-Univ. Leipzig, Gesellschafts- u. sprachwiss. Reihe, 4/1971.
214. Ruben, P., Wissenschaft als allgemeine Arbeit, in: SOPO, 2/1976.
215. Sačkov, J. V., Evoljucija stilja myšlenija v estestvoznanii, in: Voprosy filosofii, 4/1968.
216. Sarkisjan, S. A./Pokrovskij, V. A., Ėkonomika nauki, in: Problemy upravlenija naučnymi issledovanijami, Moskva 1973, S. 56—57.
217. Sawlin, P. M./Stscherbakow, A. I./Judelewitsch, N. A., Die Arbeit im Bereich der Wissenschaft, Berlin 1975.
218. P. G. Werskey (Hrsg.), Science at the Crossroads. Second Edition, London 1971.
219. Seickert, H., Zu einigen Problemen der Produktivkraft Wissenschaft, in: Jahrbuch des Instituts für Wirtschaftswissenschaften der DAW zu Berlin. Bd. 10, Berlin 1967.
220. Seickert, H., Die Wissenschaft als Faktor ökonomischen Wachstums, in: Wirtschaftswissenschaft, 3/1969.
221. Seickert, H., Effektivität der Wissenschaft und ökonomische Gesetze des Sozialismus, in: G. Kröber (Hrsg.), Wissenschaft im Sozialismus, Berlin 1973, S. 126–147.
222. Seickert, H., Produktivkraft Wissenschaft im Sozialismus, Berlin 1973.
223. Seickert, H., Der gesellschaftliche Arbeitsprozeß — Grundlage der wissenschaftstheoretischen Systembetrachtung, in: G. Kröber/H. Laitko/H. Steiner (Hrsg.), Wissenschaft und Forschung im Sozialismus, Berlin 1974, S. 307—314.
224. Sismondi, J. C. L. Simonde de, Neue Grundsätze der Politischen Ökonomie, Bd. 1, Berlin 1971.
225. Slavin, A. V., Problema vozniknovenija novogo znanija, Moskva 1976.
226. Smith, A., Eine Untersuchung über das Wesen und die Ursachen des Reichtums der Nationen, Bd. 1, Berlin 1963.
227. Sovremennaja naučno-techničeskaja revoljucija, Istoričeskoe issledovanie, Moskva 1967.
228. Stavskaja, N. R., Filosofskie voprosy razvitija sovremennoj nauki, Moskva 1974.

229. Steenbeck, M., Wirken für die Zukunft. Reden und Aufsätze 1968—1972, Berlin—Weimar 1973.
230. Steiner, H., Der sozialökonomische Charakter der Vergesellschaftung der Wissenschaft als theoretische und methodologische Grundlage für ihre wissenschaftstheoretische Analyse, in: DZfPh, 12/1971.
231. Steiner, H., Die sozialökonomische Determiniertheit wissenschaftlichen Schöpfertums, in: DZfPh, 2/1972.
232. Steiner, H., Die Herausbildung neuer Wissenschaftsgebiete. Eine Untersuchung am Beispiel der Wissenschaft von der Wissenschaft, in: DZfPh, 4/1973.
233. Steiner, H., Vergesellschaftung der Wissenschaft und wissenschaftlich-schöpferische Tätigkeit, in: G. Kröber (Hrsg.) Wissenschaft im Sozialismus, Berlin 1973.
234. Steiner, H., Was ist „neu" in der Wissenschaft?, in: WiFo, 2/1976.
235. Stiehler, G., Dialektik und Praxis, Berlin 1968.
236. Stjažkin, N. I./Kuznecov, I. P./Macko, J. K./Stjažkina, G. P./Šuvalov, A. V., Nazrevšie metodologičeskie problemy naukovedenija, in: Filosofskie nauki, 1/1970.
237. Stoitschew, T. S., Wissenschaft und Ideologie, in: DZfPh, 5/1976.
238. Strauss, M., Was ist und was soll die Wissenschaftswissenschaft? (Thesen), in: DZfPh, 6/1969.
239. Šiškin, A. F., Problema ob'jektivnogo znanija i social'noj ocenki v proizvedenijach V. I. Lenina, in: Voprosy filosofii, 9/1969.
240. Šklovskij, I. S., O vozmožnoj unikal'nosti razumnoj žizni vo Vselennoj, in: Voprosy filosofii, 9/1976.
241. Štoff, V. A./Mikešina, L. A., Formy i metody naučnogo poznanija, in: Filosofskie nauki, 5/1974.
242. Štoff, V. A./Mikešina, L. A., Problema istiny, in: Filosofskie nauki, 2/1976.
243. Šuchardin, S. V./Gukov, V. I. (Hrsg.), Naučno-techničeskaja revoljucija. Obščeteoreticeskie problemy, Moskva 1976.
244. Švyrev, V. S., Analiz naučnogo poznanija v sovremennoj „filosofii nauki", in: Voprosy filosofii, 2/1971.
245. Švyrev, V. S., K probleme specifiki social'nogo poznanija, in: Voprosy filosofii, 3/1972.
246. Švyrev, V. S., Kantovo učenie o sintetičeskom apriori i sovremennaja metodologija nauki, in: Voprosy filosofii, 4/1974.
247. Thiel, R., Mathematik — Sprache — Dialektik, Berlin 1975.
248. Tomberg, F., Bürgerliche Wissenschaft, Frankfurt a. M. 1973.
249. Trošin, D. M., Mesto i rol' estestvoznanija v razvitii obščestva, Moskva 1961.
250. Tugarinov, V. P., Filosofija soznanija, Moskva 1971.
251. Turčenko, V. N., Naučno-techničeskaja revoljucija i revoljucija v obrazovanii, Moskva 1973.
252. Tuszko, A./Chaskielewicz, S., Naučnye issledovanija — organizacija i upravlenie, Moskva 1971.
253. Vachtomin, N. K., Genezis naučnogo znanija. Fakt, ideja, teorija, Moskva 1973.
254. Vojšvillo, J. K., K analizu razvitija znanija, in: Voprosy filosofii, 8/1971.
255. Volkov, G. N., Izmenenie social'noj orientacii nauki, in: Voprosy filosofii, 1/1969.
256. Volkov, G. N., Čelovek i naučno-techničeskaja revoljucija, Moskva 1972.
257. Wolkow, G. N., Soziologie der Wissenschaft. Studien zur Erforschung von Wissenschaft und Technik, Berlin 1970.
258. Volkov, G. N., Istoki i gorizonty progressa, Moskva 1976.
259. Wagner, K./Terton, G./Schwabe, K.-H., Zur marxistisch-leninistischen Wahrheitstheorie, Berlin 1974.
260. Wahl, D., Forschungstätigkeit als Arbeitsprozeß, in: G. Kröber (Hrsg.), Wissenschaft im Sozialismus, Berlin 1973, S. 209–237.
261. Wahl, D., Systemanalyse und Analysensysteme der Forschungstätigkeit, in: G. Kröber/

H. Laitko/H. Steiner (Hrsg.), Wissenschaft und Forschung im Sozialismus, Berlin 1974, S. 415–423.

262. Wissenschaftlich-technischer Fortschritt und Charakter der Arbeit im Sozialismus. Zur Wirkung des wissenschaftlich-technischen Fortschritts auf die Entwicklung des sozialistischen Charakters der Arbeit. Sitzungsbericht der AdW der DDR, Nr. 7, Berlin 1974.

263. Wüstneck, K.-D., Zur Bestimmung der technischen Revolution durch den historischen Materialismus, in: DZfPh, 10/1967.

264. Wüstneck, K.-D., Die Systemanalyse des Arbeitsprozesses als ein Ausgangspunkt für die Systemanalyse der wissenschaftlichen Tätigkeit, in: G. Kröber/H. Laitko/H. Steiner (Hrsg.), Wissenschaft und Forschung im Sozialismus, Berlin 1974, S. 290—307.

265. Wollgast, S., Zum Verhältnis von Wissenschafts- und Philosophiegeschichte, in: Wiss. Z. Humboldt-Univ. Berlin, Gesellschafts- und Sprachwiss. Reihe, 1/1976.

266. Zelený, J., Die Wissenschaftslogik bei Marx und „Das Kapital", Berlin 1968.

267. Zelený, J., Možno li govorit' ob izmenenijach v osnovanii sovremennoj nauki?, in: Voprosy filosofii, 4/1971.

268. Zelený, J., Scientific Revolutions and Changes in Foundations of Scientific Thought, in: Proc. XVth World Congress of Philosophy. Bd. 2, Sofia 1973, S. 141–143.

269. Zelený, J., Studien über Dialektik, Praha 1975.

270. Zinčenko, V. P./ Munipov, V. M./ Smoljan, G. L., Ergonomičeskie osnovy organizacii truda, Moskva 1974.

271. Zotov, A. F., Struktura naučnogo myšlenija, Moskva 1973.

272. Zotov, A. F., Dialektika razvitija nauki, ee cennostnye ustanovki i poznovatel'nye schemy, in: Voprosy filosofii, 1/1976.

273. Žamin, V. A., Nauka i ėkonomika socializma, Moskva 1971.

## Namenregister

# Stichwortverzeichnis

FSC
www.fsc.org
MIX
Papier | Fördert gute Waldnutzung
FSC® C083411

Kolibri 360 GmbH
Ferdinand-Jühlke-Straße 7
99095 Erfurt, Deutschland
produktsicherheit@kolibri360.de